高职高专土建类立体化系列教材
——建筑工程技术专业

建 筑 设 备 工 程

主　编　文桂萍　李　红
副主编　韦永华　梁国赏　卢燕芳
参　编　代端明　李战雄　陆慕权　蒋文艳
　　　　陈　东　秦晓晗　李　瑜
主　审　范斯远　李　晖

机械工业出版社

本书是按照高等职业教育培养高素质技术技能人才的要求，以国家现行的建设工程规范、文件为依据，根据作者多年的工程实际及教学实践经验，在课堂教案与自编教材的基础上经多次修改、补充编撰而成的。全书共有 10 个项目，主要内容包括：建筑生活给水排水工程、建筑消防工程、供暖工程、燃气工程、通风空调工程、建筑变配电与动力配电工程、建筑电气照明工程、建筑防雷接地工程、建筑智能化工程、建筑施工现场临时配电与安全用电。每个项目后附测试题，供学生复习巩固之用。

全书在内容安排上淡化理论，每个安装项目均从实际工程项目引出，遵从实际安装程序与看图要求，并配以大量的插图，直观易懂，有助于学生对知识的掌握以及实际操作能力的培养，具有实用性和针对性。

本书可作为建筑类高职高专院校建筑工程技术、建筑设备、工程造价等专业的教学用书，也可供建筑安装工程技术人员、管理人员学习参考。

图书在版编目（CIP）数据

建筑设备工程/文桂萍，李红主编. —北京：机械工业出版社，2022.7
高职高专土建类立体化系列教材. 建筑工程技术专业
ISBN 978-7-111-70805-6

Ⅰ.①建…　Ⅱ.①文…②李…　Ⅲ.①房屋建筑设备-高等职业教育-教材　Ⅳ.①TU8

中国版本图书馆 CIP 数据核字（2022）第 084191 号

机械工业出版社（北京市百万庄大街 22 号　邮政编码 100037）
策划编辑：张荣荣　　　　　　责任编辑：张荣荣　张大勇
责任校对：陈　越　王　延　　封面设计：张　静
责任印制：单爱军
北京虎彩文化传播有限公司印刷
2022 年 9 月第 1 版第 1 次印刷
184mm×260mm · 17.5 印张 · 434 千字
标准书号：ISBN 978-7-111-70805-6
定价：49.00 元

电话服务　　　　　　　　　网络服务
客服电话：010-88361066　　机　工　官　网：www.cmpbook.com
　　　　　010-88379833　　机　工　官　博：weibo.com/cmp1952
　　　　　010-68326294　　金　书　网：www.golden-book.com
封底无防伪标均为盗版　　　机工教育服务网：www.cmpedu.com

前　言

　　本书以项目形式编写，主要介绍建筑设备安装工程项目中常见的子项目，包括建筑生活给水排水工程、建筑消防工程、供暖工程、燃气工程、通风空调工程、建筑变配电与动力配电工程、建筑电气照明工程、建筑防雷接地工程、建筑智能化工程、建筑施工现场临时配电与安全用电 10 个项目的系统组成、设备与材料安装、施工图识读等内容。配以适当的图片、视频、动画或微课等，旨在通过学习，使土建施工及相关专业学生及社会学员了解建筑设备安装与识图的一般常识，更好地配合建筑工程的施工与管理。

　　每个项目前都设有附实际工程施工图的项目引入、学习目标、学习重点及学习建议，并通过工作任务分析，给出学习步骤或学习方法，引导读者理解各项目内容。各教学单元后设有测试题，以利于学生在学习过程中加深和巩固所学知识，具有实用性和针对性。

　　本书由广西建设职业技术学院文桂萍、李红担任主编，韦永华、梁国赏、卢燕芳担任副主编，代端明、李战雄、陆慕权、蒋文艳、陈东、秦晓晗、李瑜参加编写。书中的微课、动画、视频等由广西建设职业技术学院文桂萍、代端明、卢燕芳、陈东、梁国赏、蒋文艳、陆慕权、李红负责制作和编辑。全书由苏中达科智能工程有限公司范斯远、南宁市土木建筑工程公司李晖主审。

　　本书可作为建筑类高职高专院校建筑工程技术、建设工程管理类专业的教学用书，也可供建筑工程技术人员、管理人员学习参考。

　　在本书编写过程中参考了国内外公开出版的许多书籍和资料，在此谨向有关作者表示谢意。由于编者水平有限及编写时间仓促，书中不妥和错漏之处在所难免，恳请广大读者批评指正。

编　者

目 录

项目 1

建筑生活给水排水工程

【项目引入】

人们的工作生活都离不开自来水，水从哪里来？是怎么排放出建筑物的？建筑生活给水排水都有哪些设备？怎么安装的？这些问题都将在本项目中找到答案。

本项目主要以1#办公楼建筑生活给水排水施工图为载体，介绍建筑生活给水排水系统及其施工图，图样内容如图1-1~图1-7所示。

1. 生活给水系统

1）水源：采用市政自来水，水压：0.35MPa，最高日用水量为 $6m^3/d$。由建筑物东侧引入一根DN50进水总管。

2）给水管材与接口：室内及外墙处采用铝合金衬塑（PP-R）管，热熔连接；室外及埋地管均采用PE管，热熔连接。

3）给水管道上的各种阀门，应装设在便于检修及操作的位置和朝向。

4）在有可能经常检修的给水附件（阀门，管道倒流防止器，单向阀及水表等）前或后应装活接头以利于检修，设计图中未标明具体位置。

5）卫生器具给水配件均应采用节水型产品；卫生器具的安装详见09S304图集。

6）管道的固定：塑料管及复合管的支吊架设置详见11S405图集。

7）室外埋地管一般直接敷设在未经扰动的原状土层上，若土质较差或地基为岩石，则设150mm厚砂垫层，并铺平、夯实；若地基土质松软，应做混凝土基础。

8）敷设塑料管道的沟底应平整，不得有凸出的坚硬物体。土壤的颗粒直径不宜大于12mm，并敷100mm厚的砂垫层，埋地管道回填时，管周回填土不得夹杂坚硬物直接与塑料管壁接触。应先用砂土或颗粒直径不大于12mm的土壤回填至管顶上侧300mm处，经夯实后方可回填原土。严禁在回填土之前或未经夯实的土层中敷设。

9）管道的试压、清洗、消毒及管卡设置应按有关验收规范执行。

图1-1 给水排水设计施工总说明（一）

（五）节水及节能减排措施：

1）充分利用市政供水压力。

2）生活用水器具全部采用节水型卫生器具及五金配件，卫生间小便器均采用感应冲洗阀，洗脸盆均采用感应龙头。

3）给水系统均采用内壁光滑、小阻力给水塑料管。

4）采用可再生能源：太阳能或其他能源。

（六）其他

1）尺寸单位：管长，标高以米计，其余均以"mm"计。

2）给水排水塑料管外径 de 与公称直径 DN 对照关系表：

塑料管外径（de）/mm	20	25	32	40	50	63	75	90	110	160
公称直径（DN）/mm	15	20	25	32	40	50	65	80	100	150

3）图中 H 为各层标高，h 为卫生间地面标高，地漏安装时低于周围地面。

4）图中管线标高：给水管标高为管中心标高，排水管标高为管内底标高。

5）各给水排水管穿越楼板、墙体、基础等，均要按其相应位置做好预理管、预埋套管或预留孔洞工作，施工时请务必与土建人员做好密切配合，防水套管做法详见 02S404 图集。

6）所有明沟出水口详见给水排水总平面图；室外检查井、化粪池位置以排水总平面图为准。

7）本说明未详尽处，按现行有关设计规范及《建筑给水排水及采暖工程施工质量验收规范》执行。

8）本设计图纸未经施工图审查不得使用。

图 1-2　给水排水设计施工总说明（二）

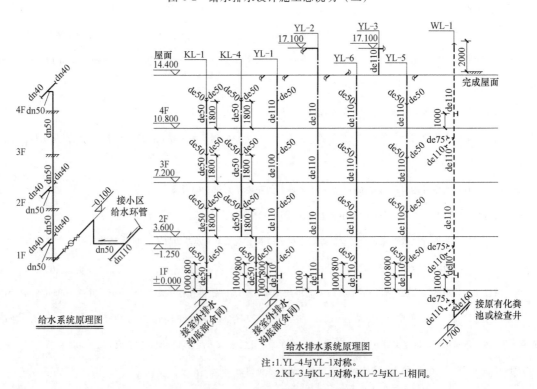

给水系统原理图

给水排水系统原理图

注：1.YL-4与YL-1对称。
　　2.KL-3与KL-1对称，KL-2与KL-1相同。

图 1-3　生活给水排水系统

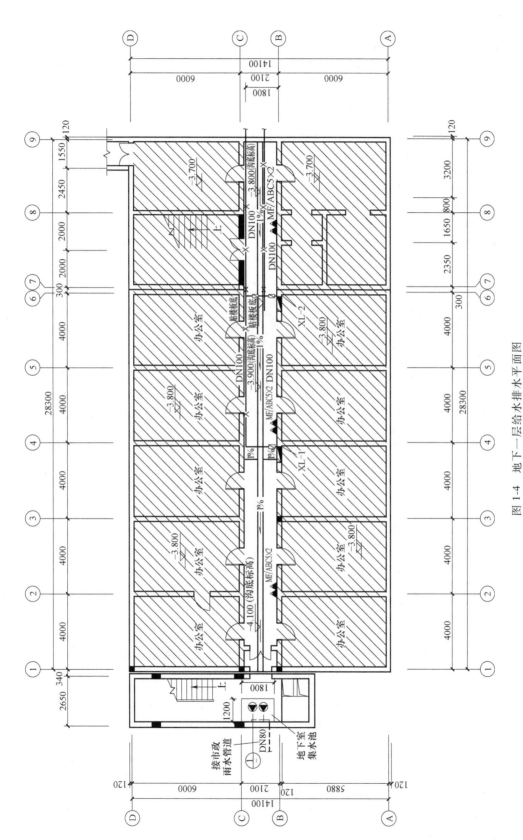

图1-4 地下一层给水排水平面图

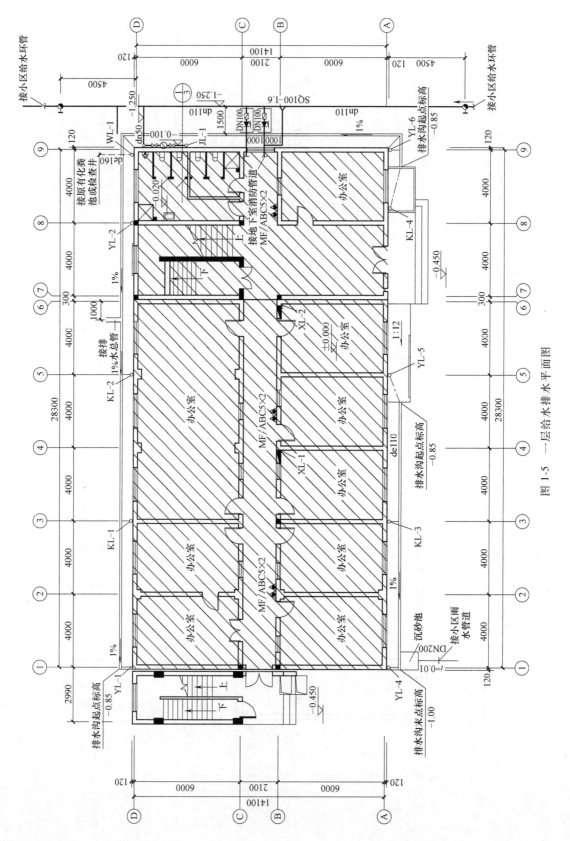

图1-5 一层给排水平面图

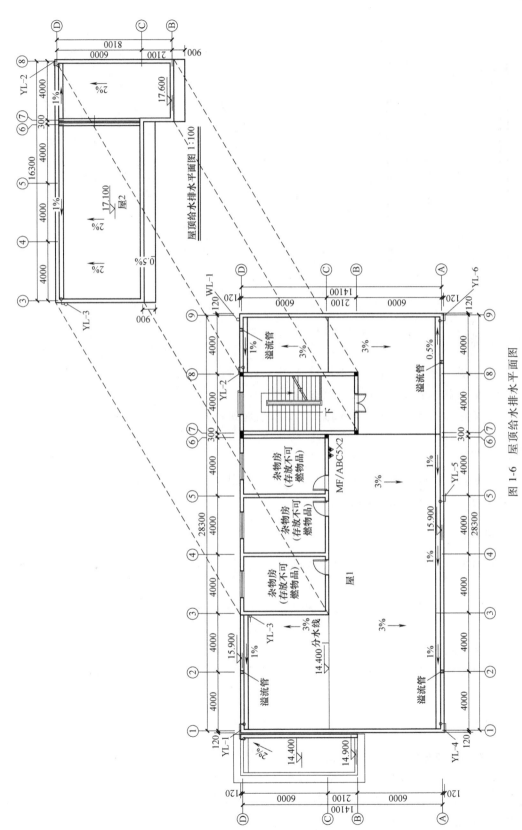

图1-6 屋顶给水排水平面图

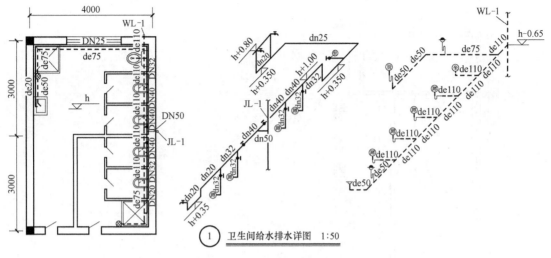

图 1-7　卫生间给水排水大样图

【学习目标】

1）了解室内给水排水系统的组成及分类；熟悉室内给水排水系统常用材料。

2）掌握室内给水排水系统安装的工艺要求。

3）能熟读建筑给水排水系统施工图，具有建筑室内给水排水工程安装的初步能力。

【学习重点】

1）建筑给水排水管道、阀门、水表、水箱及卫生器具的安装工艺。

2）建筑给水排水施工图的识读。

【学习建议】

1）本项目对系统组成、原理的内容做一般了解，着重学习材料、安装工艺、施工图识图。

2）学习中可以以实物、参观、录像等手段，掌握施工图识读方法和施工技术的基本理论。

3）多做施工图实例的识读练习，并将图与工程实际联系起来。

4）单元后的技能训练与项目实训，应在学习中对应进度逐步练习，通过做练习巩固基本知识。

【项目导读】

1．工作任务分析

图 1-1～图 1-7 是 1#办公楼的给水排水施工系统图和平面图，图上的符号、线条和数据代表的是什么含义？它们是如何安装的？安装时有什么技术要求？这一系列的问题将通过对本项目内容的学习逐一找到答案。

2. 实践操作（步骤/技能/方法/态度）

为了能完成前面提出的工作任务，我们需从解读建筑给水排水系统的组成开始，然后到系统的构成方式，设备、材料认识，施工工艺与下料，进而学会用工程语言来表示施工做法，学会施工图读图方法，最重要的是能熟读施工图，熟悉施工过程。

【本项目内容结构】

本项目内容结构如图 1-8 所示。

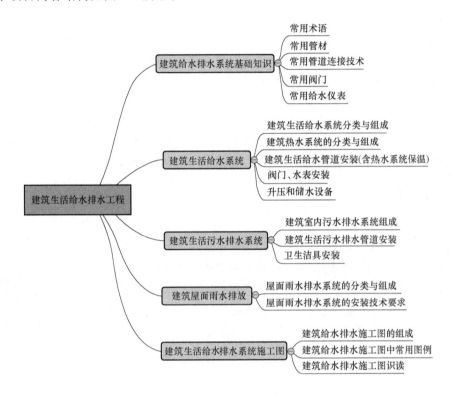

图 1-8   建筑生活给水排水工程内容结构图

【想一想】 建筑生活给水排水工程需要哪些建筑材料？

1.1   建筑给水排水系统基础知识

1.1.1   常用术语

1. 公称直径

公称直径是国家为了设计及安装方便而规定的标准直径，是管材规格的主要参数，也称为公称通径、名义直径。在一般情况下，公称直径既不等于实际外径也不等于实际内径，而是与内径相似的一个整数。例如：公称直径 25mm 的镀锌钢管，实测其内径数值为 25.4mm 左右。

公称直径常用来表示阀门、水表、法兰和焊接钢管、镀锌钢管（白铁管）、铸铁管等管道的规格，用符号"DN"表示。

2. 压力单位

我国法定压力单位为帕斯卡（简称帕），符号为 Pa，$1Pa = 1N/m^2$。由于 Pa 太小，工程上常用其倍数单位 MPa（兆帕）来表示，$1MPa = 10^6Pa$。我国常用非法定压力单位为巴、托、标准大气压、工程大气压、毫米汞柱等。

3. 公称压力

管道在基准温度下的耐压强度称为"公称压力"，用"PN"表示，单位为 MPa。制品的材质不同，其基准温度也不同。

4. 试验压力

试验压力是指管道在常温下的耐压强度，以检查施工完毕后管道及管道附件的强度和严密性。试验压力用"Ps"表示。通常试验压力为工作压力的 1.5~2 倍。

5. 工作压力

工作压力，一般是指给定温度下的操作压力，也指管道在正常运行情况下，所输送介质的工作压力。介质工作时具有温度，温度升高则会降低材料的机械强度。因此，管道及其附件的最高工作压力，随介质温度升高而降低。管道工作压力用"Pt"表示。

1.1.2 常用管材

1. 金属管

（1）焊接钢管　焊接钢管又称为有缝钢管，包括普通焊接钢管（也称为水煤气管）、直缝卷制电焊钢管和螺旋缝电焊钢管等，材质采用普通碳素钢制造而成。

焊接钢管按管道壁厚不同又分为一般焊接钢管和加厚焊接钢管。

1）普通焊接钢管。普通焊接钢管可分为镀锌钢管（白铁管）和非镀锌钢管（黑铁管）。适用于生活给水、消防给水、采暖系统等工作压力低和要求不高的管道系统中。其规格用公称直径"DN"表示，如 DN100，表示的是该管的公称直径为 100mm。

微课　常用管材——金属管

2）螺旋缝电焊钢管。螺旋缝电焊钢管也称为螺旋钢管，采用钢板卷制、焊接而成。其规格用外径"D"表示，常用规格为 $D219~720mm$，

（2）铸铁管　铸铁管是由生铁制成，按材质分为灰口铁管、球墨铸铁管及高硅铁管，多用于给水管道埋地敷设的给水排水系统工程中。铸铁管以公称直径"DN"表示。

2. 复合管

（1）钢塑复合管　钢塑复合管由普通镀锌钢管和管件以及 ABS、PVC、PE 等工程塑料管道复合而成，兼具镀锌钢管和普通塑料管的优点。钢塑复合管一般采用螺纹连接。

（2）铜塑复合管　铜塑复合管是一种新型的给水管材，外层为导热系数小的塑料，内层为稳定性极高的铜管复合而成，从而综合了铜管和塑料管的优点，具有良好的保温性能和耐腐蚀性能，有配套的铜质管件，连接快捷方便，价格较高，主要用于星级宾馆的室内热水供应系统。

（3）铝塑复合管　铝塑复合管是以焊接铝管为中间层，内外层均为聚乙烯塑料管道，广泛用于民用建筑室内冷热水、空调水、采暖系统及室内煤气、天然气管道系统。

铜塑复合管和铝塑复合管一般采用卡套式连接。

（4）钢骨架塑料复合管 钢骨架塑料复合管是钢丝缠绕网骨架增强聚乙烯复合管的简称，它是用高强度钢丝左右缠绕成的钢丝骨架为基体，内外覆高密度 PE，是解决塑料管道承压问题的最佳解决方案，具有耐冲击性、耐腐蚀性和内壁光滑、输送阻力小等特点。管道连接方式一般为热熔连接。

3. 塑料给水管

（1）硬聚氯乙烯塑料管（PVC-U 管） 硬聚氯乙烯塑料管是以 PVC 树脂为主加入必要的添加剂进行混合，加热挤压而成，该管材常用于输送温度不超过 45℃的水。PVC-U 管一般采用承插粘接或弹性密封圈连接，与阀门、水表或设备连接时可采用螺纹或法兰连接。

微课 常用管材——塑料管

（2）PE 塑料管 PE 塑料管常用于室外埋地敷设的燃气管道和给水工程中，一般采用电熔焊、对接焊、热熔承插焊等。

（3）PP-R 塑料管 PP-R 塑料管是由丙烯-乙烯共聚物加入适量的稳定剂，挤压成型的热塑性塑料管，在我国塑料管材中使用较早。特点是耐腐蚀、不结垢；耐高温（95℃）、高压；质量轻、安装方便，主要应用于建筑室内生活冷、热水供应系统及中央空调水系统中。PP-R 塑料管常采用热熔连接，与阀门、水表或设备连接时可采用螺纹或法兰连接。

塑料给水管道规格常用"de"或"dn"符号表示外径。给水塑料管公称外径与公称直径的对应关系见表 1-1。

表 1-1　给水塑料管公称外径与公称直径对应关系

塑料管公称外径（dn）/mm	20	25	32	40	50	63	75	90	110
公称直径（DN）/mm	15	20	25	32	40	50	65	80	100

4. 塑料排水管

（1）硬聚氯乙烯塑料管（PVC-U 管） 建筑排水用硬聚氯乙烯塑料管，材质为硬聚氯乙烯，公称外径（dn）见表 1-1，壁厚 2~4mm。PVC-U 排水管用公称外径×壁厚的方法表示规格，连接方式为承插粘接。

PVC-U 排水管道适用于建筑室内排水系统，当建筑高度大于或等于 100m 时不宜采用塑料排水管，可选用柔性抗震金属排水管，如铸铁排水管。

塑料排水管常用管件如图 1-9 所示。

a) 顺水三通　　　　　　b) 45°弯头　　　　　　c) 伸缩节

图 1-9　塑料排水管常用管件

（2）双壁波纹管 双壁波纹管分为高密度聚乙烯（HDPE）双壁波纹管和聚氯乙烯（U-PVC）双壁波纹管，是一种刚性高、弯曲性优良，具有波纹状外壁、光滑内壁的管材。连接形式为挤压夹紧、热熔合、电熔合。

5. 钢筋混凝土管

钢筋混凝土管有普通的钢筋混凝土管（RCP）、自应力钢筋混凝土管（SPCP）和预应力钢筋混凝土管（PCP）。钢筋混凝土管的特点是节省钢材，价格低廉（和金属管材相比），防腐性能好，具有较好的抗渗性、耐久性，能就地取材。目前大多生产的钢筋混凝土管管径为 100～1500mm。

1.1.3 常用管道连接技术

1. 管道焊接

给水排水管道　　微课　焊接
连接方式　　　　连接

钢管焊接可采用手工电弧焊或氧-乙炔气焊。由于电焊的焊缝强度较高，焊接速度快，又较经济，所以钢管焊接大多采用电焊，只有当管壁厚度小于 4mm 时，才采用气焊。而手工电弧焊在焊接薄壁管时容易烧穿，一般只用于焊接壁厚为 3.5mm 及其以上的管道。

2. 管道螺纹连接

螺纹连接又称为丝扣连接。即将管端加工的外螺纹和管件的内螺纹紧密连接。它适用于所有镀锌钢管的连接，以及较小直径（公称直径 100mm 以内）、较低工作压力（1MPa 以内）焊接钢管的连接和带螺纹的阀类及设备接管的连接。

螺纹连接的管件又称为丝扣管件，有镀锌和不镀锌两类，分别用于白、黑铁管的连接。

微课　螺纹
连接

3. 管道法兰连接

法兰连接就是把两个管道、管件或器材，先各自固定在一个法兰盘上，两个法兰盘之间加上法兰垫，用螺栓紧固在一起，完成管道连接。

法兰按连接方式可分为螺纹连接法兰和焊接法兰。管道与法兰之间采用焊接连接称为焊接法兰，管道与法兰之间采用螺纹连接称为螺纹法兰。

法兰的规格一般以公称直径"DN"和公称压力"PN"表示。水暖工程所用的法兰多选用平焊法兰。

4. 管道卡箍（沟槽）连接

卡箍连接是一种新型的钢管连接方式，具有很多优点。自动喷水灭火系统设计规范提出，系统管道的连接应采用沟槽式连接件或螺纹、法兰连接；系统中直径大于或等于100mm 的管道，应采用法兰或沟槽式连接件连接。

1）卡箍连接的结构包括卡箍（材料为球墨铸铁或铸钢）、密封圈（材料为橡胶）和螺栓紧固件（图 1-10）。规格从 DN25～DN600，配件除卡箍连接器外，还有变径卡箍、法兰与卡箍转换接头、螺纹与卡箍转换接头等。卡箍根据连接方式分为刚性接头和柔性接头。

2）卡箍连接管件包括如下两个大类产品：

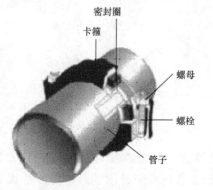

密封圈
卡箍
螺母
螺栓
管子

微课　镀锌钢管
沟槽连接

图 1-10　卡箍连接件

① 起连接密封作用的管件有刚性接头、挠性接头、机械三通和沟槽式法兰。

② 起连接过渡作用的管件有弯头、三通、四通、异径管、盲板等。

机械三通可用于直接在钢管上接出支管。首先在钢管上用开孔机开孔，然后将机械三通卡入孔洞，孔四周由密封圈沿管壁密封。机械三通分螺纹和沟槽式两种。

常用卡箍连接配件如图 1-11 所示。

滚槽机	挠性卡箍	刚性卡箍	法兰管卡
螺纹机械三通	沟槽正三通	螺纹异径三通	沟槽异径三通
机械异径三通	螺纹机械四通	沟槽异径四通	沟槽机构四通

图 1-11　卡箍连接配件示意图

5. 卡套式连接

卡套式连接是由带锁紧螺帽和螺纹管件组成的专用接头而进行管道连接的一种连接形式。

6. 管道热熔连接

热熔连接技术适用于聚丙烯管道（如 PP-R 塑料管）的连接。热熔机加热到一定时间后，将材料原来紧密排列的分子链熔化，然后在稳定的压力作用下将两个部件连接并固定，在熔合区建立接缝压力，如图 1-12 所示。

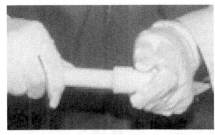

a) 热熔承插对接　　　　　　　　　　b) 热熔对接

图 1-12　管道热熔连接

1.1.4 常用阀门

1. 阀门分类

根据阀门的不同用途可分为：

1）开断用：用来接通或切断管路介质，如截止阀、闸阀、

微课 常用 阀门连接
球阀、蝶阀等。

阀门 方式

2）止回用：用来防止介质倒流，如止回阀。

3）调节用：用来调节介质的压力和流量，如调节阀、减压阀。

4）分配用：用来改变介质流向、分配介质，如三通旋塞、分配阀、滑阀等。

5）安全阀：在介质压力超过规定值时，用来排放多余的介质，保证管路系统及设备安全，如安全阀、事故阀等。

6）其他特殊用途阀门：如疏水阀、放空阀、排污阀等。

2. 常用阀门

（1）闸阀　闸阀是指关闭件（闸板）沿通路中心线的垂直方向移动的阀门，如图1-13所示。闸阀是使用很广的一种阀门，它在管路中主要作切断用，一般口径 DN≥50 的切断装置且不经常开闭时都选用它，如水泵进出水口、引入管总管。有一些小口径也用闸阀，如铜闸阀。

（2）截止阀　截止阀是指关闭件（阀瓣）沿阀座中心线移动的阀门，如图1-14所示。截止阀在管路中主要作切断用，也可调节一定的流量，如住宅楼内每户的总水阀。

连接方式：小口径阀门常采用螺纹连接，大口径阀门常采用法兰连接。

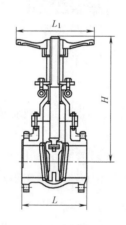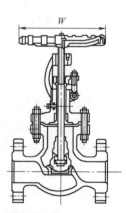

图 1-13　闸阀　　　　　　　　　　　　图 1-14　截止阀

（3）止回阀　止回阀是指依靠介质本身流动而自动开、闭阀瓣，用来防止介质倒流的阀门，又称逆止阀、单向阀、逆流阀和背压阀。止回阀根据用途不同又有如下几种形式：消声式止回阀、多功能水泵控制阀、倒流防止器、防污隔断阀和底阀。

（4）蝶阀　蝶阀是指蝶板在阀体内绕固定轴旋转的阀门，主要由阀体、蝶板、阀杆、密封圈和传动装置组成。蝶阀在管路中可作切断用，也可调节一定的流量。

（5）球阀　球阀和旋塞阀是同属一个类型的阀门，它的关闭件是个球体，球体绕阀体

中心线作旋转来达到开启、关闭的目的。在管路中主要用来做切断、分配和改变介质的流动方向。在水暖工程中，常采用小口径的球阀，采用螺纹连接或法兰连接。

（6）安全泄压阀　安全泄压阀是一种安全保护用阀门，当设备或管道内的介质压力升高，超过规定值时自动开启，通过向系统外排放介质来防止管道或设备内介质压力超过规定数值；当系统压力低于工作压力时，安全阀便自动关闭。

（7）疏水阀　疏水阀是用于蒸汽加热设备、蒸汽管网和凝结水回收系统的一种阀门，它能迅速、自动、连续地排除凝结水，有效地阻止蒸汽泄漏。

（8）水位控制阀　水位控制阀是一种自动控制水箱、水塔液面高度的水力控制阀。当水面下降超过预设值时，浮球阀打开，活塞上腔室压力降低，活塞上下形成压差，在此压差作用下阀瓣打开进行供水作业；当水位上升到预设高度时，浮球阀关闭，活塞上腔室压力不断增大致使阀瓣关闭停止供水。如此往复自动控制液面在设定高度，实现自动供水功能。

1.1.5　常用给水仪表

1. 水表

水表是一种流速式计量仪，其原理是当管道直径一定时，通过水表的水流速度与流量成正比，水流通过水表时推动翼轮转动，通过一系列联运齿轮，记录出用水量。

微课　旋翼式　微课　螺翼式
　　　水表　　　　　水表

根据翼轮的不同结构，水表又分为：

（1）旋翼式　翼轮转轴与水流方向垂直，水流阻力大，适用于小口径的液量计量。

（2）螺翼式　翼轮转轴与水流方向平行，阻力小，适用于大流量（大口径）的计量。

2. 压力表

压力表是以大气压力为基准，用于测量小于或大于大气压力的仪表，如图 1-15 所示。压力表按其指示压力的基准不同，分为一般压力表、绝对压力表、差压表。一般压力表以大气压力为基准；绝对压力表以绝对压力零位为基准；差压表测量两个被测压力之差。

3. 温度计

温度计（图 1-16）是测温仪器的总称。根据所用测温物质的不同和测温范围的不同，有煤油温度计、酒精温度计、水银温度计、气体温度计、电阻温度计、温差电偶温度计、辐射温度计、光测温度计和双金属温度计等。

图 1-15　压力表

图 1-16　温度计

【本单元关键词】

管材　管道连接　给水附件

【单元测试】

选择题

1. 公称外径 de75 的塑料管对应的公称直径是（　　　）。

A. DN75　　　　　B. DN65　　　　　C. DN90　　　　　D. DN60

2. PVC-U 排水管道适用于建筑室内排水系统，当建筑高度大于或等于（　　　）m 时不宜采用排水塑料管，可选用柔性抗震排水金属管。

A. 80m　　　　　B. 100m　　　　　C. 150m　　　　　D. 200m

3. 以下哪种管道的连接方式是橡胶圈挤压夹紧连接（　　　）。

A. 双壁波纹管　　　　　　　　　B. 新型抗震柔性铸铁管

C. PE 塑料管　　　　　　　　　D. 镀锌钢管

E. PVC-U 塑料管　　　　　　　　F. 钢筋混凝土管

4. 以下哪种管道的连接方式是卡箍连接（　　　）。

A 双壁波纹管　　　　　　　　　B. 新型抗震柔性铸铁管

C. PE 塑料管　　　　　　　　　D. 镀锌钢管

E. PVC-U 塑料管　　　　　　　　F. 钢筋混凝土管

5. 以下哪种管道的连接方式是粘接（　　　）。

A. 双壁波纹管　　　　　　　　　B. 新型抗震柔性铸铁管

C. PE 塑料管　　　　　　　　　D. 镀锌钢管

E. PVC-U 塑料管　　　　　　　　F. 钢筋混凝土管

【想一想】　生活中的自来水是怎么输送到水龙头的？

1.2　建筑生活给水系统

1.2.1　建筑生活给水系统分类与组成

1. 室内给水系统的分类

自建筑物的给水引入管至室内各用水及配水设施段，称为室内给水部分。建筑室内给水系统通常分为生活、生产及消防三类，具体定义如下所述。

（1）生活给水系统　生活给水系统是指提供各类建筑物内部饮用、烹饪、洗涤、洗浴等生活用水的系统，要求水质必须严格符合国家标准。

（2）生产给水系统　生产给水系统主要用于生产设备的冷却、原料和产品的洗涤、锅炉用水及某些工业原料用水等。

（3）消防给水系统　消防给水系统是指建筑物的水消防系统，主要有消火栓系统和自动喷淋系统。

在实际应用中，三类给水系统一般不单独设置，而多采用共用给水系统，如生活、生产共用给水系统，生活、消防共用给水系统，生活、生产、消防共用给水系统等。

2. 室内给水系统的组成

一般情况下，建筑给水系统由引入管、水表节点、管道系统、给水附件、升压和储水设备、室内消防设备等部分组成，如图1-17所示。

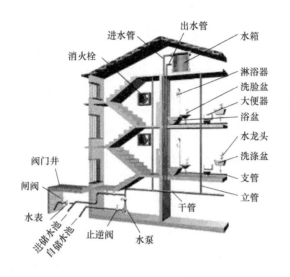

微课 建筑给水
排水系统组成

图1-17 建筑室内给水系统组成示意图

（1）引入管 由室外供水管引至室内的供水接入管道称为给水引入管，如图1-18所示。引入管通常采用埋地暗敷方式。对于一个建筑群体，引入管是总进水管，从供水的可靠性和配水平衡等方面考虑，引入管应从建筑物用水量最大处和不允许断水处引入。

（2）水表节点 水表节点是引入管上装设的水表及其前后设置的闸门、泄水装置等的总称。水表节点包括水表及其前后设置的闸门、泄水装置及旁通管。

（3）管道系统 管道系统包括水平干管、立管、横支管等，如图1-19所示。

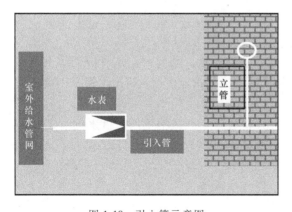

图1-18 引入管示意图

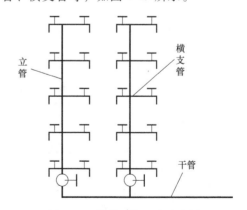

图1-19 管道系统组成示意图

（4）给水附件 给水附件包括配水附件（如各式龙头、消火栓及喷头等）和调节附件（如各类阀门：闸阀、截止阀、止回阀、蝶阀和减压阀等）。

（5）升压和储水设备 升压设备是指用于增大管内水压，使管内水流能到达相应位置，并保证有足够的流出水量、水压的设备。储水设备是指用于储存水，同时也有储存压力的作用，如水池、水箱及水塔等。

3. 室内给水系统给水方式

给水方式根据建筑物的类型、外部供水的条件、用户对供水系统使用的要求以及工程造价可分为如下几种方式：

（1）直接给水方式　室内给水管网与室外给水管网直接连接，利用室外管网压力直接向室内供水，如图 1-20 所示。

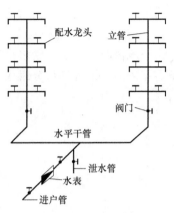

图 1-20　直接给水方式示意图

（2）单设水箱给水方式　由室外给水管网直接供水至屋顶水箱，再由水箱向各配水点连续供水，如图 1-21 所示。

（3）单设水泵给水方式　单设水泵给水方式又分为恒速泵供水和变频调速泵供水，如图 1-22 所示。

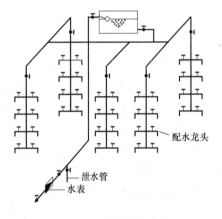

图 1-21　单设水箱给水方式

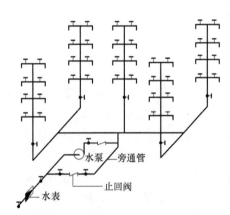

图 1-22　单设水泵给水方式

（4）水泵-水箱联合给水方式　在建筑物的底部设储水池，将室外给水管网的水引至水池内储存，在建筑物的顶部设水箱，用水泵从储水池中抽水送至水箱，再由水箱分别给各用水点供水的供水方式，如图 1-23 所示。

（5）分区供水的给水方式　分区供水给水方式将建筑物分成上下两个供水区（若建筑物层数较多，可以分成两个以上的供水区域），下区直接在城市管网压力下工作，上区由水箱-水泵联合供水，如图 1-24 所示。

（6）气压罐给水方式　气压罐给水方式用于室外给水管网水压不足，或建筑物不宜设置高位水箱以及设置水箱确有困难的情况。

气压给水装置是利用密闭压力水罐内气体的可压缩性储存、调节和升压送水的给水装置，其作用相当于高位水箱或水塔，水泵从储水池吸水，经加压后送至给水系统和气压罐内；停泵时，再由气压罐向室内给水系统供水，并由气压水罐调节、储存水量及控制水泵运行，如图 1-25 所示。

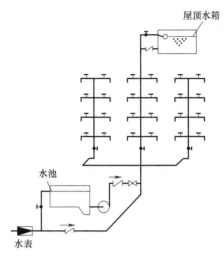

图 1-23　水泵-水箱联合给水方式

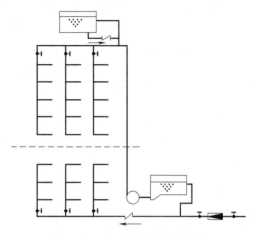

图 1-24　分区供水的给水方式

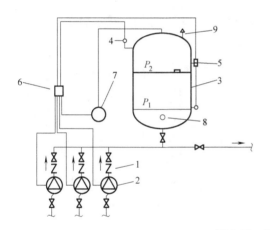

图 1-25　气压罐给水方式

1—止回阀　2—水泵　3—气压水罐　4—压力信号器　5—液位信号器
6—控制器　7—补气装置　8—排气阀　9—安全阀

1.2.2　建筑热水系统的分类与组成

1. 室内热水供应系统的分类

按照热水的供应范围分为局部热水供应系统、集中热水供应系统和区域热水供应系统。

（1）局部热水供应系统　就地加热就地用热水，一般无热水输送管道，有也很短，热水分散加热，热水供应范围小，如单元旅馆、住宅、公共食堂、理发室及医疗所等。采用小型加热设备，如电加热器、煤气加热器、蒸汽加热器、太阳能热水器、炉灶等，热效率较低。该系统适用于没有集中热水供应的居住建筑、小型公共建筑以及热水用水量较小且用水点分散的建筑。

（2）集中热水供应系统　此地加热异地用热水，有热水输配管网。热水供应范围较大，如一幢或几幢建筑物。加热设备为锅炉房或热交换器，热水集中加热，热效率较高。该系统适用于使用要求高、耗热量大、用水点多且比较集中的建筑。

（3）区域热水供应系统　热水供应范围大，供应城市一个区域的建筑群。加热冷水的热媒多为热电站或工业锅炉房引出的热力网提供。热效率高，有条件时优先采用。管网长且复杂，热损失大，设备、附件多，管理水平要求高，一次性投资大。

以上三种热水供应系统的特点及应用见表1-2。

表1-2　三种热水供应系统的特点及应用

分类	含义	特点	适用范围
局部热水供应系统	供单个或数个配水点热水	靠近用水点设小型加热设备，供水范围小，管路短，热损小	用量小且较分散的建筑
集中热水供应系统	供一幢或数幢建筑物热水	在锅炉房或换热站集中制备，供水范围较大，管网较复杂，设备多，一次投资大	耗热量大，用水点多而集中的建筑
区域热水供应系统	供区域整个建筑群热水	在区域锅炉房的热交换站制备，供水范围大，管网复杂，热损大，设备多，自动化高，投资大	用于城市片区、居住小区的整个建筑群

2. 室内热水供应系统的组成

集中热水供应系统由热源、热媒管网、热水输配管网、循环水管网、热水储存水箱、循环水泵、加热设备及配水附件等组成，如图1-26所示。

（1）热媒循环管网（第一循环系统）　热媒循环管网由热源、水加热器和热媒管网组成。锅炉产生的蒸汽（或高温水）经热媒管道送入水加热器，加热冷水后变成凝结水，靠余压经疏水器流回到凝结水池，冷凝水和补充的软化水由凝结水泵送入锅炉重新加热成蒸汽，如此循环完成水的加热过程。

（2）热水配水管网（第二循环系统）　热水配水管网由热水配水干管、立管、支管和循环管网组成。配水管网将在加热器中加热到一定温度的热水送到各配水点，冷水由高位水箱或给水管网补给。为保证用水点的水温，支管和干管设循环管网，使一部分水回到加热器重新加热，以补充管网所散失的热量。

（3）附件和仪表　为满足热水系统中控制和连接的需要，常使用的附件包括各种阀门、水嘴、补偿器、疏水器、自动温度调节器、温度计、水位计、膨胀罐和自动排气阀等。

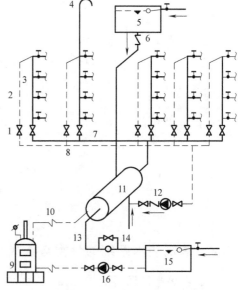

图1-26　集中热水供应系统组成示意图
1—检修阀　2—回水立管　3—配水立管　4—透气管
5—冷水箱　6—止回阀　7—配水干管　8—回水
干管　9—锅炉　10—蒸汽管　11—水加热器
12—循环水泵　13—凝结水管
14—疏水器　15—凝结水箱
16—凝结水泵

1.2.3　建筑生活给水管道安装

1. 室内给水系统管道布置形式

各种给水方式按其水平干管在建筑物内敷设的位置分为：

（1）下行上给式　水平干管敷设在地下室顶棚下、专门的地沟内或在底层直接埋地敷设，从下向上供水，如图 1-27 所示。

（2）上行下给式　水平干管设于顶层顶棚下、吊顶中，从上向下供水，适用于屋顶设水箱的建筑，或下行存在困难时采用，如图 1-28 所示。缺点是结露、结冻，干管漏水时损坏墙面和室内装修、维修不便。

（3）环状式　水平配水干管或立管互相连接成环，组成水平干管环状或立管环状，如图 1-29 所示。任何管道发生事故时，可用阀门关闭事故管段而不中断供水，水流畅通，水压损失小，水质不易因滞留而变质，但管网造价高。

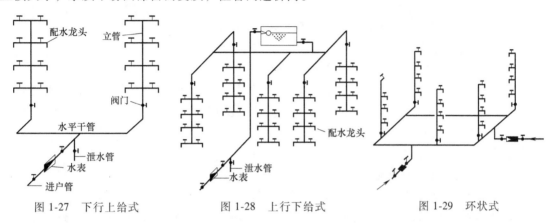

图 1-27　下行上给式　　　　图 1-28　上行下给式　　　　图 1-29　环状式

2. 管道敷设工艺流程

安装准备→预留孔洞→预制加工→干管安装→立管安装→支管安装→管道试压→管道防腐和保温→管道消毒冲洗。

3. 管道敷设方式

1）室内管道的布置原则：简短、经济、美观、便于维修。

2）室内管道的布置形式如下：

① 明装——管道在室内沿墙、梁、柱、顶棚、桁架、地板旁暴露敷设布置的方法。优点：施工、维修方便，造价低。缺点：影响美观，易结露、积灰，不卫生。

② 暗装——室内管道布置在墙体管槽、管道井或管沟内，或者由建筑装饰所隐蔽的敷设方法。优点：卫生、美观。缺点：施工复杂，维修不便，造价高。

4. 管道安装技术要求

1）室内直埋给水金属管道（塑料管和复合管除外）应做防腐处理，埋地管道防腐层材质和结构应符合设计要求。埋地金属管道防腐的主要措施是刷沥青漆和包玻璃布，做法通常有一般防腐、加强防腐和特加强防腐。

2）管道穿过地下构筑物外墙、水池壁及屋面时，应采取防水措施。采用刚性防水套管还是柔性防水套管由设计选定（图 1-30、图 1-31）。对有严格防水要求的建筑物，必须采用柔性防水套管。

3）给水管道不宜穿过伸缩缝、沉降缝和防震缝，必须穿过时应采取有效措施。常用措施有螺纹弯头法、软管接头法、活动支架法。

4）管道支架、吊架安装应平整牢固，其间距应符合设计规定。

5）管道穿过墙壁和楼板，应设置金属或塑料套管。

图 1-30　刚性防水套管

图 1-31　柔性防水套管

6）冷、热水管道同时安装应符合下列规定：

①上下平行安装时热水管应在冷水管上方。

②垂直平行安装时热水管应在冷水管左侧。

7）给水引入管与排水排出管的水平净距不得小于 1m；室内给水与排水管道平行敷设时，两管间的最小水平净距不得小于 0.5m；交叉铺设时，垂直净距不得小于 0.15m。给水管应铺在排水管上面，若给水管必须铺在排水管的下面时，给水管应加套管，其长度不得小于排水管管径的 3 倍。

8）管道试压与消毒冲洗。

①室内给水管道的水压试验必须符合设计要求。

②生产给水系统管道在交付使用前必须冲洗和消毒，并经有关部门取样检验，符合国家《生活饮用水卫生标准》方可使用。

1.2.4　阀门、水表安装

1. 阀门安装

阀门安装前，应做强度和严密性试验。阀门的强度试验是指阀门在开启状态下试验，检查阀门外表面的渗漏情况。阀门的严密性试验是指阀门在关闭状态下试验，检查阀门密封面是否渗漏。

2. 水表安装

水表应安装在便于检修，不受曝晒、污染和冻结的地方。

水表前后和旁通管上均应装设检修阀门，水表与水表后阀门间应装设泄水装置。为减少水头损失并保证表前管内水流的直线流动，表前检修阀门宜采用闸阀。住宅中的分户水表，其表后检修阀及专用泄水装置可不设。

1.2.5　升压和储水设备

1. 水泵

通常把提升液体、输送液体或使液体增加压力，即把原动机的机械能变为液体能量从而达到抽送液体目的的机器统称为泵。水泵是给水系统中的主要增压设备，室内给水系统中多采用离心水泵，它具有结构简单、体积小、效率高等优点，如图 1-32 所示。

微课　水泵简介

2. 水箱的分类

水箱（图 1-33）按用途可分为：

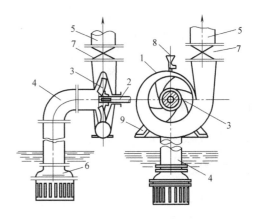

图 1-32　单级单吸式离心式泵的构造

1—泵壳　2—泵轴　3—叶轮　4—吸水管　5—压水管　6—底阀　7—闸阀　8—灌水斗　9—泵座

（1）膨胀水箱　在热水采暖系统中起着容纳系统膨胀水量，排除系统中的空气，为系统补充水量及定压的作用。膨胀水箱一般用钢板焊制而成，装在系统的最高处。

（2）给水水箱　在给水系统中起储水、稳压作用，是重要的给水设备，多用钢板焊制而成，也可用钢筋混凝土制成。

微课　水泵房

的介绍

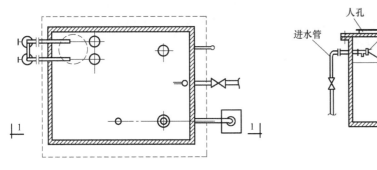
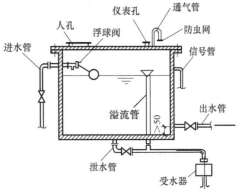

图 1-33　水箱构造示意图

3. 水箱附件

（1）进水管　水箱进水管一般从侧壁接入，进水管上应装设浮球阀或液位阀，在浮球阀前设置检修阀门。进水管管顶至水箱上缘应有 150～200mm 的距离。

（2）出水管　水箱出水管一般从侧壁接出。管口下缘应高出箱底 50mm 以上，一般取 100mm，以防污物进入进水管内，可与进水管共用，设单向阀以避免将沉淀物冲起。

（3）溢流管　用以控制水箱的最高水位，溢流管高于设计最高水位 50mm，管径比进水管大 1～2 号，但在箱底以下可与进水管同径。溢流管不能直接接入下水道。水箱设在平屋顶上时，溢流水可直接流在屋面上。溢流管上不设阀门。

（4）信号管　安装在水箱壁的溢流管口以下 10mm 处，管径 15～20mm，信号管的另一端通到值班室的洗涤盆处，以便随时发现浮球阀失灵而能及时修理。

（5）泄水管　泄水管从水箱底接出，用以检修或清洗水箱时泄水。泄水管上装设阀门，平时关闭，泄水时开启。

（6）通气管　供应生活饮用水的水箱应设密封箱盖，箱盖上设检修人孔和通气管，使水箱内空气流通，通气管管径一般不小于 50mm，管口应朝下并设网罩，管上不设阀门。

【本单元关键词】

生活给水　系统组成　安装

【单元测试】

选择题

1. 建筑生活给水系统由引入管、水表节点以及（　　）部分组成。

A. 给水附件　　　B. 升压设备　　　C. 储水设备　　　D. 干管、立管、支管

2. 建筑物给水系统的供水方式有直接给水、设水箱给水、气压给水以及（　　）六种供水方式。

A. 设水池、水泵给水　　　　　　B. 分区给水

C. 设消火栓给水　　　　　　　　D. 设水池水泵水箱给水

3. 室内给水系统分为（　　）。

A. 生活给水　　　B. 消防给水　　　C. 生产给水　　　D. 医疗给水

4. 以下是配水附件的是（　　）。

A. 闸阀　　　　　B. 水龙头　　　　C. 大便器冲洗阀　　D. 淋浴器

5. 冷、热水管上下平行安装时冷水管应在热水管（　　）方；垂直平行安装时冷水管应在热水管（　　）侧。

A. 上，右　　　　B. 上，左　　　　C. 下，右　　　　D. 下，左

【想一想】　安装建筑生活给水排水工程需要哪些建筑材料？

1.3　建筑生活污水排水系统

1.3.1　建筑室内污水排水系统组成

建筑排水系统应能满足三个基本要求：第一，系统能迅速畅通地将污废水排到室外；第二，排水管道系统内的气压稳定，管道系统内的有害气体不能进入室内；第三，管线布置合理，工程造价低。因此，建筑内部排水系统由卫生器具或生产设备受水器、排水管道、通气管及清通设备等组成，如图 1-34 所示。

1. 卫生器具

卫生器具是用来收集污废水的器具，如便溺器具，盥洗、沐浴器具，洗涤器具和地漏等。

2. 排水管道

排水管道包括：器具排水管、排水横支管、排水立管、排出管和通气管。

（1）器具排水管　连接卫生器具和排水横支管之间的短管。

（2）排水横支管　收集器具排水管送来的污水，并将污水排至立管。

（3）排水立管　汇集各层横支管排入的污水，并将污水排入至排出管中。

（4）排出管　连接排水立管与室外排水检查井的管段。通常埋设在地下，坡向室外检查井。

（5）通气管道　通气管是把管道内产生的有害气体排至大气中，以免影响室内的环境卫生。

1）通气管道作用：

① 向排水管内补给空气，水流畅通。

② 减小气压变化幅度，防止水封破坏。

③ 排出臭气和有害气体。

④ 使管内有新鲜空气流动，减少废气对管道的锈蚀。

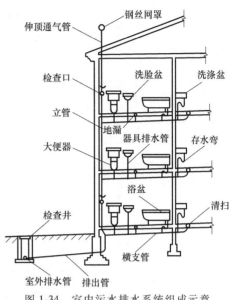

图1-34　室内污水排水系统组成示意

2）通气管道形式（图1-35）：

① 伸顶通气管：立管最高处的检查口以上部分。

② 专用通气管：当立管设计流量大于临界流量时设置，且每隔二层与立管相通。

③ 结合通气管：连接排水立管与通气管的管道。

④ 安全通气管：横支管连接卫生器具较多且管线较长时设置。

⑤ 卫生器具通气管：设置于卫生标准及控制噪声要求高的排水系统。

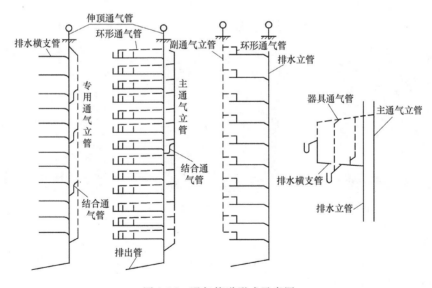

图1-35　通气管道形式示意图

3. 排水附件

（1）存水弯　存水弯是利用一定高度的静水压力来抵抗排水管内气压变化，防止管内气体进入室内的装置。常用存水弯样式见表1-3。

表1-3　存水弯样式

名称		示意图	优缺点	适用条件
管式存水弯	P形		1. 小型 2. 污物不易停留 3. 在存水弯上设置通气管是理想、安全的存水弯装置	适用于所接的排水横管标高较高的位置
	S形		1. 小型 2. 污物不易停留 3. 在冲洗时容易引起虹吸而破坏水封	适用于所接的排水横管标高较低的位置
	U形		1. 有碍横支管的水流 2. 污物容易停留,一般在U形两侧设置清扫口	适用于水平横支管

（2）清通装置　清通装置包括检查口和清扫口,其作用是方便疏通,在排水立管和横管上都有设置。

1）清扫口（图1-36）装设在排水横管上,当连接的卫生器具较多时,横管末端应设清扫口,用于单向清通排水管道的维修口。

2）检查口（图1-37）是带有可开启检查盖的配件,装设在排水立管及较长水平管段上,可作检查和双向清通管道之用。

（3）地漏　地漏（图1-38）属于排水装置,用于排除地面的积水,厕所、淋浴房及其他需经常从地面排水的房间应设置地漏。

（4）伸缩节　伸缩节是补偿吸收管道轴向、横向、角向受热引起的伸缩变形的装置。

图1-36　清扫口

图1-37　检查口

图1-38　地漏

4. 抽升系统

抽升系统是指可排除不能自流排至室外检查井的地下建筑物污废水的装置,如排污泵。

5. 污水局部处理构筑物

（1）化粪池　民用建筑所排出的粪便污水,必须经化粪池处理后方可排入城市排水管网,化粪池结构如图1-39所示。

（2）隔油池　隔油池是指防止食品加工厂、饮食业公共食堂等产生的含食用油脂较多的废油脂凝固堵塞管道,对废水进行隔油处理的装置,隔油池结构如图1-40所示。

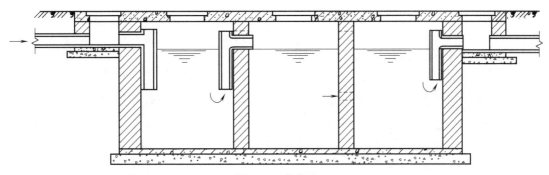

图 1-39 化粪池

（3）降温池 降温池的作用是对排水温度高于 40℃ 的污废水进行降温处理，防止高温影响管道使用寿命。

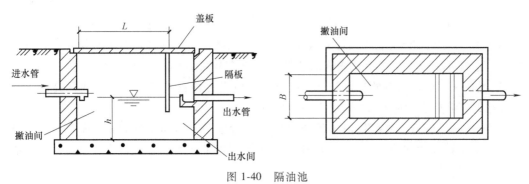

图 1-40 隔油池

1.3.2 建筑生活污水排水管道安装

1. 管道安装工艺流程

室内排水系统管道安装根据图样要求并结合实际情况，按预留口位置测量尺寸，绘制加工草图。其工艺流程为：安装准备→预制加工→干管安装→立管安装→支管安装→卡件固定→封口堵洞→闭水试验→通水试验。

2. 管道安装技术要求

1）隐蔽或埋地的排水管道在隐蔽前必须做灌水试验，其灌水高度应不低于底层卫生器具的上边缘或底层地面高度。

2）生活污水铸铁管道的坡度必须符合设计规定。

3）生活污水塑料管道的坡度必须符合设计规定。

4）排水塑料管必须按设计要求及位置装设伸缩节。如设计无要求时，伸缩节间距不得大于 4m。

5）高层建筑物内管径大于或等于 110mm 的明设立管以及穿越墙体处的横管应按设计要求设置阻火圈（图 1-41）或防火套管（图 1-42）。

6）排水主立管及水平干管管道均应做通球试验，通球球径不小于排水管道管径的 2/3，通球率必须达到 100%。

7）在生活污水管道上设置的检查口或清扫口，当设计无要求时应符合下列规定：

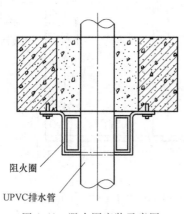

图 1-41　阻火圈安装示意图

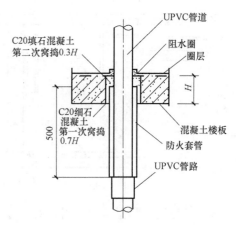

图 1-42　防火套管安装示意图

① 排水立管上连接排水横支管的楼层应设检查口，且在建筑物底层必须设置。

② 连接 2 个或 2 个以上的大便器或 3 个及 3 个以上卫生器具的铸铁排水横管上，宜设置清扫口；连接 4 个及 4 个以上大便器的塑料排水横管上宜设置清扫口。

8）埋在地下或地板下的排水管道的检查口，应设在检查井内。井底表面标高与检查口的法兰相平，井底表面应有 5% 坡度，坡向检查口。

9）金属排水管道上的吊钩或卡箍应固定在承重结构上。固定件间距：横管不大于 2m；立管不大于 3m。楼层高度小于或等于 4m，立管可安装 1 个固定件。立管底部的弯管处应设支墩或采取固定措施。

10）排水塑料管道支、吊架间距应符合表 1-4 的规定。

表 1-4　排水塑料管道支、吊架最大间距

管径/mm	50	75	110	125	160
立管/m	1.2	1.5	2.0	2.0	2.0
横管/m	0.5	0.75	1.10	1.30	1.6

11）排水通气管不得与风道或烟道连接，且应符合规范规定。

12）安装未经消毒处理的医院含菌污水管道，不得与其他排水管道直接连接。

13）饮食业工艺设备引出的排水管及饮用水水箱的溢流管，不得与污水管道直接连接，并应留出不小于 100mm 的隔断空间。

14）通向室外的排水管，穿过墙壁或基础必须下返时，应采用 45° 三通和 45° 弯头连接，并应在垂直管段顶部设置清扫口。

15）高层建筑物排水立管应有消能装置，立管简易消能装置，安装位置由设计确定。

1.3.3　卫生洁具安装

1. 卫生洁具种类

（1）大便器　大便器有坐式、蹲式两种。坐式大便器按冲洗的水力原理可分为冲洗式和虹吸式两种，坐式大便器都自带存水弯（水封）；蹲式大便器有带存水弯和不带存水弯的，如为后者，设计安装时需另外配置存水弯。

（2）小便器　小便器设于男厕所内，有挂式、立式和小便槽三类。

（3）盥洗器具　盥洗器具一般由洗脸盆、盥洗槽及淋浴器等组成。

（4）洗涤器具　洗涤器具主要有洗涤盆、化验盆及污水盆等。

微课　蹲式大便器安装

微课　挂式小便器安装

微课　立式洗脸盆安装

微课　洗菜盆安装

（5）浴盆　浴盆安装如图1-43所示。

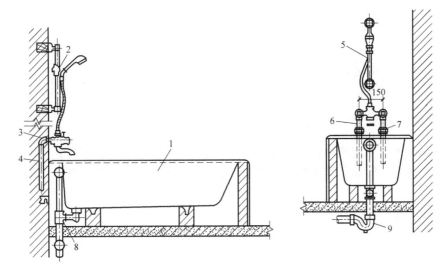

图1-43　浴盆安装示意图

1—浴盆　2—可调式花洒座　3—弯头　4—给水管　5—软管

6—热水管　7—冷水管　8—排水管　9—存水弯

2. 卫生洁具安装工艺流程

卫生洁具安装工艺流程：安装准备→卫生洁具及配件检验→卫生洁具安装→卫生洁具配件预装→卫生洁具稳装→卫生洁具与墙、地缝隙处理→卫生洁具外观检查→通水试验。

3. 卫生洁具安装技术要求

1）卫生洁具的安装应采用预埋螺栓或膨胀螺栓安装固定。

2）连接卫生洁具的排水管管径和最小坡度应符合设计要求。

【本单元关键词】

生活系统　生活排水系统　系统组成　系统安装

【单元测试】

选择题

1. 以下不属于排水系统的是（　　）。

A. 雨水、空调水系统 　　　　　　B. 生活废水系统

C. 生活污水系统 　　　　　　　　D. 医疗污水系统

2. 透气帽安装于排水立管的（　　　）。

A. 顶部 　　　　B. 底部 　　　　C. 中部 　　　　D. 与支管连接处

3. 以下选项中，不是存水弯作用的是（　　　）。

A. 抵抗排水管内气压变化 　　　　B. 防止管内气体进入室内

C. 节省管材 　　　　　　　　　　D. 形成水封

4. 隐蔽或者埋地的排水管道在隐蔽前必须做（　　　）。

A. 灌水试验 　　　B. 通气试验 　　　C. 水压试验 　　　D. 消毒冲洗

5. 为保障排水顺畅，排水管道的敷设是按照一定的（　　　）敷设的。

A. 距离 　　　　B. 高度 　　　　C. 坡度 　　　　D. 角度

【想一想】 建筑物阳台的雨水是怎么排放到室外的？

1.4 建筑屋面雨水排放

1.4.1 屋面雨水排水系统的分类及组成

建筑雨水排水系统是建筑物给水排水系统的重要组成部分，它的任务是及时排除降落在建筑物屋面的雨水、雪水，避免形成的屋面积水对屋顶造成威胁，或造成雨水溢流、屋顶漏水等水患事故。

屋面雨水排水系统分类见表 1-5。

表 1-5 屋面雨水排水系统分类

按雨水管道布置位置分类	外排水系统
	内排水系统
	混合排水系统
按管内水流情况分类	重力无压流雨水系统
	重力半有压流雨水系统
	压力流雨水系统（虹吸式雨水系统）
按屋面排水条件分类	檐沟排水系统
	天沟排水系统
按立管连接雨水斗数量分类	单斗系统
	多斗系统

1. 按雨水管道布置位置分类

（1）外排水系统 是指雨水管道不设在室内，而是沿外墙敷设。按屋面有无天沟，又可分为檐沟外排水系统和天沟外排水系统。系统组成如图 1-44、图 1-45 所示。

（2）内排水系统 是指雨水管道设置在室内，屋面雨水沿具有坡度的屋面汇集到雨水斗，经雨水斗流入室内雨水管道，最终排至室外雨水管道。建筑屋面面积较大的公共建筑物和多跨的工业厂房，当采用外排水系统有困难时，可采用内排水系统。

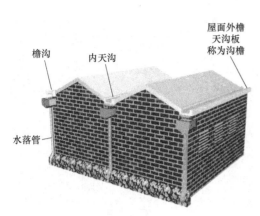

图 1-44　外排水系统的组成示意图

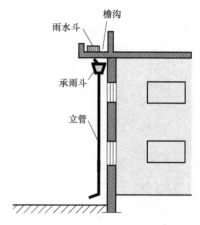

图 1-45　檐沟外排水系统的组成示意图

内排水系统由天沟、雨水斗、连接管、悬吊管、立管、排出管、埋地干管和检查井组成（图 1-46）。内排水的单斗系统或多斗系统可按重力流或压力流设计，大屋面工业厂房和公共建筑宜按多斗压力流设计，雨水斗的选型与外排水系统相同，需分清重力流或压力流。

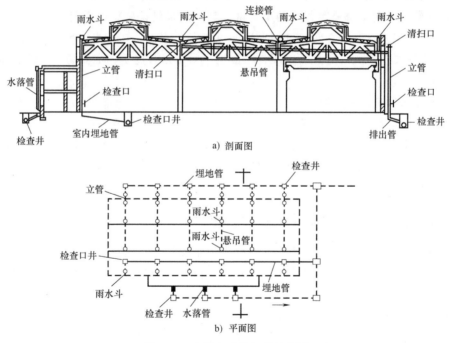

a) 剖面图

b) 平面图

图 1-46　内排水系统组成示意图

（3）混合排水系统　同一建筑物采用几种不同形式的雨水排除系统，分别设置在屋面的不同部位，组合成屋面雨水混合排水系统。

2. 按管内水流情况分类

（1）重力无压流雨水系统　是指使用自由堰流式雨水斗的系统，设计流态是无压流态，系统的流量负荷、管材、管道布置等忽略水流压力的作用。

（2）重力半有压流雨水系统　是指使用 65 型、87 型雨水斗的系统，设计流态是半有压流态，系统的流量负荷、管材、管道布置等考虑了水流压力的作用。目前我国普遍应用的就是该系统。该系统一般用于中、小型建筑。雨水斗样式如图1-47~图1-49所示。

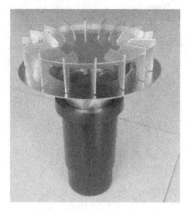

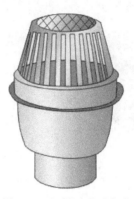

图1-47　87型虹吸式雨水斗　　　　图1-48　塑料圆形雨水斗　　　　图1-49　侧墙式雨水斗

（3）压力流雨水系统（虹吸式雨水系统）　虹吸式屋面雨水排水是近几年推广应用的一项新技术，它的优势是管道系统相对较少，节省管材和建筑空间，由于虹吸作用产生"满管流"，使系统排水量能够满足最大的雨水量。其缺点是设计施工比较复杂，雨水斗及尾管施工时容易造成堵塞。同时在管材选用上也相对要求高一些。虹吸式排水系统属压力流排水系统，施工完后要按有关规定进行试压，一般用于大型公共建筑，如商场、展馆、体育馆等屋面雨水排水。

3. 雨水排水系统采用的管材

室内外排水系统采用的管材有UPVC塑料管和铸铁管，其最小管径可用de75，但注意下游管段管径不得小于上游管段管径，且在距地面以上1m处设置检查口，并牢靠地固定在建筑物的外墙上。对于工业厂房屋面雨水排水管道，也可采用焊接钢管，但其内外壁应作防腐处理。

1.4.2　屋面雨水排水系统的安装技术要求

1）雨水管道宜使用塑料管、铸铁管、镀锌和非镀锌钢管或混凝土管等。

2）悬吊式雨水管道应选用钢管、铸铁管或塑料管。易受振动的雨水管道（如锻造车间等）应使用钢管。

3）雨水管道不得与生活污水管道相连接。

4）雨水斗管的连接应固定在屋面承重结构上。雨水斗边缘与屋面相连处应严密不漏。连接管管径当设计无要求时，不得小于100mm。

5）安装在室内的雨水管道安装后应做灌水试验，灌水高度必须到每根立管上部的雨水斗。

6）雨水管道如采用塑料管，其伸缩节安装应符合设计要求。

7）悬吊式雨水管道的敷设坡度不得小于5‰；埋地雨水管道的最小坡度应符合设计规范规定。

8）悬吊式雨水管道的检查口或带法兰堵口的三通的间距应符合设计规范规定。

【本单元关键词】

雨水、空调水排水　系统组成

【单元测试】

判断题

1. 檐沟外排水一般用于屋面面积较小的居住建筑、公共建筑及单跨的工业建筑，系统主要由檐沟、雨水斗、雨水立管、检查井等组成。（　　）

2. 雨水排水系统主要由雨水管、雨水斗、管件组成。（　　）

3. 雨水管道如采用塑料管，不用设置伸缩节。（　　）

4. 虹吸式屋面雨水排水采用自由堰流式雨水斗的系统，设计流态是无压流态。（　　）

5. 雨水管道宜使用塑料管、铸铁管、镀锌和非镀锌钢管或混凝土管。（　　）

【想一想】　建筑给水排水的管道安装高度、坡度是如何在图样上体现的？

1.5　建筑生活给水排水系统施工图

1.5.1　建筑给水排水施工图的组成

建筑给水排水施工图一般由图样目录、主要设备材料表、设计说明、图例、平面图、系统图（轴测图）、施工详图等组成。

室外小区给水排水工程，根据工程内容还应包括管道断面图、给水排水节点图等。各部分的主要内容为：

1. 平面图

给水、排水平面图表达给水、排水管线和设备的平面布置情况。根据建筑规划，在设计图样中，用水设备的种类、数量、位置，均要做出给水和排水平面布置；各种功能管道、管道附件、卫生器具、用水设备，如消火栓箱、喷头等，均应用各种图例表示；各种横干管、立管、支管的管径、坡度等，均应标出。平面图上管道都用单线绘出，沿墙敷设时不注管道距墙面的距离。

2. 系统图

系统图，也称"轴测图"，其绘法取水平、轴测、垂直方向，完全与平面图相同。系统图上应标明管道的管径、坡度，标出支管与立管的连接处，以及管道各种附件的安装标高，标高的±0.000应与建筑图一致。系统图上各种立管的编号应与平面图相一致。

3. 施工详图

凡平面图、系统图中局部构造因受图面比例限制而表达不完善或无法表达的，为使施工概预算及施工不出现失误，必须绘出施工详图。通用施工详图系列，如卫生器具安装、排水检查井、雨水检查井、阀门井、水表井、局部污水处理构筑物等，均有各种施工标准图，施工详图宜首先采用标准图。

4. 设计施工说明及主要材料设备表

用工程绘图无法表达清楚的给水、排水、热水供应、雨水系统等管材、防腐、防冻、防露的做法；或难以表达的诸如管道连接、固定、竣工验收要求、施工中特殊情况技术处理措施，或施工方法要求必须严格遵守的技术规程、规定等，可在图样中用文字写出设计施工说明。工程选用的主要材料及设备表，应列明材料类别、规格、数量，设备品种、规格和主要尺寸。

此外，施工图还应绘出图中所用图例，所有以上图样及施工说明等应编排有序，写出图样目录。

1.5.2 建筑给水排水施工图中常用图例

1. 图线

建筑给水排水施工图的线宽 b 应根据图样的类别、比例和复杂程度确定，一般线宽 b 宜为 0.7mm 或 1.0mm。各种管线宽度表示见表 1-6。

表 1-6　管线宽度

名称	宽度	表示意义
粗实线	b	新建各种排水和其他重力流管线
中实线	$0.5b$	表示给水排水设备、构件的可见轮廓线；原有各种给水和其他压力流管线
粗虚线	b	表示新建各种给水排水和其他重力流管线的不可见轮廓线
中虚线	$0.5b$	表示设备、构件不可见轮廓线

2. 管道的坡度坡向

如图 1-50 所示，箭头朝向表示低向。

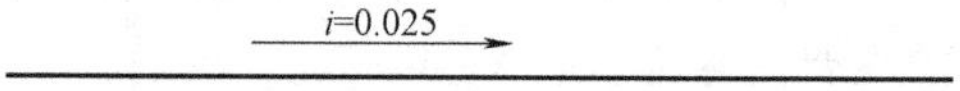

3. 标高标注方法

标高用以表示管道的高度，有相对标高和绝对标高两种表示方法。相对标高一般以建筑

$$\xrightarrow{\quad i=0.025\quad}$$

图 1-50　坡度表示方法

物的底层室内地面高度为 ±0.000，室内工程应标注相对标高；绝对标高是以青岛附近黄海的平均海平面作为标高的零点，所计算的标高称为绝对标高。室外工程应标注绝对标高，当无绝对标高资料时，可标注相对标高，但应与总图专业一致。

应标注标高的部位：沟渠和重力流管道的起讫点、转角点、连接点、变尺寸（管径）点及交叉点；压力流管道中的标高控制点；管道穿外墙、剪力墙和构筑物的壁及底板等处；不同水位线处；构筑物和土建部分的相关标高。

压力管道应标注管中心标高，沟渠和重力流管道宜标注沟（管）内底标高。

4. 管道编号

1）当建筑物的给水引入管或排水排出管的数量超过 1 根时，宜进行编号，编号宜按图 1-51a 所示的方法表示。

2）建筑物穿越楼层的立管，其数量超过 1 根时宜进行编号，编号宜按图 1-51b 所示的方法表示。

3）在总平面图中，当给水排水附属构筑物的数量超过 1 个时，宜进行编号。编号方法为：构筑物代号-编号。给水构筑物的编号顺序宜为：从水源到干管，再从干管到支管，最后到用户；排水构筑物的编号顺序宜为：从上游到下游，先干管后支管。

4）当给水排水机电设备的数量超过1台时，宜进行编号，并应有设备编号与设备名称对照表。

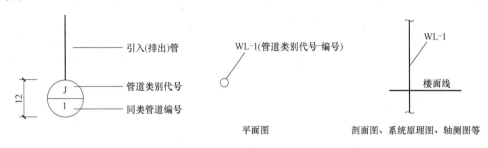

图 1-51　管道编号表示方法

5. 常用给水排水图例

建筑给水排水图样上的管道、卫生器具、设备等均应按照《建筑给水排水制图标准》（GB/T 50106—2010）使用统一的图例来表示。在《建筑给水排水制图标准》中列出了管道、管道附件、管道连接、管件、阀门、给水配件、消防设施、卫生设备及水池、小型给水排水构筑物、给水排水设备、仪表等共11类图例。下面列出了一些常用给水排水图例。

1）管道附件图例，见表1-7。

表 1-7　管道附件图例

名称	图例	名称	图例
交叉管		弧形伸缩器	
三通连接		方形伸缩器	
四通连接		刚性防水套管	
流向		柔性防水套管	
坡向		防水翼环	
套管伸缩器		可弯曲橡胶接头	
波形伸缩器		管道固定支架	
管道滑动支架		圆形地漏	
防护套管（沟）		方形地漏	
弯折管		雨水斗	

（续）

名称	图例	名称	图例
存水弯		排水栓	
检查口		水池通气帽(乙型)	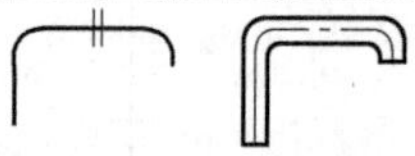
清扫口		喇叭口	
通气帽		吸水管喇叭口支座	

2）管道连接图例，见表1-8。

表1-8 管道连接图例

名称	图例	名称	图例
法兰连接	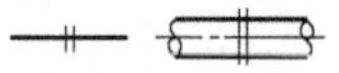	偏心异径管	
承插连接	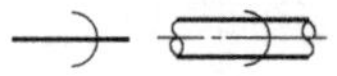	异径弯头	
螺纹连接	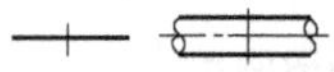	乙字管	
活接头	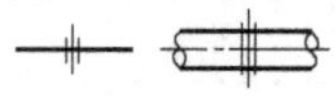	管接头	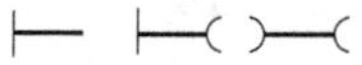
管堵	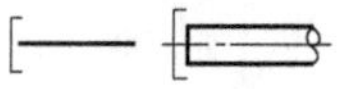	弯管	
法兰堵盖	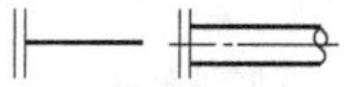	正三通	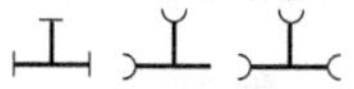
快速接头		斜三通	

3）卫生洁具及水池图例，见表1-9。

表1-9 卫生洁具及水池图例

名称	图例	名称	图例
洗涤盆	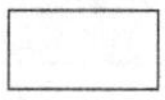	盥洗槽	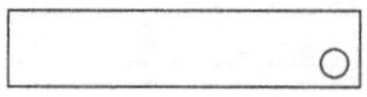
化验盆	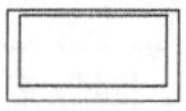	妇女卫生盆	
洗脸盆	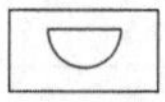	立式小便器	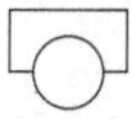
立式洗脸盆	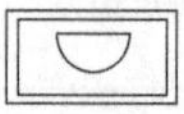	挂式小便器	
污水盆		蹲式大便器	
浴盆	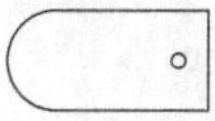	坐式大便器	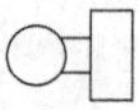

（续）

名称	图例	名称	图例
带蓖洗脸盆	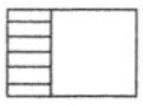	小便槽	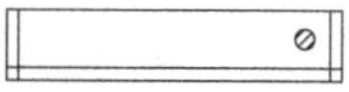
饮水器		雨水口	
淋浴喷头		雨水检查井	Y　Y
软管淋浴器		排水检查井	P　P
矩形化粪池	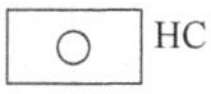 HC	流量表井	
圆形化粪池	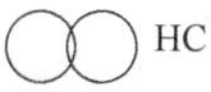 HC	水表井	
除油池	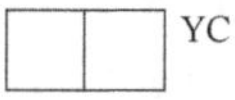 YC	消火栓井	
沉淀池 沉沙池	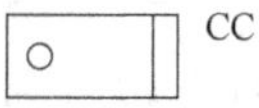 CC	阀门井	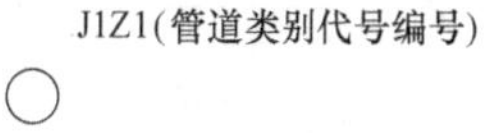 J1Z1(管道类别代号编号)

4）设备及仪表图例，见表1-10。

表 1-10　设备及仪表图例

名称	图例	名称	图例
水泵		风机	
离心水泵		轴流通风机	
真空泵	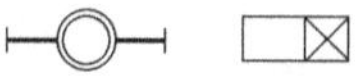	开水器	
定量泵	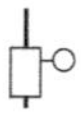	温度计	

5）阀门图例，见表1-11。

表 1-11　阀门图例

名称	图例	名称	图例
闸阀		气动阀	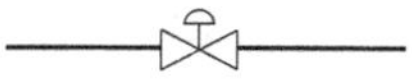
截止阀		电动调节阀	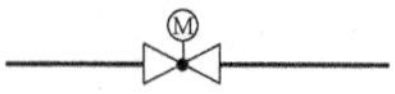
角阀		气动调节阀	

（续）

名称	图例	名称	图例
三通阀		手动调节阀	
旋塞阀		节流阀	
底阀		快速排污阀	
球阀		弹簧安全阀	
隔膜阀		平衡锤安全阀	
温度调节阀		自动排气阀	
压力调节阀		浮球阀	
减压阀		液压式水位控制阀	
蝶阀		止回阀	
电磁阀		消声止回阀	
电动阀		缓闭止回阀	
延时自闭冲洗阀		室外消火栓	
水龙头		室内消火栓（单口）明装 暗装	
皮带龙头		室内消火栓（双口）明装 暗装	
洒水龙头		灭火器	
化验龙头		消防喷头（闭式）	
肘式开关		消防报警阀	
脚踏开关		水泵接合器	

1.5.3　建筑给水排水施工图识读

阅读主要施工图之前，应当先看施工设计总说明和设备材料表，然后以系统图为线索深入阅读平面图及详图。阅读时，应三种图相互对照来看。先看系统图，对各系统做到大致了解。看给水系统图时，可由建筑的给水引入管开始，沿水流方向经干管、立管、支管到用水设备；看排水系统图时，可由排水设备开始，沿排水方向经支管、横管、立管、干管到排出管。

下面以1#办公楼生活给水工程作为实例来进行读图练习，施工图如图1-1~图1-7所示。

1. 看目录

施工图简介。该办公楼建筑给水排水工程施工图内容包含设计与施工说明两张（图1-1、图1-2）、系统图一张（图1-3）、平面图三张（图1-4~图1-6）、卫生间大样图一张（图1-7）。

2. 看设计说明

工程概况。阅读设计与施工说明可知工程总体概况：地下1层，地上4层，建筑高度17.5m，为多层公共建筑，结构形式为框架结构。

内容包括生活给水系统、消火栓给水系统、生活污水排水系统、雨水系统、空调冷凝水排水系统。室内给水系统管道采用PP-R管，室外及埋地管采用PE管，排水系统管道采用优质硬聚氯乙烯塑料管（UPVC）。

3. 看系统图

识读施工图时可先粗看系统图，建立给水排水管道走向大致的空间概念，然后将平面图与系统图对照，按水的流向顺序识读，得到各管段的管径、标高、坡度、位置等，再看卫生设备的位置及标注的数量等。

4. 看卫生间大样图

1）入户管：从图1-4一层给水排水平面图可看出，该办公楼进水管从东面接小区给水环管网进入，入口处设有水表，供水管管径为DN50，供水总管标高为－1.000m。

2）生活给水管：看图1-3系统图，供水总管引入9轴后，向上引出供水立管JL-1；对照图1-2中的给水系统原理图可看出，供水立管JL-1管径为DN50，在0.10m标高处引出一条DN50的支管供应一层卫生间，在标高3.70m处引出一条DN50支管至二层卫生间，在标高10.90m处引出一条DN50支管至四层卫生间。

3）卫生间大样图管：从图1-7中卫生间给水排水详图可看出，DN50支管进入卫生间后，分为两根DN40支管。通过平面图可知，向北的DN40支管安装高度为0.10m，依次连接两个蹲式大便器后，管径变为DN32，安装高度0.35m，连接坐式大便器，后管道管径变为DN25沿墙向西面敷设，再拐弯向南面敷设连接拖把池水龙头和洗脸盆。向南敷设的DN40支管安装高度0.10m，依次连接蹲式大便器和拖把池水龙头。

【本单元关键词】

图例　施工图组成　识图

【单元测试】

判断题

1. 局部污水处理构筑物等，均有各种施工标准图，施工详图宜首先采用标准图。（　　　）

2. 建筑给水排水施工图一般由图样目录、主要设备材料表、设计说明、图例、平面图、系统图（轴测图）、施工详图等组成。（　　　）

3. 系统图，也称"轴测图"，轴测图方向完全与平面图相同，长度、高度也与平面图对应。（　　　）

4. 给水排水施工图中，坡度用中文表示。（　　　）

5. 绝对标高一般以建筑物的底层室内地面高度为±0.000。（　　　）

6. 相对标高是以青岛附近黄海的平均海平面作为标高的零点。（　　　）

7. 给水管道应标注管中心标高。（　　　）

8. 沟渠和重力流管道宜标注沟（管）内底标高。（　　　）

9. 阅读给水排水系统图时，一般可按水流的方向。（　　　）

10. 主要材料表表明了材料的型号规格、数量和安装要求等。（　　　）

本项目小结

1）建筑室内给水系统通常分为生活给水、生产给水及消防给水三类。

2）一般情况下，建筑给水系统由引入管、水表节点、管道系统、给水附件、升压和储水设备、室内消防设备等部分组成。

3）室内给水系统的给水方式有直接给水、单设水箱给水、设储水池水泵和水箱给水、分区给水及气压给水等方式。具体采用哪一种给水方式要根据建筑类型、建筑高度和对水质、水量、水压的要求及市政水源供水条件来确定。

4）常用的给水管材有镀锌钢管、无缝钢管、铸铁管、PP-R 塑料管、PE 塑料给水管和复合管等。

5）常用给水阀门有闸阀、截止阀、蝶阀、止回阀、球阀、安全阀、减压阀及疏水阀等。阀门的连接方式有螺纹连接、法兰连接等。阀门的安装要注意其方向性。

6）常用的给水仪表有水表、压力表及温度计。水表根据翼轮的不同结构分为旋翼式水表和螺翼式水表，螺翼式水表用于大流量，旋翼式水表用于小流量。

7）给水系统中常用的增压设备为离心式水泵，它具有结构简单、体积小、效率高等优点。

8）室内给水系统管道布置形式有下行上给式、上行下给式和环状式。

9）室内给水系统管道安装有明装和暗装，要求掌握管道的安装技术要求。

10）管道连接方法主要有螺纹连接、焊接连接、法兰连接、沟槽连接、承插连接和热熔连接。

11）建筑室内污水排水系统主要由卫生洁具、排水管道、清通装置和辅助设施构成。

12）生活污水排水常用管材有塑料排水管、铸铁排水管和钢筋混凝土管等。

项目 2

建筑消防工程

【项目引入】

随着科技发展进步，建筑的多样化在逐渐改善人类的生活。消防安全也成为建筑设计过程中被重点关注的环节。建筑物里有哪些重要的消防设施？它们是如何发挥预防作用的？我们将在本项目的学习中获得这些知识。

本项目以1#办公楼为载体，介绍建筑消防系统的组成及分类、消防设施的作用及如何识读系统施工图等内容。图2-1、图2-2是1#办公楼的消防给水施工系统图和平面图，图中的符号、线条和数据代表的含义是什么？如何识读图样？在接下来的内容中将进行逐一解答。

图 2-1 消防给水系统图

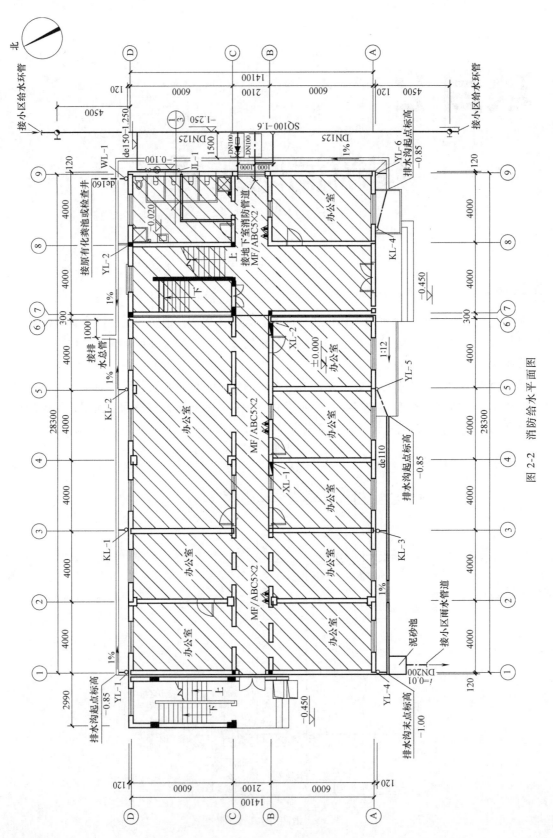

图 2-2　消防给水平面图

【学习目标】

知识目标：了解室内消防给水系统的组成及分类；熟悉室内消防给水系统常用材料；掌握室内消防给水系统安装的工艺要求；能熟读建筑消防给水系统施工图，并具有建筑室内消防给水工程安装的初步能力。

技能目标：能识别不同的消防给水系统；正确使用消防水设施；正确识别消防水系统施工图。

素质目标：培养科学严谨的职业态度，具有消防意识。

【学习重点】

1）消防水系统的组成及分类。

2）消防给水管道、阀门及消防专用设施的安装工艺。

【学习难点】

消防给水系统施工图的识读。

【学习建议】

1）在课堂中应重点学习施工图的识读要领和方法，掌握施工程序、施工材料、施工工艺和施工要求。

2）学习中可以通过实物、参观、录像、动画等，掌握施工图识读方法和施工技术的基本理论。

【项目导读】

1）工作任务分析。图2-1是1#办公楼消防给水系统图，通过本项目的学习要了解这些消防设施的名称以及它们的作用、施工工艺要求和管线的走向等。

2）实践操作（步骤/技能/方法/态度）。为了能完成以上工作任务，需从解读消防给水系统的组成开始，然后到系统的构成方式，设备、材料认识，施工工艺与下料，进而学会施工图读图方法，熟悉施工过程，为后续课程学习打下基础。

【本项目内容结构】

建筑消防工程内容结构如图2-3所示。

【想一想】　你见过哪些消防设施？

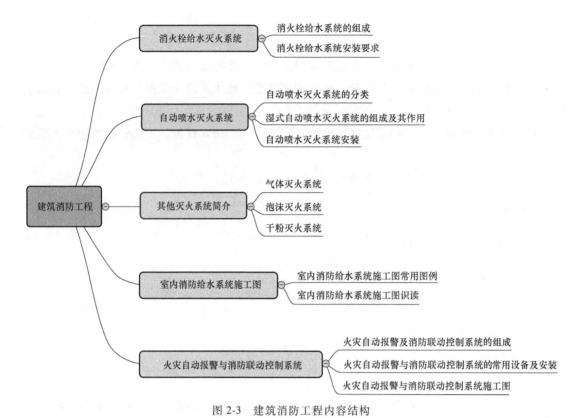

图 2-3　建筑消防工程内容结构

2.1　消火栓给水灭火系统

2.1.1　消火栓给水系统的组成

如图 2-4 所示，消火栓给水灭火系统包括消火栓设备（包括水枪、水带、消火栓、消火栓箱及消防报警按钮）、消防管道和水源等。当室外给水管网的水压及用水量不能

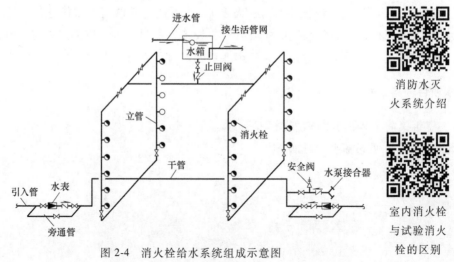

消防水灭火系统介绍

室内消火栓与试验消火栓的区别

图 2-4　消火栓给水系统组成示意图

满足室内消防要求时，消火栓给水灭火系统还应当设置消防水泵、水泵接合器、水箱和水池。

1. 消火栓设备

（1）室内消火栓　由水枪、水带和消火栓组成，均安装于消火栓箱内。

1）水枪是灭火的主要工具之一，其作用在于收缩水流，产生击灭火焰的充实水柱。一端出水，另一端设有和水带相连接的接口。

2）水带有麻织水带和橡胶水带两种，麻织水带耐折叠性能较好。

3）消火栓是一个带内扣接头的阀门，常见单出口和双出口两种。

（2）室外消火栓　是一种室外地上消防供水设施，用于向消防车供水或直接与水带、水枪连接进行灭火，是室外必备的消防供水专用设施，如图 2-5 所示。室外消火栓上部露出地面，标志明显。室外消火栓由栓体、法兰接管、泄水装置、内置出水阀和弯管底座等组成。室外消火栓有地下式和地上式两种。

a) 地上式室外消火栓　　b) 地下式室外消火栓　　室外消火栓

图 2-5　室外消火栓

2. 水泵接合器

水泵接合器是连接消防车向室内消防给水系统加压供水的装置，由消防给水管水平干管引出，设于消防车易于接近的地方，由消防接口本体、止回阀、安全阀、闸阀、法兰弯管等组成，如图 2-6 所示。

a) 地上式　　　　b) 地下式　　　　c) 墙壁式　　　水泵接合器

图 2-6　水泵接合器

2.1.2 消火栓给水系统安装要求

1. 系统管道安装要求

1) 埋地管道当系统工作压力小于或等于 1.20MPa 时，宜采用球墨铸铁管或钢丝网骨架塑料复合管；当系统工作压力大于 1.20MPa 小于 1.60MPa 时，宜采用钢丝网骨架塑料复合管、加厚钢管和无缝钢管；当系统工作压力大于或等于 1.60MPa 时，宜采用无缝钢管。钢管连接宜采用卡箍或法兰。架空管道当系统工作压力小于或等于 1.20MPa 时，可采用热浸镀锌钢管；当系统工作压力大于 1.20MPa 时，应采用热浸镀锌加厚钢管或热浸镀锌无缝钢管；当系统工作压力大于或等于 1.60MPa 时，应采用热浸镀锌无缝钢管。架空管道的连接宜采用沟槽、螺纹、法兰、卡压等方式，不宜采用焊接连接。

2) 管道的安装要求横平竖直，管道支架或吊架的设置间距不应大于表 2-1 的要求。

表 2-1 管道支架或吊架之间的距离

公称直径/mm	25	32	40	50	70	80	100	125	150	200	250	300
距离/m	3.5	4.0	4.5	5.0	6.0	6.0	6.5	7.0	8.0	9.5	11.0	12.0

3) 消防给水管穿过地下室外墙、构筑物墙壁以及屋面等有防水要求处时，应设防水套管；消防给水管穿过墙体或楼板时应加设套管，套管长度不应小于墙体厚度，或应高出楼面或地面 50mm；套管与管道的间隙应采用不燃材料填塞，管道的接口不应位于套管内；消防给水管必须穿过伸缩缝及沉降缝时，应采用波纹管和补偿器等技术措施。

4) 埋地敷设的金属管道应做防腐处理，室外埋地球墨铸铁给水管要求外壁刷沥青漆防腐；埋地管道连接用的螺栓、螺母以及垫片等附件应采用防腐蚀材料或涂覆沥青涂层等防腐涂层。

2. 室内消火栓安装

1) 安装消火栓水带，水带与消防水枪和快速接头绑扎好后，应根据箱内构造将水带放置在相应位置。

2) 箱式消火栓的安装应符合下列规定：

① 消火栓栓口出水方向宜向下或与设置消火栓的墙面成 90°角，栓口不应安装在门轴侧。

② 消火栓栓口中心距地面应为 1.1m，特殊地点的高度可特殊对待，允许偏差 ±20mm。

③ 消火栓的启闭阀门设置位置应便于操作使用，阀门的中心距箱侧面应为 140mm，距箱后内表面应为 100mm，允许偏差 ±5mm。

④ 消火栓箱体安装的垂直度允许偏差为 ±3mm。

⑤ 消火栓箱门的开启不应小于 120°。

【本单元关键词】

室内消火栓　室外消火栓　水泵接合器　安装要求

【单元测试】

判断题

1. 消火栓箱体里面包含有水枪、水带、消火栓头及消火栓报警按钮。（　　　）

2. 消火栓给水系统包括消火栓设备、消防管道、水源、消防水泵、消防水泵接合器、水箱和水池。（　　）

3. 橡胶水带的耐折叠性能比麻质水带好。（　　）

4. 水泵接合器跟室外消火栓一样，都可以给消防管网提供水源。（　　）

5. 室外消火栓可以直接与水带、水枪连接进行灭火。（　　）

6. 室外消火栓跟水泵接合器一样，有地上式、地下式、墙壁式。（　　）

7. 室外消火栓可用于向消防车供水。（　　）

8. 当消防管道穿越楼板或墙体时，不用设置套管。（　　）

9. 箱式消火栓的安装，栓口中心距地面为 1.1m。（　　）

10. DN65 的消火栓镀锌钢管，可以采用螺纹连接。（　　）

2.2　自动喷水灭火系统

2.2.1　自动喷水灭火系统的分类

自动喷水灭火系统按喷头开闭形式分为闭式自动喷水灭火系统和开式自动喷水灭火系统，前者有湿式、干式、干湿式和预作用自动灭火系统之分；后者有雨淋、水幕和水喷雾灭火系统之分。每种自动喷水灭火系统适用于不同的范围。

自动喷水灭火系统有两个基本功能：一是在火灾发生后自动喷水灭火；二是能发出警报。

1. 闭式自动喷水灭火系统

（1）湿式自动喷水灭火系统　具有自动探测、报警和喷水的功能，也可以与火灾自动报警装置联合使用。之所以称为湿式自动喷水灭火系统，是由于其供水管路和喷头内始终充满有压水。

（2）干式自动喷水灭火系统　由湿式系统发展而来，平时管网内充满压缩空气或氮气，适用于环境温度低于 4℃ 或高于 70℃ 的场所。

（3）干湿式自动喷水灭火系统　干湿两用系统（又称干湿交替系统）是把干式和湿式两种系统的优点结合在一起的一种自动喷水灭火系统，在环境温度高于 70℃、低于 4℃ 时系统呈干式；环境温度在 4~70℃ 之间转化为湿式系统。

（4）预作用自动喷水灭火系统　通常安装在既需要用水灭火但又绝对不允许发生非火灾泡水的地方，如图书馆、档案馆及计算机机房等。

2. 开式自动喷水灭火系统

（1）雨淋灭火系统　主要适用于需大面积喷水，要求快速扑灭火灾的特别危险场所。当系统所保护的区域发生火灾时，感烟探测器就会发出火灾报警信号。雨淋阀开启后，水进入雨淋管网，喷头喷水灭火，同时水力警铃发出讯响信号。

（2）水幕消防系统　由水幕喷头、管道和控制阀等组成的喷水系统，其作用是阻止、隔断火情。同时还可以与防火幕配合使用进行灭火。该系统是可以起冷却、阻火、防火分隔作用的一种自动喷水系统，但不直接进行灭火。

2.2.2 湿式自动喷水灭火系统的组成及其作用

1. 系统组成

如图 2-7 所示，湿式自动喷水灭火系统由水源、喷淋泵、供水管网、湿式报警装置、闭式喷头、信号蝶阀、水流指示器、末端试水装置和自动喷淋消防水泵接合器等组成。

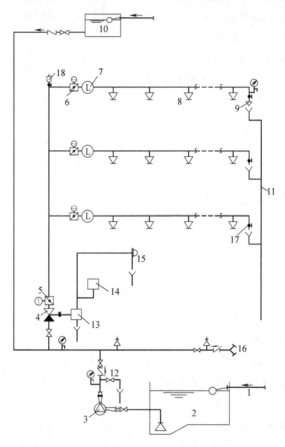

图 2-7 湿式自动喷水灭火系统组成示意图

1—消防水池进水管 2—消防水池 3—喷淋水泵 4—湿式报警阀 5—系统检修阀（信号阀） 6—信号控制阀
7—水流指示器 8—闭式喷头 9—末端试水装置 10—屋顶水箱 11—试水排水管 12—试验放水阀
13—延迟器 14—压力开关 15—水力警铃 16—水泵接合器 17—试水阀 18—自动排气阀

2. 工作原理

发生火灾时，火焰或高温气流使闭式喷头的热敏感元件动作，喷头开启，喷水灭火。此时，管网中的水由静止变为流动，使水流指示器动作送出电信号，在报警控制器上指示某一区域已在喷水。由于喷头开启持续喷水泄压造成湿式报警阀上部水压低于下部水压，在压力差的作用下，原来处于关闭状态的湿式报警阀就自动开启，压力水通过报警阀流向灭火管网，同时打开通向水力警铃的通道，水流冲击水力警铃发出声响报警。控制中心根据水流指示器或压力开关的报警信号，自动启动消防水泵向系统加压供水，达到持续自动喷水灭火的目的。

3. 系统各组件作用

（1）喷头　可分为闭式喷头和开式喷头。

1）闭式喷头：喷口用由热敏元件组成的释放机构封闭，当达到一定温度时能自动开启，如玻璃球爆炸、易熔合金脱离。其构造按溅水盘的形式和安装位置有直立式、下垂式、边墙式、隐蔽式喷头，如图2-8所示。

a) 直立式　　　　b) 下垂式　　　　c) 边墙式　　　　　　　d) 隐蔽式

图 2-8　各式喷头

2）开式喷头：根据用途分为开启式、水幕式、喷雾式。

（2）湿式报警阀　用来开启和关闭管网的水流，传递控制信号至控制系统并启动水力警铃直接报警的装置，如图2-9所示。

（3）水流报警装置　水流报警装置主要有水力警铃、水流指示器和压力开关，如图2-10、图2-11所示。

1）水力警铃：主要用于湿式自动喷水灭火系统，宜装在报警阀附近（连接管不宜超过6m）。作用原理是当报警阀打开消防水源后，具有一定压力的水流冲击叶轮打铃报警。水力警铃不得由电动报警装置取代。

2）水流指示器：是自动喷水灭火系统中的辅助报警装置，一般安装在系统各分区的

图 2-9　湿式报警阀

配水干管或配水管上，可将水流动的信号转换为电信号，对系统实施监控、报警。水流指示器是由本体、微动开关、桨板和法兰（或螺纹）三通等组成。

图 2-10　水力警铃　　　　　　　　　图 2-11　水流指示器

3）压力开关：作用原理是在水力警铃报警的同时，依靠警铃管内水压的升高自动接通电触点，完成电动警铃报警，向消防控制室传送电信号或启动消防水泵。

（4）信号阀　常应用于自动喷水消防管路系统，用来监控供水管路，远距离指示阀门开启与关闭的状态，如图 2-12 所示。

（5）末端试水装置　安装在系统管网或分区管网的末端，检验系统启动、报警及联动等功能，如图 2-13 所示。

图 2-12　信号阀

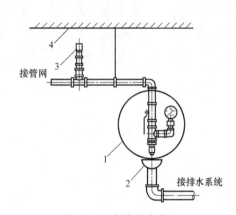

图 2-13　末端试水装置
1—末端试水装置　2—排水漏斗　3—喷头　4—顶板

（6）自动喷淋水泵接合器　是为高层建筑配套的消防设施，其作用是消防水泵车通过该接合器的接口，向建筑物内的消防供水系统输送消防用水或其他液体灭火剂，用于解决建筑物内部的室内消防给水系统由于管道水压低，造成供水不足或无法供水的情况。它与消火栓水泵接合器一样都是由消防接口本体、止回阀、安全阀、闸阀、法兰弯管等部件组成。其安装形式有地上式、地下式和墙壁式。

2.2.3　自动喷水灭火系统安装

1. 管网安装要求

1）热镀锌钢管安装应采用螺纹、沟槽式管件或法兰连接，管道连接后不应减小过水横断面面积。

2）管网安装前应校直管道，并清除管道内部的杂物；在具有腐蚀性的场所，安装前应按设计要求对管道、管件等进行防腐处理；安装时应随时清除管道内部的杂物。

3）法兰连接可采用焊接法兰或螺纹法兰。焊接法兰焊接处应做防腐处理，并宜重新镀锌后再连接。

4）管道的安装位置应符合设计要求，当设计无要求时，管道的中心线与梁、柱、楼板等的最小距离应符合表 2-2 的规定。

表 2-2　管道的中心线与梁、柱、楼板的最小距离

公称直径/mm	25	32	40	50	70	80	100	125	150	200
距离/mm	40	40	50	60	70	80	100	125	150	200

5）管道支架、吊架、防晃支架的安装应符合下列要求：

① 管道应固定牢固，管道支架或吊架之间的距离不应大于表2-1的规定值。

② 管道支架、吊架、防晃支架应符合设计要求和现行国家有关标准的规定。

③ 当管道的公称直径大于或等于50mm时，每段配水干管或配水管设置防晃支架不应少于1个，且防晃支架的间距不宜大于15m；当管道改变方向时，应增设防晃支架。

④ 竖直安装的配水干管除中间用管卡固定外，还应在起始端和终端设防晃支架或采用管卡固定，其安装位置距地面或楼面的距离宜为1.5~1.8m。

6）管道穿过建筑物的变形缝时，应采取抗变形措施。穿过墙体或楼板时应加设套管，套管长度不得小于墙体厚度；穿过楼板的套管其顶部应高出装饰地面20mm；穿过卫生间或厨房楼板的套管，其顶部应高出装饰地面50mm，且套管底部应与楼板底面相平。套管与管道的间隙应采用不燃材料填塞密实。

7）配水干管、配水管应做红色或红色环圈标志。红色环圈标志，宽度不应小于20mm，间隔不宜大于4m，在一个独立的单元内环圈不宜少于2处。

2. 喷头安装

喷头安装应符合下列要求，其安装示意图如图2-14所示。

1）喷头安装应使用专用扳手，严禁利用喷头的框架施拧；喷头的框架、溅水盘产生变形或释放原件损伤时，应采用规格、型号相同的喷头更换。

2）安装在易受机械损伤处的喷头，应加设喷头防护罩。

3）喷头安装时，溅水盘与吊顶、门、窗、洞口或障碍物的距离应符合设计要求。

4）除吊顶型洒水喷头及吊顶下设置的洒水喷头外，直立型、下垂型标准覆盖面积洒水喷头和扩大覆盖面积洒水喷头溅水盘与顶板的距离应为75~150mm。当在梁或其他障碍物底面下方的平面上布置洒水喷头时，溅水盘与顶板的距离不应大于300mm，同时溅水盘与梁等障碍物底面的垂直距离应为25~100mm。

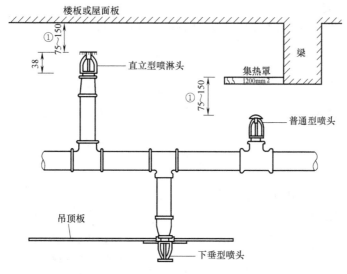

图2-14 直立型喷头安装示意图

3. 报警阀组安装

1）报警阀组的安装应在供水管网试压、冲洗合格后进行。安装时应先安装水源控制阀、报警阀，然后进行报警阀辅助管道的连接。水源控制阀、报警阀与配水干管的连接，应使水流方向一致。报警阀组安装的位置应符合设计要求；当设计无要求时，报警阀组应安装在便于操作的明显位置，距室内地面高度宜为1.2m；两侧与墙的距离不应小于0.5m；正面与墙的距离不应小于1.2m；报警阀组凸出部位之间的距离不应小于0.5m。安装报警阀组的室内地面应有排水设施。

2）报警阀组附件的安装应符合下列要求：

压力表应安装在报警阀上便于观测的位置。排水管和试验阀应安装在便于操作的位置。水源控制阀安装应便于操作，且应有明显开闭标志和可靠的锁定设施。

3）湿式报警阀组的安装应符合下列要求：

① 应使报警阀前后的管道中能顺利充满水，压力波动时，水力警铃不应发生误报警。

② 报警水流通路上的过滤器应安装在延迟器前，且便于排渣操作的位置。

4. 水流指示器的安装

1）水流指示器的安装应在管道试压和冲洗合格后进行，其规格、型号应符合设计要求。

2）水流指示器应使电器元件部位竖直安装在水平管道上侧，其动作方向应和水流方向一致；安装后的水流指示器浆片、膜片应动作灵活，不应与管壁发生碰擦。

5. 信号阀安装

信号阀应安装在水流指示器及湿式报警阀前的管道上，与水流指示器之间的距离不宜小于300mm。

6. 末端试水装置安装

末端试水装置和试水阀的安装位置应便于检查、试验，并应有相应排水能力的排水设施。

7. 排气阀的安装

排气阀的安装应在系统管网试压和冲洗合格后进行；排气阀应安装在配水干管顶部、配水管的末端，且应确保无渗漏。

【本单元关键词】

喷头　湿式报警阀　信号阀　末端试水装置　安装要求

【单元测试】

多项选择题

1. 属于闭式自动喷水灭火系统的有（　　　）。

A. 湿式自动喷水灭火系统　　　　　　　B. 干式自动喷水灭火系统

C. 干湿式自动喷水灭火系统　　　　　　D. 预作用自动喷水灭火系统

E. 雨淋喷水灭火系统　　　　　　　　　F. 水幕消防系统

2. 属于水流报警装置的有（　　　）。

A. 末端试水装置　　　　　　　　　　　B. 水力警铃

C. 压力开关　　　　　　　　　　　　　D. 水流指示器

3. 信号阀的作用有（　　　）。

A. 启动水泵
B. 监控供水管路

C. 发出报警声
D. 远距离指示阀门开启

4. 喷头的类型有（　　　）。

A. 直立型
B. 边墙型

C. 窗口式
D. 普通式

E. 下垂式

5. 喷头安装的要求有（　　　）。

A. 系统试压、冲洗合格后才可安装喷头

B. 喷头安装时，不得对喷头进行拆装、改动

C. 安装在易受机械损伤处的喷头，应加设喷头防护罩

D. 当喷头的公称直径等于 11mm 时，必须要在配水管上安装过滤器

【想一想】　除了水能灭火，还有哪些材料能灭火？

2.3　其他灭火系统简介

气体灭火系统

2.3.1　气体灭火系统

1. 气体灭火简介

在消防领域应用最广泛的灭火剂就是水。但对于扑灭可燃气体、可燃液体、电器火灾以及计算机机房、重要文物档案库、通信广播机房、微波机房等不宜用水灭火的场所，气体消防将成为最有效、最干净的灭火手段。

传统的灭火气体一是卤代烷 1211 及 1301，二是二氧化碳。目前两种气体的装备量约占气体灭火系统总装备量的 80% 以上。但卤代烷灭火剂会破坏大气臭氧层，而二氧化碳灭火剂的最低设计浓度高于对人体的致死浓度，在经常有人的场所须慎重采用。

目前推广使用的洁净气体灭火剂为七氟丙烷（HFC-227ea、FM-200）。七氟丙烷是无色、无味、不导电、无二次污染的气体，具有清洁、低毒、电绝缘性好、灭火效率高的特点，特别是它对臭氧层无破坏，在大气中的残留时间比较短，其环保性能明显优于卤代烷，被认为是替代卤代烷 1301、1211 最理想的产品之一。

2. 气体灭火系统组成

气体自动灭火系统由储存瓶组、储存瓶组架、液流单向阀、集流管、选择阀、三通、异径三通、弯头、异径弯头、法兰、安全阀、压力信号发送器、管网、喷嘴、药剂、火灾探测器、气体灭火控制器、声光报警器、警铃、放气指示灯和紧急启动/停止按钮等组成，如图 2-15 所示。

2.3.2　泡沫灭火系统

1. 泡沫灭火的工作原理

泡沫灭火的工作原理是应用泡沫灭火剂，使其与水混溶后产生一种可漂浮，黏附在可燃、易燃液体或固体表面，或者充满某一着火物质的空间，起到隔绝、冷却的作用，使燃烧物质熄灭。

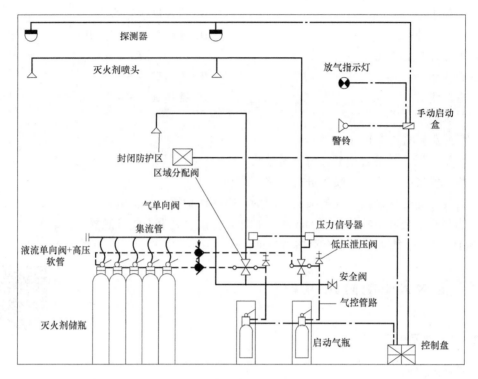

图 2-15　气体灭火系统组成示意图

2. 泡沫灭火系统分类

泡沫灭火剂按其成分有化学泡沫灭火剂、蛋白质泡沫灭火剂及合成型泡沫灭火剂等几种类型。泡沫灭火系统广泛应用于油田、炼油厂、油库、发电厂、汽车库、飞机库及矿井坑道等场所。

泡沫灭火系统按其使用方式有固定式、半固定式和移动式之分；按泡沫喷射方式有液上喷射、液下喷射和喷淋方式之分；按泡沫发泡倍数有低倍、中倍和高倍之分。

2.3.3　干粉灭火系统

1. 干粉灭火工作原理

以干粉作为灭火剂的灭火系统称为干粉灭火系统。干粉灭火剂是一种干燥的、易于流动的细微粉末，平时储存于干粉灭火器或干粉灭火设备中，灭火时靠加压气体（二氧化碳或者氮气）的压力将干粉从喷嘴射出，形成一股携夹着加压气体的雾状粉流射向燃烧物。

干粉灭火剂对燃烧有抑制作用，当大量的粉粒喷向火焰时，可以吸收维持燃烧连锁反应的活性基团，随着活性基团的急剧减少，使燃烧连锁反应中断、火焰熄灭；另外，某些化合物与火焰接触时，其粉粒受高热作用后爆裂成许多更小的颗粒，从而大大增加了粉粒与火焰的接触面积，提高了灭火效力，这种现象称为烧爆作用；还有，使用干粉灭火剂时，粉雾包围了火焰，可以减少火焰的热辐射，同时粉末受热放出结晶水或发生分解，可以吸收部分热量而分解生成不活泼气体。

2. 干粉灭火系统分类

干粉有普通型干粉（BC 类）、多用途干粉（ABC 类）和金属专用灭火剂（D 类火灾灭火专用干粉）。BC类干粉根据其制造基料的不同有钠盐、钾盐及氨基干粉之分，这类干粉适用于扑救易燃、可燃液体如汽油、润滑油等火灾，也可用于扑救可燃气体（液化气、乙炔气等）和带电设备的火灾。

干粉灭火系统按其安装方式又有固定式、半固定式之分。按其控制启动方法又有自动控制、手动控制之分。按其喷射干粉的方式有全淹没和局部应用系统之分。

【本单元关键词】

气体灭火系统   泡沫灭火系统   干粉灭火系统

【单元测试】

判断题

1. 水不可以用于扑灭可燃气体、可燃液体、电器火灾以及计算机机房的火灾。（　　）

2. 目前卤代烷和二氧化碳这两种灭火气体的装备量约占气体灭火系统总装备量的80%以上。（　　）

3. 在目前的消防领域中，泡沫灭火和干粉灭火系统比水灭火系统应用更加广泛。（　　）

4. 泡沫灭火剂与水混溶后产生一种可漂浮的黏性物质，起到隔绝冷却的作用，使燃烧物质熄灭。（　　）

5. 干粉灭火剂是一种干燥、易于流动的细微粉末，灭火时靠加压气体的压力将干粉从喷嘴射出。（　　）

【想一想】　如何识读施工图？

2.4　室内消防给水系统施工图

2.4.1　室内消防给水系统施工图常用图例

室内消防给水系统施工图一般由图样目录、主要设备材料表、设计说明、图例、平面图、系统图（轴测图）、施工详图等组成。

室内消防给水系统施工图常用图例见表2-3。

表2-3　室内消防给水系统施工图常用图例

名称	图例	名称	图例
消火栓消防管道	——— X ———	室外消火栓	
自动喷淋管道	——— ZP ———	室内消火栓（单口）明装 暗装	
闸阀		室内消火栓（双口）明装 暗装	

（续）

名称	图例	名称	图例
蝶阀		灭火器	
止回阀		消防喷头（闭式下喷）	
信号蝶阀		消防喷头（闭式上喷）	
消防报警阀		消防喷头（开式）	
水流指示器		水泵接合器	

2.4.2　室内消防给水系统施工图识读

识读消防施工图时，先看设计说明，了解工程的基本情况。将平面图和系统图对照起来看，使管道、设备、附件等在头脑里转换成空间的立体布置。对于水箱间和水泵房，可通过详图，看清具体的细部管道走向及安装要求。识读时，沿着水流方向查看管道走向，从消防泵出水管（或消防引入管）、水泵接合器到消防立管和各消火栓，以及从消防水箱的消防出水管到消防立管及消火栓。

现以图 2-1、图 2-2 为例，说明识读的主要内容和注意事项。

1）先弄清图样中的方向和该建筑在总平面图上的位置，查明建筑物的情况。这是一幢四层的建筑，图 2-2 是一层平面图，绘有小区接水环管，本项目消防水源即从环管上引入。

2）查明消防设备和管道的平面位置。消火栓及消防立管设在 4 轴和 6 轴处，各层位置相同。从小区环管由东向西引入室内，埋地敷设，经过蝶阀和止回阀，进入地下室后贴着楼板底与两根消防立管 XL 连接。从埋地敷设的管道上分支出一段 DN100 的管道连接水泵接合器，消防立管明装。

3）看系统图，查明管道实际的空间走向和管道标高及规格。埋地敷设的管道在标高为 -1.25m 处由室外引入，进入地下室后升高至梁高处，沿梁底敷设至 6 轴和 4 轴处，然后分别引出管道连接 XL-1 和 XL-2。XL-1 和 XL-2 管径为 DN100，从梁高处向上下延伸，往下的管径为 DN65，往上的管径为 DN100，由地下室往上至各楼层并穿出屋面连接实验消火栓。

4）了解管道材料及连接形式、支吊架形式及设置要求，弄清管道保温、防腐等要求。这些内容可通过看说明、有关施工规程及习惯做法确定。

【本单元关键词】

图例　设计说明　平面图　系统图　立管

【单元测试】

单项选择题

1. 识读消防施工图时，应该先看（　　　）。

A. 平面图　　　　B. 系统图　　　　C. 设计说明　　　　D. 详图

2. 要了解管道材料及连接形式，可以通过查看（　　　）来确定。

A. 平面图　　　　　B. 系统图　　　　　C. 大样图　　　　D. 设计说明

3. 识读施工图时，应该沿着（　　　）方向去看图。

A. 一层平面图　　B. 水流　　　　　C. 建筑物朝向　　D. 消火栓

4. 图例中 X 代表的是（　　　）。

A. 消火栓给水管道　　　　　　　　B. 喷淋给水管道

C. 消火栓　　　　　　　　　　　　D. 灭火器

5. 图例中 ZP 代表的是（　　　）。

A. 消火栓给水管道　　　　　　　　B. 喷淋给水管道

C. 消火栓　　　　　　　　　　　　D. 灭火器

【想一想】　为什么说火灾报警及消防联动控制系统非常重要？

2.5　火灾自动报警与消防联动控制系统

在智能建筑中火灾报警及消防联动控制系统是非常重要的一个子系统，其原因一方面是因为现代高层建筑的建筑面积大、人员密集、设备材料多，建筑上竖向孔洞多（电梯井、电缆井、空调及通风管等），使得引发火灾的可能性增大；另一方面是由于智能建筑和传统建筑相比，拥有较多技术先进、价格昂贵的设备和系统，一旦发生火灾事故，除了造成人员伤亡外，各种设施及建筑物遭受损害造成的损失也比一般建筑物大得多，所以在智能建筑中火灾报警系统的重要性更加突显。

火灾自动报警系统按控制方式可分为区域报警系统、集中报警系统、控制中心报警系统三种形式。

2.5.1　火灾自动报警及消防联动控制系统的组成

火灾自动报警与消防联动控制系统主要由火灾探测器、火灾报警控制器、消防联动设备、消防广播主机和直通对讲电话五大部分组成，另可配备 CRT 显示器和打印机，如图 2-16 所示。智能建筑消防联动系统如图 2-17 所示。

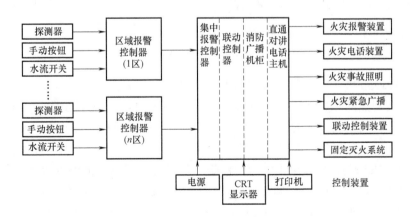

图 2-16　火灾自动报警与消防联动控制系统构成

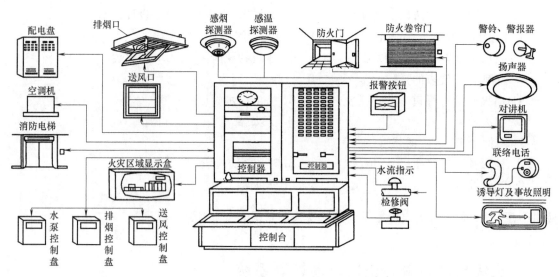

图 2-17　智能建筑消防联动系统

【想一想】　火灾报警及消防联动控制系统的常用设备有哪些？

2.5.2　火灾自动报警与消防联动控制系统的常用设备及安装

火灾探测器和火灾报警控制器是火灾自动报警系统最常用的设备。

1. 火灾探测器类型

火灾探测器的类型有感烟型、感温型、感光型、可燃气体探测式和复合式等，如图 2-18 所示。离子式感烟探测器是目前应用最多的一种火灾探测器。

火灾探测器

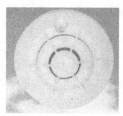

a) 智能离子感烟探测器　　b) 光电感烟探测器　　c) 智能感温探测器　　d) 火焰探测器

图 2-18　火灾探测器

（1）感烟火灾探测器　感烟火灾探测器的特点是发现火情早、灵敏度高、响应速度快、不受外面环境光和热的影响及干扰、使用寿命长、构造简单、价格低廉等。凡是要求火灾损失小的重要地点，类似在火灾初期有阴燃阶段及产生大量的烟和少量的热，很少或没有火焰辐射的火灾，如棉、麻织物的阴燃等，都适于选用。

（2）感温火灾探测器　感温火灾探测器是一种对警戒范围内的温度进行监测的探测器，特别适用于经常存在大量粉尘、烟雾、水蒸气的场所及相对湿度经常高于95%的房间（如厨房、锅炉房、发电机房、烘干车间和吸烟室等），但不适用于有可能产生阴燃火的场所。

（3）感光（火焰）火灾探测器　感光火灾探测器不受气流扰动的影响，是一种可以在室外使用的火灾探测器，可以对火焰辐射出的红外线、紫外线、可见光予以响应。

（4）可燃气体探测器　可燃气体探测器是利用对可燃气体敏感的元件来探测可燃气体的浓度，当可燃气体超过限度时则报警的装置。

以上介绍的探测器均为点型，对于无遮挡大空间的库房、飞机库、纪念馆、档案馆和博物馆等；隧道工程；变电站、发电站等；古建筑、文物保护的厅堂馆所等，则需采用红外线型感烟探测器进行保护。

火灾探测器在即将调试时方可安装，在安装前应妥善保管，并应采取防尘、防潮、防腐蚀措施。点型探测器一般采用吸顶安装、壁装。

2. 火灾报警控制器

火灾报警控制器是火灾自动报警系统的重要组成部分。在火灾自动报警控制系统中，火灾探测器是系统的感测部分，随时监视探测区域的情况。而火灾报警控制器则是系统的核心。

（1）火灾报警控制器功能　向火灾探测器提供高稳定度的直流电源；监视连接各火灾探测器的传输导线有无故障；能接收火灾探测器发出的火灾报警信号，迅速正确地进行控制转换和处理，并以声、光等形式指示火灾发生位置，进而发送消防设备的启动控制信号。

（2）火灾报警控制器类型　有区域火灾报警控制器、集中火灾报警控制器、通用火灾报警控制器。

（3）按安装方式分类　有壁挂式、台式、柜式，如图2-19所示。

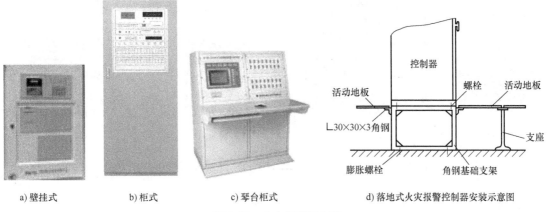

a) 壁挂式　　　b) 柜式　　　c) 琴台柜式　　　d) 落地式火灾报警控制器安装示意图

图2-19　火灾报警控制器

3. 火灾报警设备

（1）水流指示器及水力报警器

1）水流指示器。水流指示器一般装在配水干管上，作为分区报警装置。水流指示器如图2-20所示。

2）水力报警器包括水力警铃及压力开关。水力警铃装在湿式报警阀的延迟器后，当系统侧排水口放水后，利用水

a) 实物图　　　b) 外部接线图

图2-20　水流指示器

力驱动警铃,使之发出报警声。水力警铃及压力开关如图 2-21 所示。

a) 水力警铃　　　　b) 压力开关　　　　c) 安装示意图

图 2-21　水力警铃及压力开关

（2）消火栓报警按钮及手动报警按钮

1）消火栓报警按钮是消火栓灭火系统中的主要报警元件。火灾时打碎按钮表面玻璃或用力压下塑料面,按钮即可动作。消火栓按钮如图 2-22 所示。

2）手动报警按钮的功能是与火灾报警控制器相连,用于手动报警,实物如图 2-23 所示。

消火栓按钮　　　　　　　　　手动报警按钮

a) 实物图　　　　b) 安装示意图　　　　　　　a) 实物图　　　　b) 安装底座

图 2-22　消火栓报警按钮　　　　　　　　图 2-23　手动报警按钮

4. 消防联动控制系统

对于大型建筑物除要求装设有火灾自动报警系统外,还要求设置消防联动系统,对消防水泵、送排风机、送排烟机、防烟风机、防火卷帘、防火阀、电梯等进行控制。

（1）消防泵、喷淋泵及增压泵的联动控制　当城市公用管网的水压或流量不够时,应设置消火栓用消防泵。每个消火栓箱都配有消火栓报警按钮。当发现并确认火灾后,手动按下消火栓报警按钮,向消防控制室发出报警信号及启动消火栓泵的联动触发信号,由消防联动控制器联动控制消火栓泵的启动。

（2）防排烟设备的联动控制

1）防排烟系统控制。在高层建筑中的送风机一般安装在技术层或 2~3 层中,排烟机安装在顶层或上技术层。

2）电动送风阀与排烟阀。送风阀或排烟阀装在建筑物的过道、防烟前室或无窗房间的防排烟系统中，用作排烟口或正压送风口。平时阀门关闭，当发生火灾时阀门接收信号打开。

在由空调控制的送风管道中安装的两个防烟防火阀，在火灾时应该能自动关闭，停止送风。在回风管道回风口处安装的防烟防火阀也应在火灾时自动关闭。

3）防火门及防火卷帘的控制。防火门在建筑中的状态是平时（无火灾时）处于开启状态，火灾时关闭。

防火卷帘设置在建筑物中防火分区通道口处，可形成门帘或防火分隔。发生火灾时，可根据消防控制室、探测器的指令或就地手动操作使卷帘下降至一定位置，水幕同步供水（复合型卷帘可不设水幕），接收到降落信号后先一步下放，经延时后再二步落地，以达到人员紧急疏散、灾区隔烟、隔火、控制火灾蔓延的目的。

图 2-24　声光报警器

（3）声光报警器与火警电话　当发生火情时，声光报警器能发出声或光报警，其实物如图 2-24 所示，一般采用壁装。

为了适应消防通信需要，应设立独立的消防通信网络系统，包括消防控制室、消防值班室等处装设向消防应急救援部门直接报警的外线电话，在适当位置还需设消防电话插孔（通常与手动报警按钮设在一起），如图 2-25 所示。火警电话一般采用壁装。

消防电话

a) 电话分机　　　　b) 电话插孔　　　　c) 带电话插孔的手动报警按钮

图 2-25　火警电话

（4）火灾事故广播　火灾事故广播的作用是便于组织人员安全疏散和通知有关救灾的事项。在公共场所，平时可与公共广播合用提供背景音乐，火灾时强切转入消防应急使用。广播用扩音器一般装在琴台柜内，消防扬声器采用吸顶或壁装，其实物如图 2-26 所示。

a) 扩音器　　　　　　　　　　　　b) 消防扬声器

图 2-26　火灾事故广播设备

消防广播

（5）火灾事故照明　火灾事故照明包括火灾事故工作照明及火灾事故疏散指示照明，其灯具如图 2-27 所示。

火灾事故工作照明的作用是在发生火灾时，保证重要的房间或部位能继续正常工作。火灾事故照明灯的工作方式分为专用和混用两种，前者平时不工作，发生事故时强行启动，后者平时即为工作照明的一部分。其灯具形式一般为消防应急灯，可以采用壁装或吊装。

火灾事故疏散指示照明的作用是在发生火灾时，提供疏散所需的照明。其灯具形式一般为疏散指示灯，可以采用壁装、嵌装、吊装。

图 2-27　火灾事故照明灯具

（6）火灾自动报警系统的配套设备

1）编址模块，实物如图 2-28 所示。地址输入模块的作用是将各种消防输入设备的开关信号接入探测总线，来实现报警或控制的目的。如水流指示器、压力开关等。

编址输入/输出模块的作用是将控制器发出的动作指令通过继电器来实现对现场设备的控制，同时也将动作完成情况传回到控制器。如排烟阀、送风阀、喷淋泵等被动型设备。

图 2-28　编址模块

2）短路隔离器。短路隔离器用在传输总线上，其作用是当系统的某个分支短路时，能自动将其两端呈高阻或开路状态，使之与整个系统隔离开，不损坏控制器，也不影响总线上其他部件的正常工作，其实物如图 2-29 所示。

3）区域显示器。区域显示器是一种可以安装在楼层或独立防火分区内的火灾报警显示装置，用于显示来自报警控制器的火警及故障信息。当火警或故障信息送入时，区域显示器将产生报警信号的探测器编号及相关信息显示出来并发出警报，以通知失火区域的人员，其实物如图 2-30 所示。

4）报警门灯及引导灯。报警门灯一般安装在巡视观察方便的地方，如会议室、餐厅、房间及每层楼门的上端，可与对应的探测器并联使用，并与该探测器的编码一致。当探测器报警时，门灯上的指示灯亮，使人们在不进入的情况下就可知探测器是否报警，其实物如图2-31 所示。

图 2-29　短路隔离器　　　　图 2-30　区域显示器　　　　图 2-31　报警门灯

5）CRT报警显示系统。CRT报警显示系统能够把所有与消防系统有关的平面图及报警区域和报警点存入计算机内，火灾发生时能在显示屏上自动用声、光显示火灾部位及报警类型，发生时间等，并用打印机自动打印。

5. 消防系统的线路敷设

（1）一般规定　火灾自动报警系统的传输线路和DC24V以下供电的控制线路，应采用电压等级不低于交流250V的铜芯绝缘导线或铜芯电缆。采用交流220/380V的供电和控制线路应采用电压等级不低于交流500V的铜芯绝缘导线或铜芯电缆。

（2）屋内布线

1）火灾自动报警系统的传输线路应采用穿金属管、经阻燃处理的硬质塑料管或封闭式线槽保护方式布线。

2）消防控制、通信和警报线路采用暗敷设时，宜采用金属管或经阻燃处理的硬质塑料管保护，并应敷设在不燃烧体的结构层内，且保护层厚度不宜小于30mm。当采用明敷设时，应采用金属管或金属线槽保护，并应在金属管或金属线槽上采取防火保护措施。采用经阻燃处理的电缆时，可不穿金属管保护，但应敷设在电缆竖井或吊顶内有防火保护措施的封闭式线槽内。

3）火灾自动报警系统用的电缆竖井，宜与电力、照明用的低压配电线路电缆竖井分别设置。如受条件限制必须合用时，两种电缆应分别布置在竖井的两侧。

4）从接线盒、线槽等处引到探测器底座盒、控制设备盒、扬声器箱的线路均应加金属软管保护。

5）火灾探测器的传输线路，宜选择不同颜色的绝缘导线或电缆。正极"+"线应为红色，负极"-"线应为蓝色。同一工程中相同用途导线的颜色应一致，接线端子应有标号。

6）接线端子箱内的端子宜选择压接或带锡焊接点的端子板，其接线端子上应有相应的标号。

6. 消防系统的接地与调试

（1）消防系统的接地　从接地极引专用接地干线——铜芯绝缘，截面面积不小于25mm^{2}到消防控制室的专用接地端子板，由该板引至各消防电子设备的专用接地线截面面积不小于4mm^2，接地电阻不大于1Ω。

（2）消防系统的调试　消防系统调试前，应先对各单机逐个通电检查，正常后方可进行系统调试。系统调试包括报警自检、故障报警、火灾优先、记忆、备用电源切换、消声复位等功能检查。

【想一想】　感烟探测器在火灾自动报警与消防联动控制系统施工图上怎么表示？

2.5.3　火灾自动报警与消防联动控制系统施工图

1. 工程说明

某综合楼，建筑总面积为6500m^2，总高度为30m，其中主体檐口至地面高度23.9m，施工图如图2-32~图2-36所示。

1）保护等级：本建筑火灾自动报警系统保护对象为二级。

2）消防控制室与广播音响控制室合用，位于一层，并有直通室外的门。

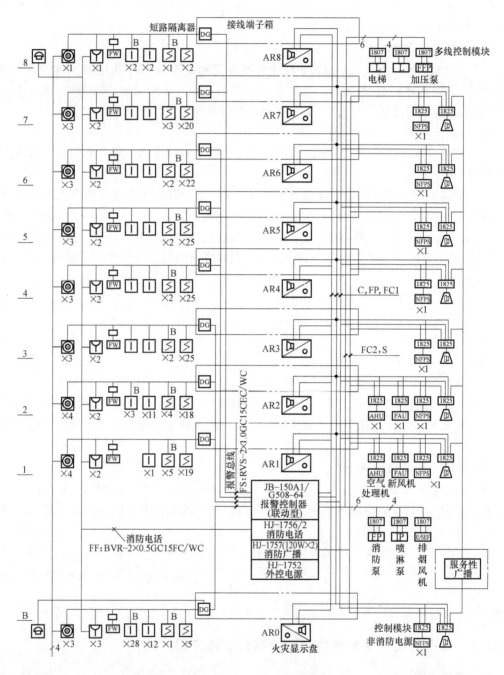

图 2-32 火灾报警与消防联动控制系统图

WDC—去直接起泵　　　　　RVS-2×1.0GC15WC/FC/CEC　　　FC1-联动控制总线　　　BV-2×1.0GC15WC/FC/CEC

C—RS—485通信总线　　　　BV-2×4GC15WC/FC/CEC　　　　FC2-多线联动控制线　　　BV-1.5GC20WC/FC/CEC

FP—24VDC主机电源总线　　　　　　　　　　　　　　　　　　S-消防广播线　　　　　　BV-2×1.5GC15WC/CEC

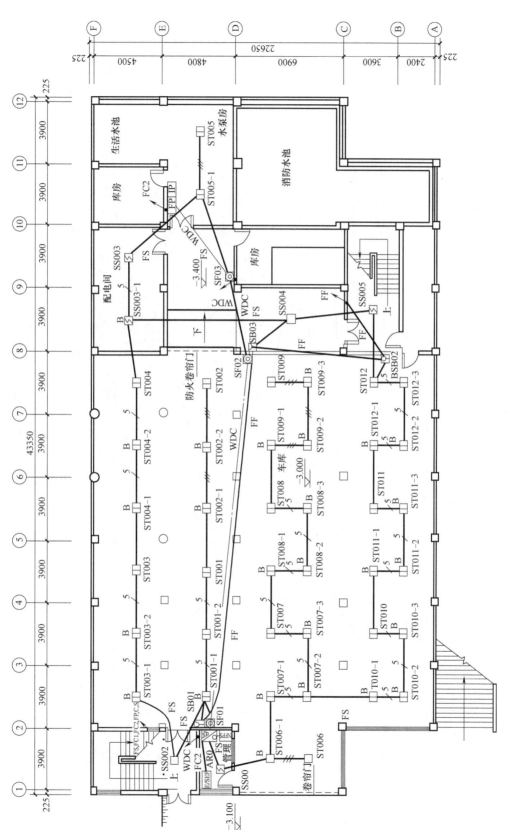

图 2-33　地下层火灾报警与消防联动控制平面图

建筑设备工程

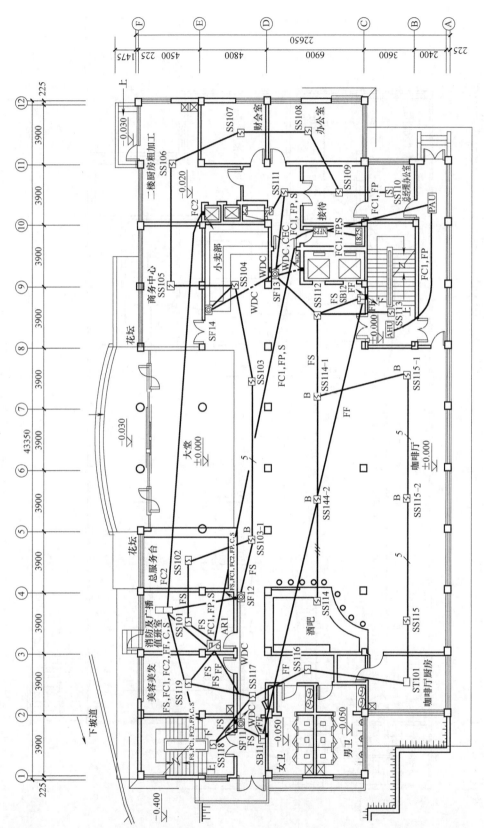

图 2-34 一层火灾报警与消防联动控制平面图

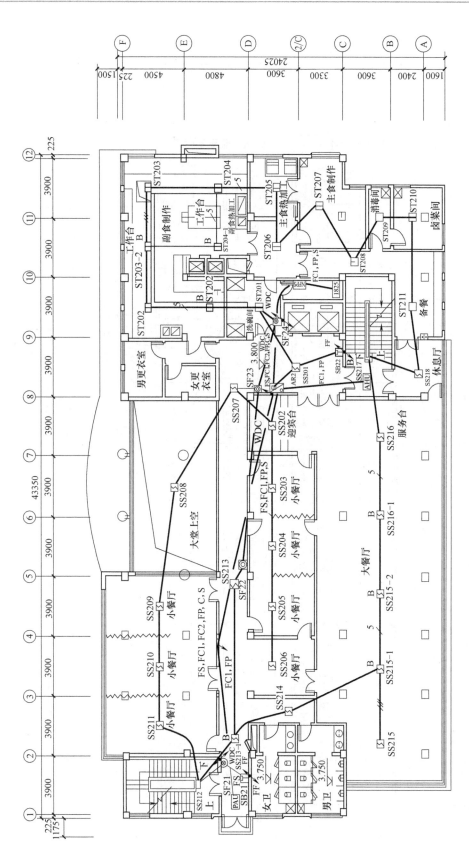

图 2-35 二层火灾报警与消防动联防控制平面图

建筑设备工程

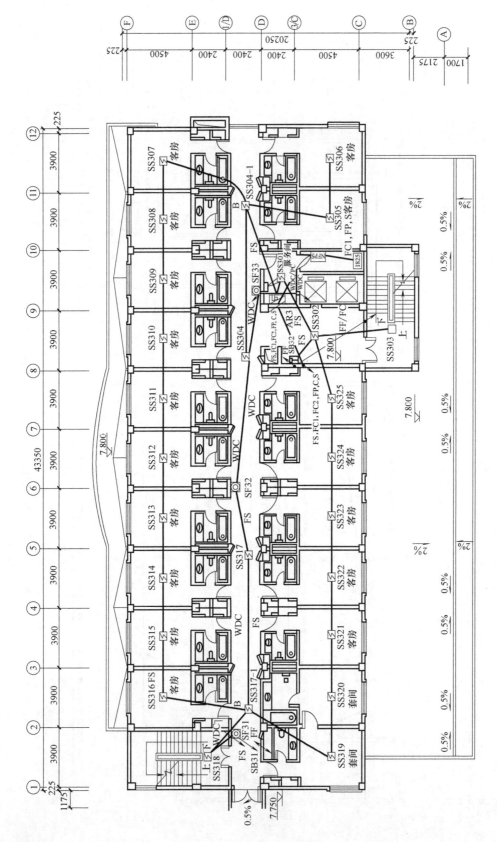

图 2-36　三层火灾报警与消防联动控制平面图

3）设备选择设置：地下层的汽车库、泵房和顶楼冷冻机房选用感温探测器，其他场所选感烟探测器。

4）联动控制要求：消防泵、喷淋泵和消防电梯为多线联动，其余设备为总线联动。

5）火灾应急广播与消防电话火灾应急广播与背景音乐系统共用，火灾时强迫切换至消防广播状态，平面图中竖井内，1825模块即为扬声器切换模块。

6）设备安装：火灾报警控制器为柜式结构，火灾显示盘底边距地1.5m挂墙安装，探测器吸顶安装，消防电话和手动报警按钮中心距地1.4m安装，消火栓报警按钮设置在消火栓内，控制模块安装在被控设备控制柜内或与其上边平行的近旁。火灾应急扬声器与背景音乐系统共用，火灾时强切。

7）线路选择与敷设：消防用电设备的供电线路采用阻燃电线电缆，沿阻燃桥架敷设，火灾自动报警系统、联动控制线路、通信线路和应急照明线路为BV线穿钢管沿墙、地和楼板暗敷。

2. 系统图分析

从系统图中可以知道，火灾报警与消防联动设备安装在同一层，对应图2-34，安装在消防及广播值班室，各设备型号如图2-32所示。从报警控制器共引出4条回路总线，可设为JN1~JN4，JN1用于地下层，JN2用于1、2、3层，JN3用于4、5、6层，J4用于7、8层。

（1）配线标注情况　报警总线PS标注为：RVS-2×1.0 GC15 CEC/WC。对应的含义为一根2芯双绞软导线，每芯截面面积为1mm²，穿直径为15mm的水煤气钢管沿顶棚、墙暗敷设。

其消防电话线FF标注为：BVR-2×0.5 GC15 FC/WC。火灾报警控制器的右侧有5个回路，依次为：C、FP、FC1、FC2、S，对应的用途及线材见图上的标注。

（2）接线端子箱　从系统图中可以知道，每层安装一个接线端子箱，端子箱中安装有短路隔离器DG。

（3）火灾显示盘AR　每层楼安装一个火灾显示盘，接RS-485通信总线和主机电源总线FP。

（4）消火栓箱报警按钮SF　消火栓箱报警按钮是击碎玻璃式（或有机玻璃），将玻璃击碎，按钮将自动动作。

（5）火灾报警按钮SB　系统图中纵向第3列图形符号是火灾报警按钮，火灾报警按钮也是击碎玻璃式，发生火灾而需要向消防报警中心报警时，击碎火灾报警按钮玻璃就可以通过报警总线向消防报警中心传递信息。×3代表地下层有3个火灾报警按钮，如图2-33所示，火灾报警按钮的编号为SB01、SB02、SB03。同时火灾报警按钮也与消防电话线FF连接，每个火灾报警按钮板上都设置有电话插孔，插上消防电话就可以用。

（6）水流指示器FW　系统图中纵向第4列图形符号是水流指示器，每层楼一个。水流指示器安装在喷淋灭火给水的支干管上，当支干管有水流动时，其水流指示器的电触点闭合，接通喷淋泵的控制电路，使喷淋泵电动机启动加压。同时，水流指示器的电触点也通过控制模块接入报警总线，向消防报警中心传递信息。

（7）感温火灾探测器ST　在地下层、一层、二层、八层安装有感温火灾探测器，系统图中纵向第5、6列图形符号是感温火灾探测器，其中标注B的为子座，没有标注B的为母座。如图2-33所示，编码为ST012的母座带动3个子座，分别编码为ST012-1、ST012-2、

ST012-3，此 4 个探测器只有一个地址码。子座与母座通过另外接的 3 根线连接。

（8）感烟火灾探测器 SS　该建筑应用的感烟火灾探测器数量比较多，系统图中纵向第 7、8 列图形符号是感烟火灾探测器，其中标注 B 的为子座，没有标注 B 的为母座。

3．平面图分析

（1）配线基本情况　从图 2-34 中的消防报警中心可以知道，从控制柜的图形符号出发，共有 4 个走向的线路，为了分析方便，我们编成 N1、N2、N3、N4。其中 N1 配向②轴（为了文字分析简单，只说明就近的横向轴线），有 FS、FC1、FC2、FP、C、S 6 种回路，向地下层配线；N2 配向③轴，接一层接线端子箱，通过全面分析可以知道有 FS、FC1、FP、S、FF、C 6 种回路；N3 配向④轴，向二层配线，有 FS、FC1、FC2、FP、C、S 6 种回路；N4 配向⑩轴，再向地下层配线，只有 FC2 一种回路。这 4 个走向的线路都可以沿地面暗敷设。

（2）N2 线路分析

1）基本情况：③轴的接线端子箱（火灾显示盘附近）共有 4 个走向的出线，即配向②轴 SB11 处的 FF 回路；配向⑩轴的电源配电间的 NFPS 处，有 FC1、FP、S 回路：配向 SS101 的 FS 回路；配向 SS119 的 FS 回路。

2）N2 线路的总线配线：先分析配向 SS101 的 FS 回路，穿钢管沿墙暗配到顶棚，进入 SS101 接线底座进行接线，再配到 SS102，依此类推。

3）N2 线路的其他配线：火灾显示盘配向②轴 SB11 处的消防电话线 FF，FF 与 SB11 连接后，在此处又分别到二层的 SB21 和同层⑨轴的 SB12 处，在 SB12 处又向上到 SB22 和向下再引到③轴的 SB02 处。

其他走向线路 N1、N3、N4 可按上述进行类比分析，在此不再赘述。

【本单元关键词】

火灾报警　消防联动　系统　识图

【单元测试】

判断题

1．手动报警按钮所起的作用是启动消防栓泵。（　　　）

2．火灾初期阴燃阶段即产生大量烟的场所（如棉、麻织物的阴燃等），应采用感光型探测器。（　　　）

3．消防报警系统的核心装置是火灾报警控制器。（　　　）

4．ZR-RVS-250V-2×1.5 表示两根两芯软导线。（　　　）

5．电气图中，▨图例表示感温探测器。（　　　）

6．电气图中，▽图例表示火灾报警按钮。（　　　）

本项目小结

1）本项目介绍了消防灭火系统的分类和组成，重点讲述了消火栓给水灭火系统和自动喷淋系统的分类、组成、施工工艺及其识图方法和技巧。

2）消火栓给水灭火系统主要由消火栓设备（水枪、水带、消火栓、消火栓箱及消防报警按钮）、消防管道、消防水池、水箱、增压设备和水源等组成。

3）湿式自动喷水灭火系统由水源、自动喷淋泵、供水管网、湿式报警装置、闭式喷头、信号蝶阀、水流开关、末端试水装置、自动喷淋消防水泵接合器组成。该系统具有自动探测、报警和自动喷水灭火的功能，也可以与火灾自动报警装置联合使用。

4）当管径小于或等于 DN50 时，应采用螺纹和卡压连接，当管径大于 DN50 时，应采用沟槽连接件连接、法兰连接，当安装空间较小时应采用沟槽连接件连接。

5）识读消防施工图时，先看设计说明，了解工程的基本情况。将平面图和系统图对照起来看，使管道、设备、附件等在头脑里转换成空间的立体布置。可通过详图，看清具体的细部管道走向及安装要求。识读时，沿着水流方向查看管道走向，从消防泵出水管（或消防引入管）、水泵接合器到消防立管和各消火栓，以及从消防水箱的消防出水管到消防立管及消火栓。

6）火灾自动报警与消防联动控制系统主要由火灾探测器、火灾报警控制器、消防联动设备、消防广播机柜和直通对讲电话五大部分组成，另可配备 CRT 显示器和打印机。

项目 **3**

供暖工程

【项目引入】

冬季的北方城市，室内都会有暖气，暖气的热量从哪里来？热量是怎么输送的？供暖系统如何分类？供暖系统中有哪些设备？设备如何安装？这些问题都将在本项目中找到答案。

本项目主要以某住宅楼供暖系统施工图为载体，介绍供暖系统及其施工图的识读，图样内容如图 3-1~图 3-7 所示。

1. 本工程供暖热媒为 95/70℃ 的低温热水，耗热量见供暖系统图，系统阻力损失为 3000Pa，供暖系统入口作法见新 02N01-9 图集。

2. 供暖系统采用下供下回单管水平串联式系统，户内系统为一户一表，每户为一独立供暖系统。

3. 散热器采用内腔无砂灰铸铁柱翼型散热器 TF D2-6-5（挂装），挂装高度均距地 12cm，餐厅及楼梯间（一层除外）为 TF D2-3-5（挂装），每组散热器均应在回水侧上部装 $\phi6$ 手动放气阀一个。

4. 管材选用及连接方式：明装部分为热镀锌钢管，DN≤50 为螺纹连接，DN>50 为焊接；埋地部分为铝塑 PP-R 复合管，热熔连接；出地面后，PP-R 管连接采用专用管件。埋地直管段每 1m 设一固定卡。铝塑 PP-R 复合管在供暖系统图上的标识，DN20：$\phi25\times3.1$，DN25：$\phi32\times3.9$。

5. 阀门选用及连接方式：每户热量表前的阀门为锁闭阀，其他均为闸阀，DN≤50 为螺纹连接，DN>50 为焊接。

6. 明装管道及散热器除锈后，刷红丹底漆两道，白色调和漆两道。

7. 地沟内供暖管道均需保温，保温前刷红丹防锈底漆两道，保温层采用 5cm 厚的聚氨酯硬泡沫块，外缠玻璃丝布两道，布面刷灰色调和漆两道。

图 3-1　某住宅楼供暖系统设计与施工说明

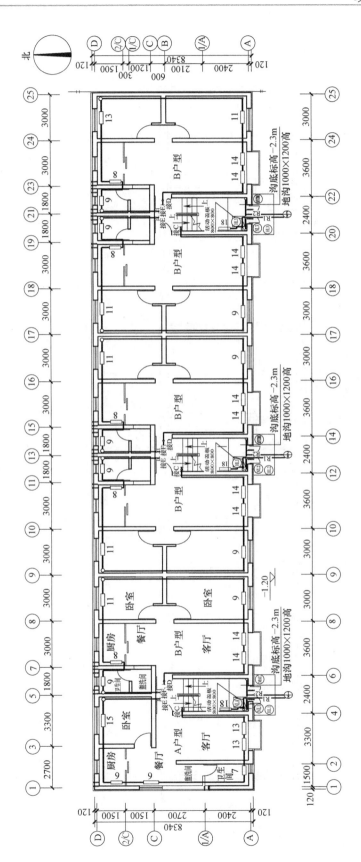

图 3-2 某住宅楼一层供暖平面图

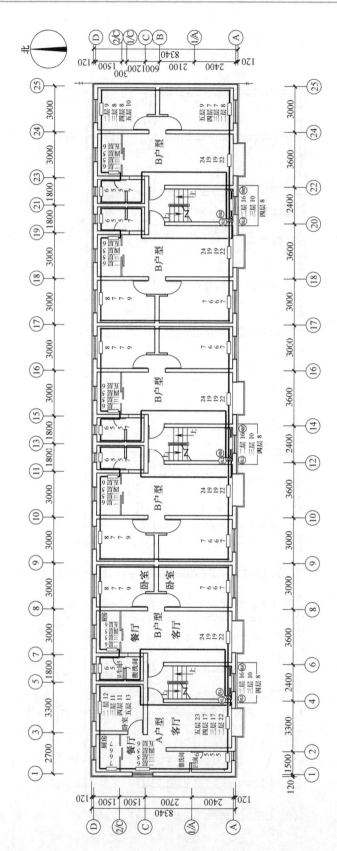

图 3-3 某住宅楼二~五层供暖平面图

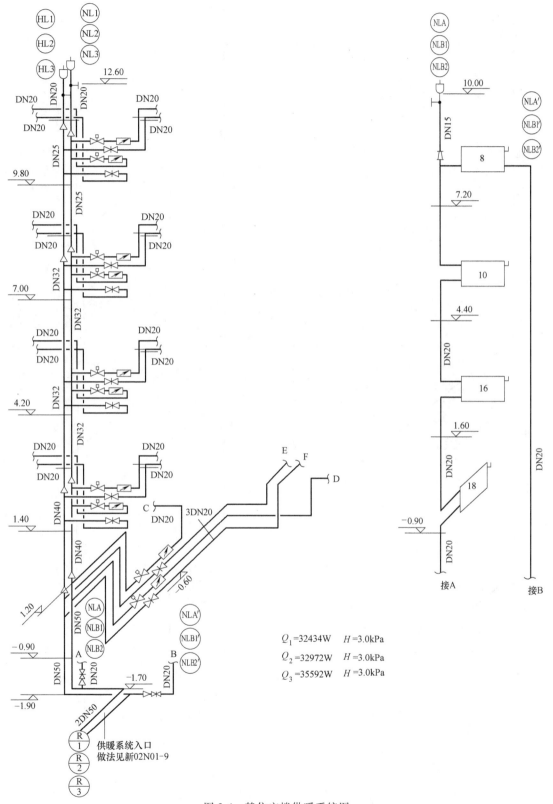

$Q_1 = 32434W \quad H = 3.0kPa$

$Q_2 = 32972W \quad H = 3.0kPa$

$Q_3 = 35592W \quad H = 3.0kPa$

图 3-4 某住宅楼供暖系统图

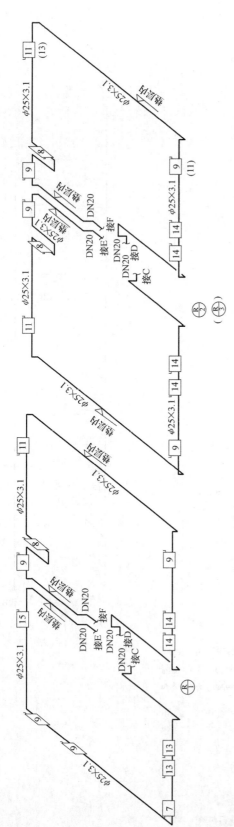

图 3-5 某住宅楼一层户内供暖系统图

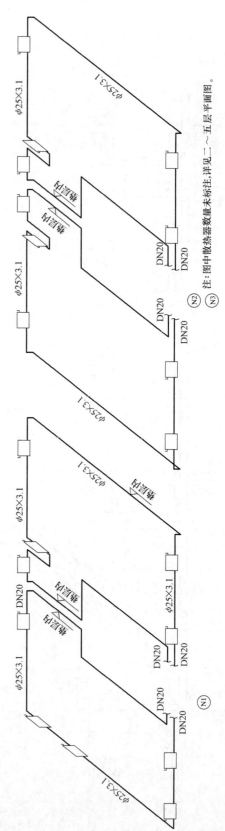

图 3-6 某住宅楼二~五层户内供暖系统图

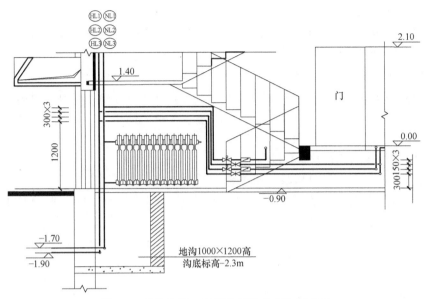

图 3-7　某住宅楼一层楼梯间设备安装剖面图

【学习目标】

知识目标：熟记供暖系统的组成、分类；熟记供暖系统的形式；了解供暖系统设备及附件的作用、安装布置要求。

技能目标：掌握室内供暖管道安装的基本技术要求；掌握供暖工程施工图的常用图例、表示方法及其识读方法。

素质目标：培养科学严谨、精益求精的职业态度，以及团结协作的职业精神。

【学习重点】

1）供暖系统的组成、分类。

2）机械循环热水供暖系统的形式。

3）高层建筑热水供暖系统的形式。

4）热水集中供暖分户热计量系统的形式。

5）低温热水地板辐射供暖系统加热管管材、布置要求。

6）散热器的分类及其安装。

7）室内供暖管道安装。

8）供暖施工图的组成、常用图例、识读方法。

【学习难点】

名词陌生，与实物对应困难。

【学习建议】

1）供暖系统与日常生活、工作、生产活动息息相关，学习中应将所学知识与实际工程相结合，多观察、勤思考。

2）供暖系统节能是实现建筑节能的主要途径，应注重多渠道查阅、收集供暖系统温控、热计量的新知识和新技术。

3）多做施工图识读练习，着重培养室内供暖工程施工图识读能力。

4）应按学习进度逐步完成章后的思考题与习题，逐步练习以巩固所学知识。

【项目导读】

实践操作（步骤/技能/方法/态度）。

我们需从了解集中供热与供暖的基本概念开始，熟悉供暖系统的组成及分类，然后着重学习常见的散热器热水供暖系统、热水集中供暖分户热计量系统、低温热水地板辐射供暖系统的形式及其安装施工知识，熟悉室内供暖工程施工工艺流程，掌握室内供暖施工图常用图例及识读方法，从而具备识读施工图的能力，为室内供暖工程算量与计价打下基础。

【本项目内容结构】

供暖工程内容结构如图 3-8 所示。

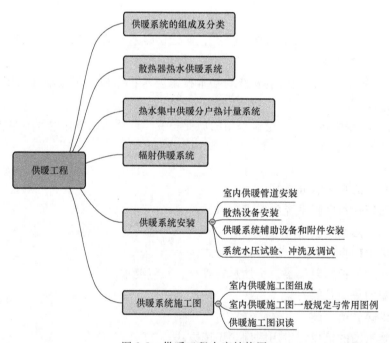

图 3-8　供暖工程内容结构图

3.1　供暖系统的组成及分类

1. 集中供热与供暖基本概念

所谓集中供热，是指从一个或多个热源通过热网向城市或其中某些区域用户供给采暖和生活所需要的热量。目前，我国应用最广泛的集中供热系统主要有区域锅炉房供热系统和热电联产供热系统。区域锅炉房是为两个或两个以上用热单位服务的锅炉房。区域锅炉房供热包括城市分区供热、住宅区和公共设施供热、若干个热用户的联合供热等。热电联产供热系统是以热电厂为热源，电能和热能联合生产的集中供热系统，适用于生产热负荷稳定的区域供热。

所谓供暖，是指根据热平衡原理，在冬季以一定方式向房间补充热量，以维持人们正常生活和生产所需要的环境温度。供暖系统，是指由热源通过管道系统向各幢建筑物或各用户提供热媒、供给热量的系统。

2. 供暖系统组成

供暖系统主要由热源、供暖管道、散热设备三个基本部分组成。

（1）热源 主要有热电厂、区域锅炉房、热交换站（又称热力站）、地热供热站等，还可采用水源热泵机组、燃气炉设备以及余热、废热、太阳能、电能等能源。

（2）供暖管道 包括供水、回水循环管道。

（3）散热设备 将热媒携带的热量散入室内的设备称为散热设备。散热设备有散热器、热水辐射管、暖风机等。

此外，供暖系统中设置有辅助设备及附件，以保证系统正常工作。供暖系统的辅助设备如循环水泵、膨胀水箱、除污器、排气设备等，系统附件如补偿器、热计量仪表、各类阀门等。

3. 供暖系统分类

1）供暖系统按作用范围大小的不同，可以分为局部供暖系统、集中供暖系统、区域供暖系统。

2）供暖系统按使用热媒种类的不同，可以分为热水供暖系统、蒸汽供暖系统、热风供暖系统、烟气供暖系统。

3）供暖系统按热源种类的不同可以分为集中供暖系统、分户热源供暖系统。

4）供暖系统按供、回水管道与散热器连接方式的不同，可以分为单管供暖系统、双管供暖系统。

5）供暖系统按供暖时间的不同，可以分为连续供暖系统、间歇供暖系统、值班供暖系统。

【本单元关键词】

供暖系统组成 供暖系统分类

【单元测试】

多项选择题

1. 供暖系统主要由（ ）三个基本部分组成。

A. 热源 B. 散热设备 C. 供暖管道 D. 集热设备

2. 供暖系统按作用范围大小的不同，可以分为（ ）。

A. 局部供暖系统 B. 集中供暖系统 C. 小区供暖系统 D. 区域供暖系统

3. 供暖系统按使用热媒种类的不同，可以分为（ ）。

A. 蒸汽供暖系统　　B. 热水供暖系统　　　　C. 热风供暖系统　　　　D. 烟气供暖系统

4. 供暖系统按热源种类的不同可以分为（　　　）。

A. 集中供暖系统　　B. 区域供暖系统　　　　C. 分户热源供暖系统　　D. 局部供暖系统

5. 供暖系统按供、回水管道与散热器连接方式的不同，可以分为（　　　）。

A. 单管供暖系统　　B. 双管供暖系统　　　　C. 循环供暖系统　　　　D. 单管供热系统

3.2　散热器热水供暖系统

散热器供暖是多年来建筑物内常见的一种供暖形式。实际工程中，低温热水供暖系统应用最为广泛。热水供暖系统按循环动力的不同，可以分为自然循环系统和机械循环系统。

1. 自然循环热水供暖系统

自然循环热水供暖系统又称重力循环热水供暖系统，是依靠供回水密度差产生的容重差为循环动力，推动热水在系统中循环流动的供暖系统。

自然循环热水供暖系统的工作原理如图 3-9 所示。

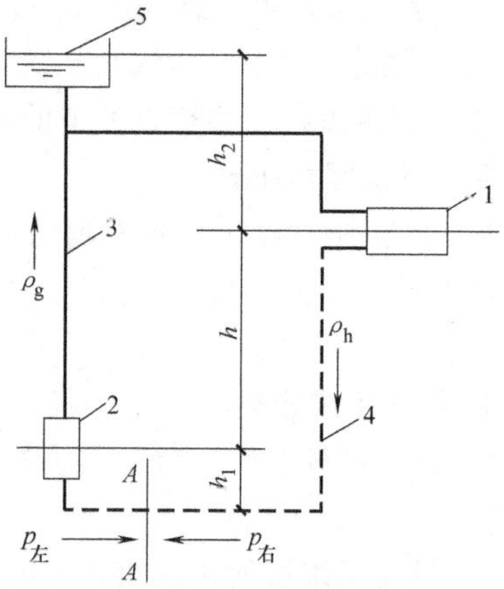

2. 机械循环热水供暖系统

机械循环热水供暖系统是依靠循环水泵提供的动力使热水循环流动的供暖系统。它的作用压力比自然循环供暖系统大得多，因此系统的作用半径大，是应用最多的供暖系统。

机械循环热水供暖系统形式多样，主要有垂直式和水平式两大类。

3. 高层建筑热水供暖系统常用的形式

目前，国内高层建筑热水供暖系统常用的形式有竖向分区式供暖系统、双线式供暖系统、单双管混合式供暖系统。

图 3-9　自然循环热水供暖系统工作原理
1—散热设备　2—热水锅炉　3—供水管路
4—回水管路　5—膨胀水箱

【本单元关键词】

自然循环系统　机械循环系统　高层建筑热水供暖系统

【单元测试】

一、单项选择题

1. 自然循环热水供暖系统又称（　　　），是依靠供回水密度差产生的容重差为循环动力，推动热水在系统中循环流动的供暖系统。

A. 机械循环系统　　　　　　　　　B. 竖向分区式供暖系统

C. 自然循环系统　　　　　　　　　D. 重力循环热水供暖系统

2. 机械循环热水供暖系统是依靠循环（　　　）提供的动力使热水循环流动的供暖系统。

A. 机械　　　　　　B. 水泵　　　　　　C. 水箱　　　　　　D. 锅炉

二、多项选择题

1. 热水供暖系统按循环动力的不同，可以分为（　　　）。

A. 机械循环系统　　　　　　　　　B. 竖向分区式供暖系统

C. 自然循环系统　　　　　　　　　D. 双线式供暖系统

2. 机械循环热水供暖系统形式多样，主要有（　　　）两大类。

A. 水平式　　　　B. 竖向式　　　　C. 垂直式　　　　D. 循环式

3. 目前，国内高层建筑热水供暖系统常用的形式有（　　　）。

A. 机械循环系统　　　　　　　　　B. 竖向分区式供暖系统

C. 单双管混合式供暖系统　　　　　D. 双线式供暖系统

3.3 热水集中供暖分户热计量系统

热水集中供暖分户热计量系统是指以建筑物的户（套）为单位，分别计量向户内供给热量的集中供暖系统。建筑物应根据采用的热量计量方式选用不同的供暖系统形式。当采用热量分配表加楼用总热量表计量方式时，宜采用垂直式供暖系统；当采用户用热量表计量方式时，应采用共用立管的分户独立供暖系统。

1. 分户热计量垂直式供暖系统

分户热计量垂直式供暖系统宜采用垂直单管跨越式系统、垂直双管式系统。从克服垂直失调的角度，垂直双管式系统宜采用下供下回异程式系统。

2. 共用立管的分户独立供暖系统

共用立管的分户独立供暖系统即集中设置各户共用的供回水立管，从共用立管上引出各户独立成环的供暖支管，支管上设置热计量装置、锁闭阀等，按户计量热量的供暖系统形式。该系统可分为建筑物内共用供暖系统及户内供暖系统两部分。

【本单元关键词】

集中供暖分户热计量系统

【单元测试】

判断题

1. 建筑物应根据采用的热量计量方式选用不同的供暖系统形式。当采用热量分配表加楼用总热量表计量方式时，宜采用分户独立供暖系统；当采用户用热量表计量方式时，应采用共用立管的垂直式供暖系统。（　　　）

2. 分户热计量垂直式供暖系统宜采用垂直单管跨越式系统、垂直双管式系统。（　　　）

3. 垂直单管式系统宜采用下供下回异程式系统。（　　　）

4. 共用立管的分户独立供暖系统就是集中设置各户共用的供回水立管，从共用立管上引出各户独立成环的供暖支管，支管上设置热计量装置、锁闭阀等，按户计量热量的供暖系统形式。（　　　）

5. 共用立管的分户独立供暖系统可分为建筑物内共用供暖系统及户外供暖系统两部分。（　　　）

3.4 辐射供暖系统

辐射供暖系统根据辐射板表面温度可分为低温辐射供暖系统（<80℃）、中温辐射供暖系统（80~200℃）、高温辐射供暖系统（500~900℃）；根据辐射板安装位置可分为吊顶式、墙壁式、地板式、踢脚板式辐射供暖系统；根据辐射板构造可分为埋管式、风道式、组合式辐射供暖系统。

1. 低温热水地板辐射供暖系统

低温热水地板辐射供暖系统（简称地暖）是采用低温热水为热媒，通过预埋在建筑物地板内的加热管辐射散热的供暖方式。民用建筑的供水温度不应超过60℃，供、回水温差宜小于或等于10℃。一般地暖供回水温度为35~55℃。地暖系统的工作压力不宜大于0.8MPa，当建筑物高度超过50m时宜竖向分区设置。

2. 热水吊顶式辐射供暖系统

热水吊顶式辐射供暖系统，可用于层高为3~30m建筑物的供暖。

热水吊顶式辐射供暖系统的供水温度宜采用40~140℃。在非供暖季节，系统应充水保养。常用的金属吊顶辐射板，主要有钢板与钢管组合和铝板与钢管组合两种类型。

3. 低温加热电缆辐射供暖系统

电供暖的形式有电暖器供暖、电热锅炉供暖、电热辐射供暖。低温加热电缆辐射供暖系统由可加热柔韧电缆、感应器、恒温器等构成，宜采用地式。该供暖方式通常将电缆埋设于混凝土中，有直接供热、存储供热、薄型安装等系统形式。

4. 低温电热膜辐射供暖系统

低温电热膜辐射供暖方式是以电热膜为发热体，大部分热量以辐射方式散入供暖区域。电热膜是一种通电后能发热的半透明聚酯薄膜，由可导电的特制油墨、金属载流条经印刷、热压在两层绝缘聚酯薄膜之间制成。电热膜工作时表面温度为40~60℃，通常布置在顶棚上、地板下或墙裙、墙壁内，同时配以独立的温控装置。

5. 燃气红外线辐射供暖系统

燃气红外线辐射器由热能发生器、电子激发室、发热室、辐射管、反射器、真空泵和电控箱组成。辐射管表面产生2~10μm的热能辐射波，经上部的反射器导向被辐射表面进行加热。辐射器的安装高度应根据人体舒适度而定，但不应低于3m。

【本单元关键词】

辐射供暖系统分类

【单元测试】

一、多项选择题

1. 辐射供暖系统根据辐射板表面温度可分为（　　）。

A. 低温辐射供暖系统（<80℃）　　　　　B. 高温辐射供暖系统（500~900℃）

C. 超高温辐射供暖系统（900~1200℃）　　D. 中温辐射供暖系统（80~200℃）

2. 电供暖的形式有（　　）。

A. 电暖器供暖　　　　B. 电热锅炉供暖　　　　C. 电热辐射供暖　　　　D. 电热膜供暖

二、判断题

1. 常用的金属吊顶辐射板，主要有钢板与钢管组合和铜板与钢管组合两种类型。（　　）

2. 低温加热电缆辐射供暖系统由可加热柔韧电缆、感应器、恒温器等构成。（　　）

3. 辐射器的安装高度应根据人体舒适度而定，但不应低于 2m。（　　）

3.5　供暖系统安装

　　室内供暖系统安装施工工艺流程为安装准备→预制加工→卡架安装→供暖总管安装→供暖干管安装→供暖立管安装→散热设备安装→供暖支管安装→系统水压试验→冲洗→防腐→保温→调试。

　　供暖系统安装施工，前期准备工作应认真熟悉施工图，配合土建施工进度，预留孔洞及安装预埋件，并按设计图画出管路的位置、管径、变径、坡向及预留孔洞、阀门、卡架等位置的施工草图。按施工草图，进行管段的加工预制，并按安装顺序编号存放。安装管道前，按设计要求或规定间距安装卡架。

3.5.1　室内供暖管道安装

1. 室内供暖管道安装施工验收基本规定

　　1）管道穿过结构伸缩缝、抗震缝及沉降缝敷设时，应根据情况采取下列保护措施：在墙体两侧采取柔性连接；在管道或保温层外皮上、下部留有不小于 150mm 的净空；在穿墙处做成方形补偿器，水平安装。

　　2）钢管、塑料管及复合管、铜管垂直或水平安装的支、吊架间距规定详见项目 1。

　　3）供暖系统的金属管道立管管卡安装应符合下列规定：楼层高度小于或等于 5m，每层必须安装 1 个；楼层高度大于 5m，每层不得少于 2 个。管卡安装高度，距地面应为 1.5～1.8m，2 个以上管卡应匀称安装。同一房间管卡应安装在同一高度上。

　　4）管道穿过墙壁和楼板，应设置金属或塑料套管。安装在楼板内的套管，其顶部应高出装饰地面 20mm；安装在卫生间及厨房内的套管，其顶部应高出装饰地面 50mm；底部应与楼板底面相平。安装在墙壁内的套管其两端应与饰面相平。穿过楼板的套管与管道之间的缝隙应用阻燃密实材料和防水油膏填实，端面应光滑。穿墙套管与管道之间的缝隙宜用阻燃密实材料填实，且端面应光滑。管道的接口不得设在套管内。

　　5）焊接钢管的连接，管径小于或等于 32mm，应采用螺纹连接；管径大于 32mm，应采用焊接。

　　6）管道安装坡度，当设计未注明时，应符合下列规定：汽、水同向流动的热水采暖管道和汽、水同向流动的蒸汽管道及凝结水管道，坡度应为 3‰，不得小于 2‰；汽、水逆向流动的热水采暖管道和汽、水逆向流动的蒸汽管道，坡度不应小于 5‰；散热器支管的坡度应为 1%，坡向应利于排汽和泄水。

　　7）散热器支管长度超过 1.5m 时，应在支管上安装管卡。

　　8）管道、金属支架和设备的防腐和涂漆应附着良好，无脱皮、起泡、流淌和漏涂缺陷。

2. 散热器供暖系统管道安装

供暖管道的材质，应根据供暖热媒的性质、管道敷设方式选用，并应符合国家现行有关产品标准的规定。室内散热器供暖管道一般采用焊接钢管、无缝钢管。

3. 低温热水地板辐射供暖系统加热管安装

1）加热管的内外表面应光滑、平整、干净，不应有可能影响产品性能的明显划痕、凹陷、气泡等缺陷。

2）加热管管径、间距和长度应符合设计要求。间距偏差不大于±10mm。

3）加热管安装间断或完毕时，敞口处应随时封堵。

4）管道安装过程中，应防止油漆、沥青或其他化学溶剂污染管材、管件。

5）加热管切割，应采用专用工具；切口应平整，断面应垂直管轴线。

6）熔接连接管道的接合面应有一均匀的熔接圈，不得出现局部熔瘤或熔接圈凸凹不匀现象。

7）加热管弯曲部分不得出现硬折弯现象，弯曲半径应符合下列规定：塑料管不应小于管道外径的 8 倍；复合管不应小于管道外径的 5 倍。

8）埋设于填充层内的加热盘管不应有接头。检验方法：隐蔽前现场查看。

9）加热管应设固定装置。可采用下列方法之一固定：用固定卡将加热管直接固定在绝热板或设有复合面层的绝热板上；用扎带将加热管固定在铺设于绝热层上的网格上；直接卡在铺设于绝热层表面的专用管架或管卡上；直接固定于绝热层表面凸起间形成的凹槽内。

3.5.2 散热设备安装

1. 散热器的分类和安装

（1）散热器分类　散热器按材质分为铸铁、钢制、铝制、全铜、塑料、钢（铜）铝复合等；按其结构形式分为翼型、柱型、管型、板型等；按其传热方式分为对流型和辐射型。

（2）散热器安装　散热器安装程序：画线定位→打洞→栽埋托钩或卡子→散热器除锈、刷油→散热器组对→散热器单组水压试验（→散热器除锈、刷油）→挂装或落地安装散热器。

2. 金属辐射板安装

水平安装的辐射板应有不小于 5‰坡度坡向回水管。辐射板管道及带状辐射板之间的连接，应使用法兰连接。

热水吊顶辐射板在安装前应做水压试验，如设计无要求时，试验压力应为工作压力的 1.5 倍，但不小于 0.6MPa。检验方法：在试验压力下，2~3min 内压力不降且不渗不漏。

3. 暖风机安装

暖风机是由风机、电动机、空气加热器和送、吸风口组成的热风供暖设备，将吸入空气经空气加热器加热后送入供暖房间。

3.5.3 供暖系统辅助设备和附件安装

1. 膨胀水箱

膨胀水箱在热水供暖系统中起着容纳系统膨胀水量、排除系统中的空气、为系统补充水量及定压的作用，是热水供暖系统重要的辅助设备之一。

膨胀水箱设在热水供暖系统的最高处，一般用钢板焊制而成，其外形有矩形和圆形两种，以矩形水箱使用较多。

2. 排气装置

为排除系统中的空气，供暖系统设有排气装置，主要有手动排气阀、集气罐、自动排气阀。

（1）手动排气阀　又称手动放风阀、冷风阀。适用于热水或蒸汽供暖系统的散热器，一般在水平式热水供暖系统的每组散热器上均安装手动排气阀。

（2）集气罐　一般用直径 100~250mm 的钢管焊制而成，分为立式和卧式两种，每种又有 Ⅰ、Ⅱ 两种形式，集气罐一般安装于热水供暖系统上部水平干管末端的最高处。

（3）自动排气阀　是靠阀体内的启闭机构自动排除空气的装置。其安装位置与集气罐相同，与系统的连接处应设阀门，以便于自动排气阀的检修和更换。

3. 除污器

除污器用于截留、过滤管路中的污物和杂质，以保证系统中的水质洁净，防止管路阻塞。除污器有立式直通、卧式直通、卧式角通三种形式。

除污器一般应安装在热水供暖系统循环水泵的入口、热交换器的入口、建筑物热力入口装置处。安装时除污器不得反装，进出水口应设阀门。

4. 热计量仪表

热能表是通过测量水流量及供、回水温度，并经运算和累计得出某一系统所使用热能量的机电一体化仪表，它是供暖分户计量收费不可缺少的装置。热量表安装应预留一定的空间，以便于读数、周期检测和维护。

5. 补偿器

供暖系统的管道由于热媒温度变化而引起热变形，导致热应力的产生。补偿器有方形补偿器、波形补偿器、套筒式补偿器、球形补偿器等。

各种补偿器在安装时，其两端必须安装固定支架，两固定支架之间装活动支架或导向活动支架，补偿器应位于两固定支架间距的 1/2 处。

方形补偿器与管道连接一般采用焊接。波形补偿器、套筒式补偿器、球形补偿器与管道的连接一般采用法兰连接。

6. 阀门

（1）阀门设置位置　多层和高层建筑的热水供暖系统中，每根立管和分支管道的始、末端均应设置调节、检修和泄水用的阀门；供暖系统各并联环路应设置关闭和调节装置。当有冻结危险时，立管或支管上的阀门至干管的距离，不应大于 120mm。

（2）散热器恒温阀　也称恒温控制阀、自力式温控阀，是自动控制进入散热器的热媒流量，实现供暖房间温度控制和供暖系统节能的重要部件。恒温阀安装前应对管道和散热器进行彻底的清洗。其安装位置应远离高温物体表面。恒温阀阀体安装应注意水流方向。阀体安装完毕应先用一个螺纹帽罩保护起来，直到交付用户使用时才可安装调温器。调温器安装在阀体上，应使标记位置朝上，并应确保调温器处于水平位置。

（3）水力控制阀　包括平衡阀、自力式流量控制阀、自力式压差控制阀、锁闭调节阀。

7. 分、集水器安装

1）分、集水器的型号、规格、公称压力及安装位置、高度等应符合设计要求。检验方法：对照图样及产品说明书，尺量检查。

2）分水器、集水器宜在铺设加热管之前进行安装。

3）分水器、集水器水平安装时，宜将分水器安装在上，集水器安装在下，中心距宜为200mm，集水器中心距地面应不小于300mm；当分水器、集水器垂直安装时，分、集水器下端距地面应不小于150mm。

3.5.4 系统水压试验、冲洗及调试

1. 系统水压试验

供暖系统安装完毕，管道保温之前应进行水压试验。试验压力应符合设计要求。当设计未注明时，应符合下列规定：

1）蒸汽、热水供暖系统，应以系统顶点工作压力加0.1MPa作水压试验，同时在系统顶点的试验压力不小于0.3MPa。

2）高温热水供暖系统，试验压力应为系统顶点工作压力加0.4MPa。

3）使用塑料管及复合管的热水供暖系统，应以系统顶点工作压力加0.2MPa作水压试验，同时在系统顶点的试验压力不小于0.4MPa。

检验方法：使用钢管及复合管的供暖系统应在试验压力下10min内压力降不大于0.02MPa，降至工作压力后检查，不渗、不漏；使用塑料管的供暖系统应在试验压力下1h内压力降不大于0.05MPa，然后降压至工作压力的1.15倍，稳压2h，压力降不大于0.03MPa，同时各连接处不渗、不漏。

2. 系统冲洗

系统试压合格后，应对系统进行冲洗并清扫过滤器及除污器。检验方法：现场观察，直至排出水不含泥沙、铁屑等杂质，且水色不浑浊为合格。

3. 系统调试

系统冲洗完毕应充水、加热，进行试运行和调试。检验方法：观察、测量室温应满足设计要求。

【本单元关键词】

供暖系统安装施工工艺流程　室内供暖管道安装　散热设备
供暖系统辅助设备和附件

【单元测试】

判断题

1. 室内供暖系统安装施工工艺流程为：安装准备→预制加工→卡架安装→供暖总管安装→供暖干管安装→供暖立管安装→散热设备安装→供暖支管安装→系统水压试验→冲洗→保温→防腐→调试。（　　）

2. 管道穿过结构伸缩缝、抗震缝及沉降缝敷设时，应该设置补偿器。（　　）

3. 散热器安装程序为：画线定位→打洞→栽埋托钩或卡子→散热器除锈、刷油→散热

器组对→散热器单组水压试验（→散热器除锈、刷油）→挂装或落地安装散热器。（　　）

4. 供暖系统辅助设备和附件有膨胀水箱、排气装置、除污器、热计量仪表、补偿器、阀门、分集水器等。（　　）

5. 供暖系统管道安装完毕后，只需要进行水压试验。（　　）

3.6 供暖系统施工图

3.6.1 室内供暖施工图组成

室内供暖施工图一般由设计与施工说明、供暖平面图、供暖系统图、详图、设备与主要材料明细表等组成。

1. 设计与施工说明

设计与施工说明主要用文字阐述供暖系统的设计热负荷、热媒种类及设计参数、系统阻力；管道材料及连接方法；散热设备及其他设备的类型；管道防腐保温的做法；系统水压试验要求；施工中应执行和采用的规范、标准图号；其他设计图样中无法表示的设计施工要求等。

2. 供暖平面图

供暖平面图的主要作用是确定供暖系统管道及设备的位置。图样内容应反映供暖系统入口位置及系统编号；室内地沟的位置及尺寸；干管、立管、支管的位置及立管编号；散热设备的位置及数量；其他设备的位置及型号等。

供暖平面图一般有建筑底层（或地下室）平面图、标准层平面图、顶层平面图。

3. 供暖系统图

供暖系统图反映供暖系统管道及设备的空间位置关系，主要内容有供暖系统入口编号及走向；其他管道的走向、管径、标高、坡度及立管编号；阀门的位置及种类；散热设备的数量（也可不标注）等。

供暖系统图可按系统编号分别绘制。如采用轴测投影法绘制，宜采用与相应的平面图一致的比例。系统图中的管线重叠、密集处，可采用断开画法。断开处宜以相同的小写拉丁字母表示，也可用细虚线连接。

4. 详图

工程中的某些关键部位，或某些连接较复杂，在小比例的平面及系统图中无法清楚表达的部位，应单独编号另绘详图，以便正确指导施工。

5. 设备与主要材料明细表

设备与主要材料明细表是施工图的重要组成部分。至少应包括序号（或编号），设备名称、技术要求，材料名称、规格或物理性能，数量，单位，备注栏。

3.6.2 室内供暖施工图一般规定与常用图例

室内供暖施工图一般规定应符合《暖通空调制图标准》（GB/T 50114—2010）和《供热工程制图标准》（CJJ/T 78—2010）的规定。

1. 比例

室内供暖施工图的比例一般为 1：200、1：100、1：50。

2. 系统编号

一个工程设计中供暖工程同时有两个及两个以上的不同系统时，应进行系统编号。供暖系统编号、入口编号，应由系统代号和顺序号组成。系统代号由大写拉丁字母表示（室内供暖系统用"N"表示），顺序号由阿拉伯数字表示，如图 3-10a 所示。系统编号宜标注在系统总管处。当一个系统出现分支时，可采用图 3-10b 所示的画法。

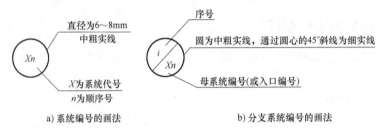

a) 系统编号的画法　　　　　　　　　b) 分支系统编号的画法

图 3-10　系统代号、编号的画法

3. 立管编号

竖向布置的垂直管道，应标注立管编号，如图 3-11 所示。在不致引起误解时，可只标注序号，但应与建筑轴线编号有明显区别。

4. 标高

标高以米为单位，精确到厘米或毫米。水、汽管道所注标高未予说明时，表示管中心标高。如标注管外底或顶标高时，应在数字前

图 3-11　立管编号的画法

加"底"或"顶"字样。标高符号应以直角等腰三角形表示。管道标高在平面图、系统图中的标注图示参考项目 1。

5. 管径

低压流体输送用焊接管道规格应标注公称通径"DN"或公称压力"PN"，如 DN15、DN32；输送流体用无缝钢管、螺旋缝或直缝焊接钢管、铜管、不锈钢管，用"D（或 Φ）外径×壁厚"表示，如 $D108×4$、$\Phi108×4$；金属或塑料管用"d"表示，如 $d10$。管径的标注图示参考项目 1。

6. 室内供暖施工图常用图例

供暖施工图图例详见《暖通空调制图标准》（GB/T 50114—2010）和《供热工程制图标准》（CJJ/T 78—2010）标准的规定。摘录部分常用图例见表 3-1。

表 3-1　供暖施工图常用图例

序号	名　称	图　例	备注
1	（供暖、生活、工艺用）热水管	—— R ——	1. 用粗实线、粗虚线代表供回水管时可省略代号 2. 可附加阿拉伯数字 1、2 区分供水、回水
2	蒸汽管	—— Z ——	

（续）

序号	名　称	图　例	备注
3	凝结水管	——— N ———	
4	膨胀水管、排污管、排气管、旁通管	——— P ———	
5	补给水管	——— G ———	
6	泄水管	——— X ———	
7	循环管、信号管	——— XH ———	循环管用粗实线,信号管为细虚线
8	溢排管	——— Y ———	
9	绝热管		
10	方形补偿器		
11	套管补偿器		
12	波形补偿器		
13	弧形补偿器		
14	球形补偿器		
15	流向		
16	丝堵		
17	滑动支架		
18	固定支架		
19	手动调节阀		
20	减压阀		右侧为高压端
21	膨胀阀		也称"隔膜阀"
22	平衡阀		
23	快放阀		也称快速排污阀
24	三通阀	或	
25	四通阀		
26	疏水阀		
27	散热器放风门		
28	手动排气阀		

（续）

序号	名　　称	图　　例	备注
29	自动排气阀		
30	集气罐		
31	散热器三通阀		
32	节流孔板、减压孔板		
33	散热器		
34	可曲挠橡胶软接头		
35	过滤器		
36	除污器		
37	暖风机		
38	水泵		左侧为进水，右侧为出水

3.6.3　供暖施工图识读

1. 室内供暖施工图识读方法

识读图样的方法没有统一规定，可按适合自己能够迅速熟读图样的方法进行识读。这需要在掌握供暖系统组成、系统形式、安装施工工艺、施工图常用图例及表示方法等知识的基础上，多进行识图练习，并不断总结，灵活掌握识图的基本方法，形成适于自己迅速、全面识读图样的方法。

识读室内供暖施工图的基本方法和顺序如下：

（1）熟悉、核对施工图　迅速浏览施工图，了解工程名称、图样内容、图样数量、设计日期等。对照图样目录，检查整套图样是否完整，确认无误后再正式识读。

（2）认真阅读施工图设计与施工说明　通过阅读文字说明，能够了解供暖工程概况，有助于读图过程中，正确理解图样中用图形无法表达的设计意图和施工要求。

（3）以系统为单位进行识读　识读时必须分清系统，不同编号的系统不能混读。可按水流方向识读，先找到供暖系统的入口，按供水总管、供水水平干管、供水立管、供水支管、散热设备、回水支管、回水立管、回水水平干管、回水总管的顺序识读；也可按从主管到支管的顺序识读，先看总管，再看支管。

（4）平面图与系统图对照识读　识读时应将平面图与系统图对照起来看，以便相互补充和相互说明，建立全面、完整、细致的工程形象，以全面掌握设计意图。

（5）细看安装大样图　安装大样图很重要，用以指导正确的安装施工。安装大样图多选用全国通用标准安装图集，也可单独绘制。对单独绘制的安装大样图，也应将平面大样与系统大样对照识读。

2. 室内供暖工程施工图识读实例

现以某五层住宅楼供暖工程施工图为例进行识读，施工图如图3-1~图3-7所示。

（1）施工图简介　该住宅楼供暖工程施工图内容包含设计与施工说明（图3-1）、平面图两张（图3-2、图3-3）、系统图三张（图3-4~图3-6）、剖面图一张（图3-7）。所示图样只选取了该住宅楼A、B两种户型共三个单元的供暖工程内容。

（2）工程概况　该工程为5层住宅楼，每层层高2.8m，室外地坪标高为-1.20m。阅读设计及施工说明，可知该工程供暖热媒为95/70℃的低温热水，三个单元的系统热负荷分别为32434W、32972W、35592W。供暖系统形式为下供下回单管水平串联式，为一户一表的分户独立供暖系统。明装管道采用热镀锌钢管，DN≤50采用螺纹连接，DN>50采用焊接；埋地部分采用铝塑复合管，热熔连接。分户热量表前采用锁闭阀，其他均采用闸阀，DN≤50采用螺纹连接，DN>50采用焊接。散热器采用灰铸铁柱翼型TFD2-6-5及TFD2-3-5挂装，每组散热器上安装$\Phi6$的手动放气阀1个。明装管道及散热器除锈后，刷红丹防锈漆两道，白色调和漆两道。敷设在地沟内的采暖管道刷红丹防锈漆两道，采用5cm厚的聚氨酯泡沫块保温，外缠玻璃丝布两道，布面刷灰色调和漆两道。

（3）施工图解读　识读图样时可先粗看系统图，对供暖管道的走向建立大致的空间概念，然后将平面图与系统图对照，按供暖热媒的流向顺序识读，对照出各管段的管径、标高、坡度、位置等，再看散热设备的位置及标注的数量等。

该供暖工程施工图中，每个单元设一个供暖系统，所示图样内容有$\dfrac{R}{1}$、$\dfrac{R}{2}$、$\dfrac{R}{3}$三个供暖系统。识读时应以系统为单位，分别识读每个供暖系统。现重点识读A户型的供暖系统。

1）供、回水总管：从图3-2一层供暖平面图可看出，该住宅楼A户型供暖系统入口位于建筑物以南Ⓐ轴外墙外侧、①轴右侧，系统编号为$\dfrac{R}{1}$，供水总管编号为R1，回水总管编号为R2，由南向北引入建筑物楼梯间。对照图3-4供暖系统图，可看出供水总管标高为-1.70m，回水总管标高为-1.90m，管径均为DN50，供暖系统入口做法见新02N01-9图集。

2）供、回水水平干管：继续看图3-2，供水总管R1引入Ⓐ轴外墙后，向西行至④轴楼梯间内墙的右侧，向上引出分户供水立管NL1，并在管段中间向上分出楼梯间供水立管NLA。对照图3-4可看出，供水水平干管管径为DN50，标高为-1.70m。回水总管R2引入Ⓐ轴外墙后分支，向东行至⑥轴楼梯间内墙左侧，管径为DN20，向上引出楼梯间回水立管NLA′；向西行至④轴楼梯间内墙右侧，管径为DN50，向上引出分户回水立管HL1，回水水平干管标高为-1.90m。

3）供、回水立管：看图3-3，图中A户型的立管NL1、NLA、NLA′、HL1，其位置与图3-2中相同编号的立管位置对应相同。对照图3-4，可看出立管各管段的管径。NL1、HL1立管管径有DN50、DN40、DN32、DN25、DN20，管段变径一般在立管与楼层支管连接分支处。NLA、NLA′立管管径为DN20，立管底部均设有阀门。

4）楼层水平串联管：从图3-4可看出，二~五层散热器水平串联管布置相同，一层有所不同。先看一层水平串联管,由供水立管 NL1 分出两路支管供给楼层用户,管段上设有锁闭阀、热量表,管路末端断开点分别标注 C、D;回水立管 HL1 上接入两路楼层用户回水支管,管段上设有阀门,管路末端断开点分别标注 E、F,四根支管管径均为 DN20。对照图 3-2,可看到一层平面 A 户型ⓒ轴方向楼梯间处有四个断开接点,楼梯间左户接 C 点供水支管,热水沿顺时针方向顺次流过各组散热器,散热后接入 E 点回水支管;楼梯间右户接 D 点供水支管,热水沿逆时针方向顺次流过各组散热器,散热后接入 F 点回水支管。再对照图 3-5 一层户内采暖系统图,可看到水平串联支管各管段的管径、空间走向。

再看二~五层散热器水平串联管,图 3-4 中 NL1 立管分出两路支管,两路支管回入 HL1 立管,支管上同样设有锁闭阀、热量表、阀门,支管管径均为 DN20。对照图 3-3,可看到二~五层平面 A 户型ⓐ轴方向楼梯间处,NL1 立管分支为两路,向西、向东分别供给左、右楼层用户,热水顺次流过户内各组散热器后,沿西、东向流回到 HL1 立管。再对照图 3-5,可看到水平串联支管各管段的管径、空间走向。

5)散热设备:平面图中,一般在各组散热器旁标注其数量,并可在数量旁标注楼层。例如图 3-3 中,看②轴与④轴之间,A 轴外墙内侧的客厅散热器标注,表示第二层散热器为 22 片,第三、四层散热器为 17 片,第五层散热器为 23 片。系统图中,一般将散热器数量标注在散热器图例中间,系统图标注应与平面图标注一致。看图 3-4 可知,各楼层每组散热器上均安装手动放气阀 1 个以便于排气。

6)其他:为了清楚地表达一层供暖系统楼梯间管道、设备安装,该工程绘制了如图 3-7 所示的一层楼梯间设备安装剖面图。看图可知,一层楼梯间地面标高为−0.90m,楼梯间休息平台地面标高为 1.40m,楼梯间散热器为挂装。NL1、HL1 分支的供、回水支管间敷设垂直间距为 0.3m,最低处回入 HL1 的回水支管距楼梯间地面为 1.2m。

【本单元关键词】

供暖系统施工图组成　供暖系统常用图例　供暖系统施工图识图

【单元测试】

一、多项选择题

室内供暖施工图一般由(　　　)等组成。

A. 详图　　　　　　　　B. 设备及主要材料明细表

C. 设计施工说明　　　　D. 平面图　　　　　E. 系统图

二、单项选择题

识读室内供暖施工图的基本方法和顺序,以下排序正确的是(　　　)。

①认真阅读施工图设计与施工说明　　②以系统为单位进行识读　　　③熟悉、核对施工图　　　④平面图与系统图对照识读　　　⑤细看安装大样图

A. ①②③④⑤　　　　B. ③①②④⑤　　　C. ①④②③⑤　　　D. ①②④⑤③

三、判断题

1. 供暖轴侧图主要作用是确定供暖系统管道及设备的位置。图样内容应反映供暖系统入口位置及系统编号;室内地沟的位置及尺寸;干管、立管、支管的位置及立管编号;散热设备的位置及数量;其他设备的位置及型号等。(　　　)

2. ┌─┐ 图例为减压阀。(　　　)

3. ──── R ──── 图例为热水管。(　　　)

本项目小结

1）供暖系统主要由热源、供暖管道、散热设备三个基本部分与辅助设备及附件组成。

2）供暖系统按其作用范围、热媒种类、热源种类、供回水管道与散热器连接方式、散热设备散热方式等有不同的分类方法。民用建筑多采用集中热水供暖系统，按热水温度分为低温水、高温水系统；按循环动力分为自然循环、机械循环系统。

3）高层建筑热水供暖系统常用的形式有竖向分区式、双线式、单双管混合式系统。

4）集中供暖分户热计量系统可根据采用的热量计量方式采用垂直式或共用立管的分户独立供暖系统。低温热水地板辐射供暖（简称地暖）是辐射供暖中应用较多的一种。

5）室内供暖系统安装施工工艺流程为：安装准备→预制加工→卡架安装→供暖总管安装→供暖干管安装→供暖立管安装→散热设备安装→供暖支管安装→系统水压试验→冲洗→防腐→保温→调试。

6）管道穿过墙壁和楼板，应设置金属或塑料套管。安装在楼板内的套管，其顶部应高出装饰地面20mm；安装在卫生间及厨房内的套管，其顶部应高出装饰地面50mm，底部应与楼板底面相平；安装在墙壁内的套管其两端与饰面相平。

7）供暖系统安装完毕，管道保温之前应进行水压试验。系统冲洗完毕应充水、加热，进行试运行和调试。

8）散热器按材质分为铸铁、钢制、铝制、全铜、塑料、钢（铜）铝复合散热器等；按其结构形式分为翼型、柱型、管型、板型等；按其传热方式分为对流型和辐射型。

9）供暖系统设有排气装置，主要有手动排气阀、集气罐、自动排气阀。

10）室内供暖施工图一般由设计与施工说明、供暖平面图、供暖系统图、详图、设备与主要材料明细表等组成。

11）识读供暖施工图时，应首先熟悉施工图，核对整套图样是否完整，再阅读施工图设计与施工说明，以系统为单位进行识读，并将平面图与系统图对照识读。可按水流方向识读，也可按主管到支管的顺序识读。

项目 4

燃气工程

【项目引入】

随着生活水平的提高，燃气已经走进了千家万户，成为我们每天生活中的必需品，燃气从哪里来？燃气是怎么输送的？燃气系统中有哪些设备？怎么安装的？这些问题都将在本项目中找到答案。

本项目主要以某住宅楼燃气施工图为载体，介绍燃气系统及其施工图的识读，图样内容如图 4-1~图 4-7 所示。

1. 本工程采用天然气作为燃料，密度为 $0.64kg/m^3$，热值约为 $35160kJ/m^3$。

2. 本工程住宅楼每户考虑安装一台双眼灶和一台燃气热水器，每户用气量 $2.5m^3/h$，总用气量 $50m^3/h$。

3. 本工程采用低压供气：室外燃气管由市政中压燃气干管接入，经过室外调压柜调至低压，由室外接入各户厨房内燃气立管。

4. 燃气引入管采用无缝钢管，立管与室内管道采用热镀锌钢管。

5. 室外埋地钢管均采用焊接，不得采用螺纹连接，室内燃气管道均采用螺纹连接。

6. 表前设球阀，灶前采用紧接式或插口式旋塞。

7. 室内燃气管道安装完毕后，应根据规范要求进行强度和气密性试验。

8. 在完成强度和气密性试验后，除镀锌钢管外，所有管道和铁件经除锈后刷红丹防锈漆两道，再刷白色调和漆两道。

9. 钢质埋地燃气管需做环氧煤沥青防腐涂层并辅以阴极保护措施。

图 4-1　某住宅楼燃气设计及施工说明

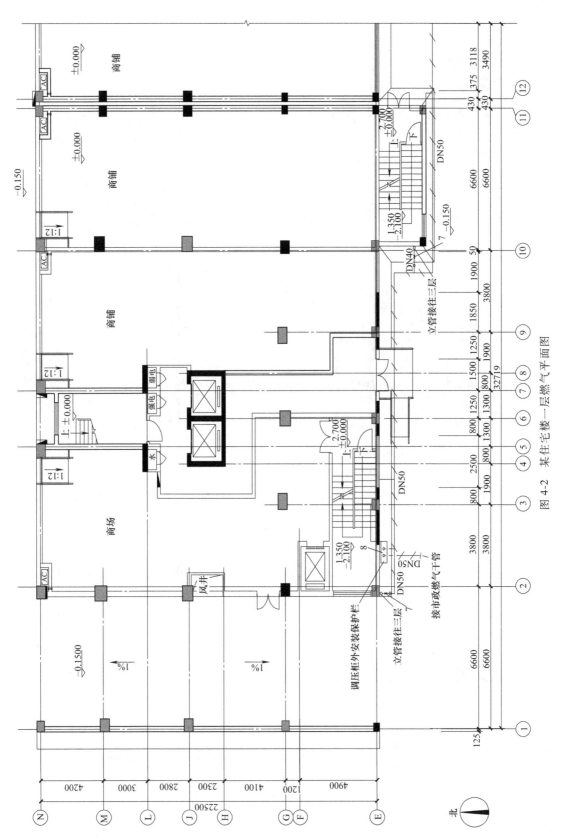

图4-2　某住宅楼一层燃气平面图

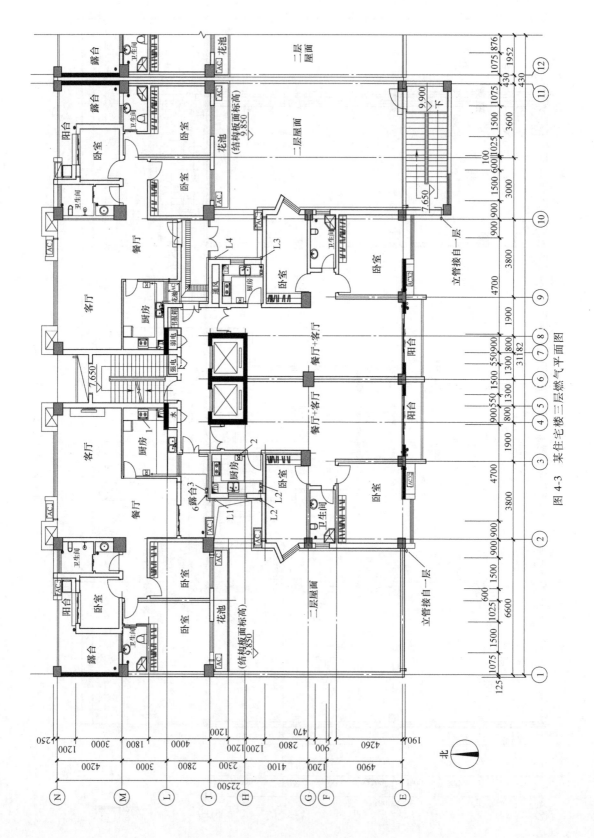

图 4-3 某住宅楼三层燃气平面图

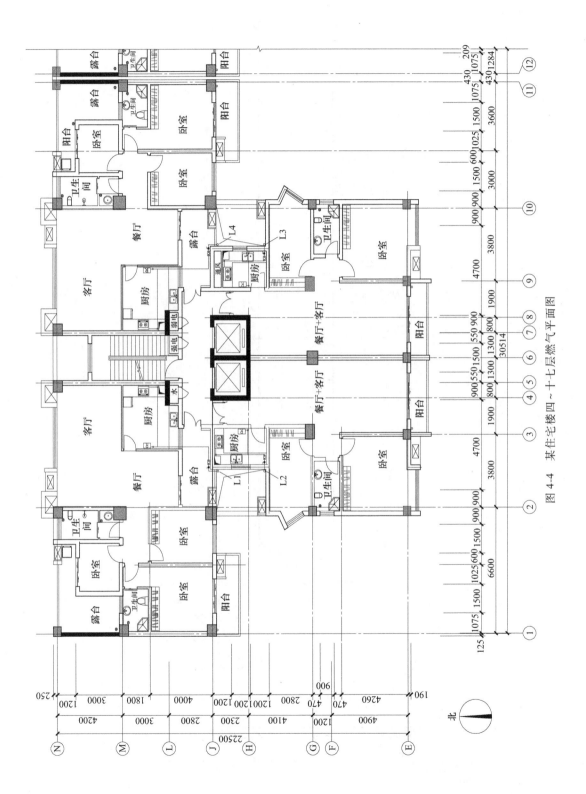

图 4-4　某住宅楼四~十七层燃气平面图

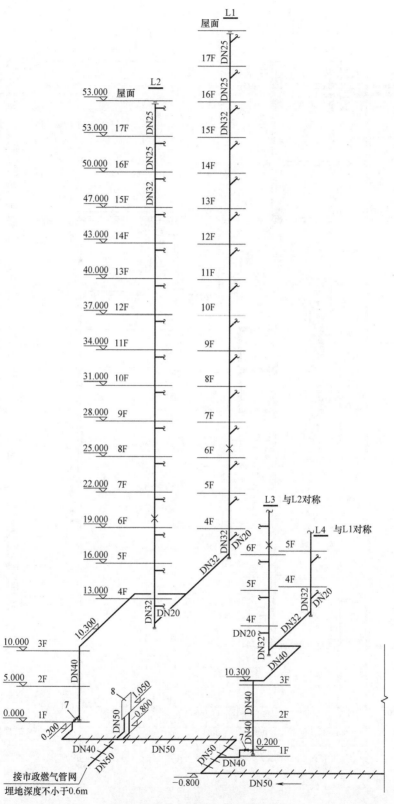

图 4-5　某住宅楼燃气管道系统图

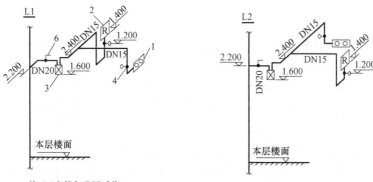

注:L4立管与此图对称。　　　　　　　　　　注:L3立管与此图对称。

图 4-6　某住宅楼厨房燃气管道系统图

序号	名称	型号及规格	单位	数量	备注
1	燃气双眼灶		台	120	适用天然气
2	燃气热水器	强排式或强制平衡式	台	120	适用天然气
3	IC卡燃气表	膜式，$Q=2.5m^3/h$	个	120	适用天然气
4	燃气旋塞	紧接式，DN15	个	240	
5	可燃气体报警器		个	120	
6	燃气球阀	DN20	个	120	
7	快速切断阀	DN40	个	4	
8	中低压悬挂式调压柜	额定流量:50m³/h 入口压力:中压B级 出口压力:2000~3000Pa可调 箱底安装高度:1.2m	个	1	适用天然气带超压保护装置

⚊⚊⚊	燃气管
⟋⟋⟋⟋⟋⟋	埋地燃气管
⚊•⚊	球阀
⚊⚊⚊	紧接式转心阀
i=0.003	管道坡向及坡度
⊙⊙	燃气双眼灶
⚊⊙⚊ ⊠	燃气计量表
Ⓡ	燃气热水器

图 4-7　某住宅楼燃气施工图图例及主要设备材料表

【学习目标】

知识目标：了解燃气的分类及其性质；了解城镇燃气供应系统的组成，城市燃气管网系统按压力级制的分类；熟悉室内燃气供应系统的组成；了解室内燃气管道、燃气计量表、燃气用具、燃气管道附件和附属设备的布置、安装基本要求。

技能目标：掌握室内燃气工程施工图的常用图例及其识读方法。

素质目标：培养科学严谨精益求精的职业态度、团结协作的职业精神。

【学习重点】

1）室内燃气供应系统的组成。

2）室内燃气管道布置、安装。

3）室内燃气工程施工图。

【学习难点】

名词陌生，与实物对应困难。

【学习建议】

1）燃气的分类、城镇燃气供应系统知识做一般的了解，应着重于室内燃气供应系统的组成、安装施工与识图内容的学习。

2）室内燃气供应系统在民用住宅建筑中应用广泛，学习过程中若有疑难问题，可多观察建筑中已安装系统的材料及设备实物，或到施工现场了解系统安装施工过程。也可多渠道查阅资料，以拓宽知识面、加深理解。

3）多做施工图识读练习，着重培养室内燃气工程施工图识读能力。

4）应按学习进度逐步完成章后的思考题与习题，通过逐步练习巩固所学知识。

【项目导读】

实践操作（步骤/技能/方法/态度）。

我们需从了解燃气的分类基本知识开始，了解城镇燃气供应系统的组成及城市燃气管网系统的分类，然后着重学习室内燃气供应系统的组成、安装施工、施工图常用图例及识读方法，从而熟悉室内燃气工程施工工艺流程，并具备熟读施工图的能力，为室内燃气工程算量与计价打下基础。

【本项目内容结构】

燃气工程内容结构如图 4-8 所示。

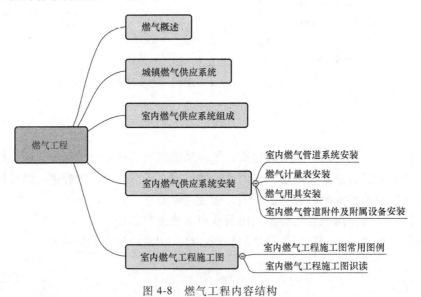

图 4-8　燃气工程内容结构

4.1　燃气概述

1. 燃气的成分

气体燃料相比固体燃料，具有热能利用率高、环境污染小、清洁卫生、便于输送等优点。各种气体燃料通称为燃气。

2. 燃气的分类及其性质

燃气的种类很多，按其来源可分为天然气、人工燃气、液化石油气和沼气。

（1）天然气　存在于地下自然生成的以甲烷（CH_4）为主的可燃气体称为天然气。

（2）人工燃气　人工燃气又称人工煤气，是将固体燃料（主要为煤）或液体燃料（如重油）加工所得到的可燃气体。

（3）液化石油气　液化石油气是在开采和炼制石油的过程中，作为副产品而获得的一部分碳氢化合物。

（4）沼气　沼气又称生物气，是各种有机物质在隔绝空气的条件下发酵，并在微生物的作用下产生的可燃气体。

【本单元关键词】

燃气分类　性质

【单元测试】

一、多项选择题

燃气的种类很多，按其来源可分为（　　　）。

A. 沼气　　　　　B. 液化石油气　　　　　C. 人工燃气　　　　　D. 天然气

二、单项选择题

1. 存在于地下自然生成的以甲烷（CH_4）为主的可燃气体称为（　　　）。

A. 沼气　　　　　B. 液化石油气　　　　　C. 人工燃气　　　　　D. 天然气

2. 将固体燃料（主要为煤）或液体燃料（如重油）加工所得到的可燃气体为（　　　）。

A. 沼气　　　　　B. 液化石油气　　　　　C. 人工燃气　　　　　D. 天然气

3. 在开采和炼制石油的过程中，作为副产品而获得的一部分碳氢化合物为（　　　）。

A. 沼气　　　　　B. 液化石油气　　　　　C. 人工燃气　　　　　D. 天然气

4. 各种有机物质在隔绝空气的条件下发酵，并在微生物的作用下产生的可燃气体为（　　　）。

A. 沼气　　　　　B. 液化石油气　　　　　C. 人工燃气　　　　　D. 天然气

4.2　城镇燃气供应系统

1. 城镇燃气供应系统组成

城镇燃气供应系统由气源、城市燃气输配系统、燃气用户三个部分组成。

（1）气源　即燃气供应的来源，是指气源厂、燃气分配站或压送站、储罐站等。

（2）城市燃气输配系统　由气源到燃气用户之间的一系列燃气输送和分配设施组成。包括城市燃气管网、调压计量站或区域调压室、电信与自动化控制系统等。

城市燃气输配流程为：气源→储配站→城市燃气高、中压管网→区域调压室（或调压计量站）→燃气用户。

（3）燃气用户　是指室内燃气供应系统或工业用气用户。

2. 燃气管道分类

（1）根据用途分类　可分为长距离输气管线、城市燃气管道、工业企业燃气管道。

（2）根据敷设方式分类　可分为地下敷设燃气管道、架空敷设燃气管道。

（3）根据输气压力分类　可分为低压、中压、次高压、高压、超高压燃气管道。

1）低压燃气管道：压力 $p \leqslant 0.005$MPa。

2）中压燃气管道：压力为 0.005MPa$<p \leqslant 0.15$MPa。

3）次高压燃气管道：压力为 0.15MPa$<p \leqslant 0.3$MPa。

4）高压燃气管道：压力为 0.3MPa$<p \leqslant 0.8$MPa。

5）超高压燃气管道：压力 $p>0.8$MPa。

（4）按管网形状分类　可分为环状管网、枝状管网、环枝状管网。

城市燃气管网系统各级压力的干管，特别是中压以上压力较高的管道，应连成环状管网。

3. 城市燃气管网系统分类

城市燃气管网是城市燃气输配系统的主要部分，根据管网压力级制的不同可以分为：

（1）一级管网系统　仅用低压管网来输送和分配燃气。一般适用于小城镇。

（2）二级管网系统　由低压和中压或低压和次高压二级管网组成。一般适用于中小型城市。

（3）三级管网系统　由低压、中压（或次高压）和高压三级管网组成。一般适用于大型城市。

（4）多级管网系统　由低压、中压、次高压、高压、超高压管网相连所组成的四级或五级管网。一般适用于特大型城市。

高、中压管网的主要功能是输气，中压管网还有向低压管网配气的作用。低压管网的主要功能是直接向燃气用户配气，是最基本的管网。

【本单元关键词】

城镇燃气供应系统组成　燃气管道分类　城市燃气管网系统分类

【单元测试】

一、多项选择题

1. 城镇燃气供应系统由（　　）三个部分组成。

A. 城市燃气输配系统　　　B. 燃气用户　　　C. 燃管道　　　D. 气源

2. 燃气管道根据用途分类，可分为（　　）。

A. 长距离输气管线　　　　　　　　　B. 工业企业燃气管道

C. 城市燃气管道　　　　　　　　　　D. 城镇燃气管道

3. 燃气管道根据敷设方式分类，可分为（　　）。

A. 地下敷设燃气管道　　　　　　　　B. 地面敷设燃气管道

C. 涵洞敷设燃气管道　　　　　　　　D. 架空敷设燃气管道

4. 燃气管道根据输气压力分类，可分为（　　）燃气管道。

A. 超高压　　　　　　B. 高压　　　　　　C. 次高压

D. 中压　　　　　　　　E. 低压

二、判断题

二级管网系统仅用低压管网来输送和分配燃气，一般适用于小城镇。（　　　）

4.3　室内燃气供应系统组成

室内燃气供应系统由用户引入管、水平干管、立管、用户支管、燃气计量表、下垂管、用具连接管、燃气用具、燃气管道附件及附属设备组成，如图4-9所示。

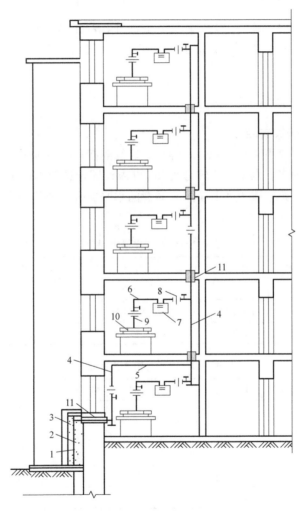

图4-9　室内燃气供应系统

1—用户引入管　2—砖台　3—保温层　4—立管　5—水平干管　6—用户支管
7—燃气计量表　8—旋塞阀及活接头　9—用具连接管　10—燃气用具　11—套管

【本单元关键词】

室内燃气供应系统组成

【单元测试】

多项选择题

室内燃气供应系统由用户（　　）和燃气计量表、下垂管、用具连接管、燃气用具、燃气管道附件及附属设备组成。

A. 水平干管　　　　　　　B. 引入管　　　　　　C. 立管　　　　　　D. 用户支管

4.4 室内燃气供应系统安装

室内燃气供应系统安装施工工艺流程为：安装准备→预制加工→卡架安装→管道系统安装→燃气计量表安装→管道吹扫→管道试压（强度、严密性试验）→防腐、刷油→燃气用具安装。

4.4.1 室内燃气管道系统安装

1. 室内燃气管道卡架安装

室内燃气管道的支撑不得设在管件、焊口、螺纹连接口处，可采用管卡、托架、吊架等形式。立管宜以管卡固定，水平管道转弯处 2m 以内设固定托架不应少于一处。钢管的水平管和立管支承的最大间距宜按表 4-1 选择；铜管的水平管和立管支承的最大间距宜按表 4-2 选择。

表 4-1　钢管支撑最大间距

公称直径/mm	DN15	DN20	DN25	DN32	DN40	DN50	DN70	DN80
最大间距/m	2.5	3.0	3.5	4.0	4.5	5.0	6.0	6.5
公称直径/mm	DN100	DN125	DN150	DN200	DN250	DN300	DN350	DN400
最大间距/m	7.0	8.0	10.0	12.0	14.5	16.5	18.5	20.5

表 4-2　铜管支撑最大间距

公称外径/mm		15	18	22	28	35	42	54
最大间距/m	立管	1.8	1.8	2.4	2.4	3.0	3.0	3.0
	水平管	1.2	1.2	1.8	1.8	2.4	2.4	2.4
公称外径/mm		67	85	108	133	159	219	
最大间距/m	立管	3.5	3.5	3.5	4.0	4.0	4.0	
	水平管	3.0	3.0	3.0	4.5	4.5	4.5	

2. 室内燃气管道安装

室内燃气管道的供气压力，公共建筑和居民用户、中压用户不得超过 0.2MPa，低压用户不得超过 0.005MPa。

（1）室内燃气管道的管材及连接方式　燃气管道的管材有钢管、铸铁管、不锈钢管、预应力钢筋混凝土管、塑料管等。室内燃气管道使用的管道、管件及管道附件，当设计文件无明确规定时，DN≤50 宜采用镀锌钢管或铜管，铜管宜采用牌号为 TP2 的管材。

燃气管道的连接方式应符合设计文件的规定。当设计文件无规定时，DN≤50 的燃气管道宜采用螺纹连接，螺纹接头宜采用聚四氟乙烯带做密封材料；DN>50 或使用压力超过10kPa 的燃气管道宜采用焊接连接；铜管应采用硬钎焊连接，不得采用对接焊和软钎焊。凡有阀门等附件处可采用法兰或螺纹连接，法兰宜采用平焊法兰；螺纹管件宜采用可锻铸铁管件。铜管与球阀、燃气计量表及螺纹连接附件连接时，应采用承插式螺纹管件连接，弯头、三通可采用承插式铜配件或承插式螺纹连接件。

（2）室内燃气管道布置、敷设一般要求　室内燃气管道不得穿过易燃易爆品的仓库、变配电室、卧室、浴室、密闭地下室、厕所、空调机房、防烟楼梯间、电梯间及其前室等房间，也不得穿过电缆沟、暖气沟、烟道、风道、垃圾道等处。当不得不穿过时，必须采用焊接连接并设置在套管中。

室内燃气管道不应敷设在潮湿或有腐蚀性介质的房间内。当必须敷设时，必须采取防腐蚀措施。

室内燃气管道应有防雷、防静电措施。暗埋的燃气铜管或不锈钢波纹管不应与各种金属和电线相接触，当不可避让时，应用绝缘材料隔开。

室内燃气管道和电气设备、相邻管道之间的净距不应小于表 4-3 的规定。

表 4-3　室内燃气管道和电气设备、相邻管道之间的净距

管道和设备		与燃气管道之间的净距/mm	
		平行敷设	交叉敷设
电气设备	明装的绝缘电线或电缆	250	100（注）
	暗装的或放在管子中的绝缘电线	50（从所做的槽底或管子的边缘算起）	10
	电压小于 1000V 的裸露电线的导电部分	1000	1000
	配电盘或配电箱	300	不允许
相邻管道		应保证燃气管道和相邻管道的安装、安全维护和修理	20

注：当明装电线与燃气管道交叉净距小于 100mm 时，电线应加绝缘套管，绝缘套管的两端应各伸出燃气管道 100mm。

（3）室内燃气管道安装　室内燃气管道的安装程序为：用户引入管→水平干管→立管→用户支管→下垂管→用具连接管。

3. 室内燃气管道吹扫、试压

（1）管道吹扫　室内燃气管道在进行强度试验前应吹扫干净，吹扫介质宜采用空气，也可采用氮气。吹扫应不带燃气表进行，应反复数次直到吹净为止。

（2）管道试压　室内燃气管道安装完毕后，必须进行强度和严密性试验。试验介质宜采用空气，也可以采用氮气等惰性气体，严禁用水。试验温度应为常温。

1）强度试验。室内燃气管道强度试验的范围，居民用户为引入管阀门至燃气计量表进口阀门（含阀门）之间的管道；工业企业和商业用户为引入管阀门至燃具接入管阀门（含阀门）之间的管道。试验时不包括燃气表，装表处应用短管将管道暂时先联通。

2）严密性试验。应在强度试验之后进行，试验范围应为引入管阀门至燃具前阀门之间的管道。试验时发现的缺陷，应在试验压力降至大气压时进行修补。修补后应进行复试。

4．室内燃气管道防腐、刷油

室内明设燃气管道及其附件的涂漆，应在试压合格后进行。采用钢管焊接时，应在除锈后先将全部焊缝处刷两道防锈底漆，然后再全面涂刷两道防锈底漆和两道面漆；采用镀锌钢管螺纹连接时，其管件连接处安装后应先刷一道防锈底漆，然后再全面涂刷两道面漆。面漆一般为黄色油漆或按当地规定执行。

暗埋的铜管或不锈钢波纹管的色标，宜采用在覆盖层的砂浆内掺入带色染料的形式或在覆盖层外涂色标。当设计无明确规定时，色标宜采用黄色。

4.4.2　燃气计量表安装

燃气计量表的安装位置应满足抄表、检修和安全使用的要求。用户室外安装的燃气计量表应装在防护箱内。

1．家用燃气计量表安装

燃气计量表应使用专用的表连接件安装，安装后应横平竖直，不得倾斜。

2．商业及工业企业燃气计量表安装

额定流量小于 $50m^3/h$ 的燃气计量表，高位安装时，表底距室内地面不宜小于1.4m，表后距墙不宜小于30mm，并应加表托固定；低位安装时，应平正地安装在高度不小于200mm的砖砌支墩或钢支架上，表后距墙不应小于50mm。额定流量大于或等于 $50m^3/h$ 的燃气计量表，应平正地安装在高度不小于200mm的砖砌支墩或钢支架上，表后距墙不应小于150mm。

工业企业多台并联安装的燃气计量表，每块燃气表进出口管道上应安装阀门，表之间的净距应能满足安装管道、组对法兰、维修和换表的需要，并不宜小于200mm。燃气计量表与各种灶具和设备的水平距离应符合规范规定。

4.4.3　燃气用具安装

1．家用燃气灶具安装

家用燃气灶宜设在具有自然通风和自然采光的厨房内，一般靠近不易燃的墙壁放置。当房间为木质墙壁时，应做隔热处理。

2．公共建筑用户灶具安装

公共建筑用户灶具按灶具结构可分为钢结构组合、混合结构、砖结构灶具，安装时应符合规范规定。

3．燃气热水器安装

燃气热水器不宜直接设在浴室内，可装在厨房或通风良好的过道内，但不宜装在室外。

4.4.4　室内燃气管道附件及附属设备安装

为保证室内燃气供应系统安全运行，并考虑检修、接管的需要，应在燃气管道的适当地点设置管道附件及附属设备。通常有阀门、补偿器、放散管等。

1．阀门安装

闸阀、蝶阀、有驱动装置的截止阀或球阀只允许安装在水平管道上，其他阀门不受此限制。阀门安装前应做强度和严密性试验。

2. 补偿器安装

补偿器用于管道上，消除因管段膨胀对管道所产生的应力。燃气管道必须考虑在工作环境温度下的极限变形，当自然补偿不能满足要求时应设补偿器，补偿器宜采用方形或波纹管型，不宜采用填料型补偿器。

3. 放散管安装

放散管是专门用来排放燃气管道中的空气或燃气的装置。

工业企业用气车间、锅炉房及大中型用气设备的燃气管道上应设放散管。放散管管口应高出屋脊1m以上，并应采取防止雨雪进入管道和防止放散物进入房间的措施。放散管设在阀门井中时，在环状管网阀门的前后都应安装，而在单向供气的管道上则安装在阀门之前。

【本单元关键词】

安装工艺流程　室内燃气管道系统安装　燃气管道吹扫、试压　燃气用具安装　附属设备安装

【单元测试】

一、多项选择题

1. 室内燃气系统的附属设备的安装包括（　　）。

A. 补偿器　　　　　B. 阀门　　　　　C. 放散管　　　　　D. 计量仪表

2. 燃气管道的管材有（　　）等。

A. 波纹管　　　　　B. 钢管　　　　　C. 铸铁管　　　　　D. 不锈钢管

E. 预应力钢筋混凝土管　　　　　F. 塑料管

二、判断题

1. 室内燃气供应系统安装施工工艺流程为：安装准备→预制加工→卡架安装→管道系统安装→燃气计量表安装→管道试压→管道吹扫→防腐、刷油→燃气用具安装。（　　）

2. 室内燃气管道的安装程序为：用户引入管→水平干管→立管→下垂管→用户支管→用具连接管。（　　）

3. 室内燃气管道安装完毕后，必须进行强度和严密性试验。试验介质宜采用空气，也可以采用氮气等惰性气体，严禁用水。试验温度应为常温。（　　）

4.5　室内燃气工程施工图

4.5.1　室内燃气工程施工图常用图例

室内燃气工程施工图常用图例见表4-4。

4.5.2　室内燃气工程施工图识读

1. 室内燃气工程施工图识读方法

识读室内燃气工程施工图，应首先熟悉施工图，对照图样目录，核对整套图样是否完

整，确认无误后再正式识读。识读图样的方法没有统一规定，识读时应注意以下几点：

表 4-4　室内燃气工程施工图常用图例

图例	设备名称	图例	设备名称
——————	燃气管道	～	软管
—— · ——	液化石油气液相管		安全放散阀
	角阀		调压箱
	法兰连接球阀		调压器
	螺纹连接球阀		防爆轴流风机
	紧急切断阀		Y形过滤器
○ ○	双眼灶		穿楼板加套管
●	热水器		穿非承重墙套管
■	采暖炉		烟道
⊠	膜式燃气表	·	立管、下垂管
	活接头		变径
	清扫口堵头		

（1）认真阅读施工图设计与施工说明　读图之前应先仔细阅读设计与施工说明，通过文字说明能够了解燃气工程总体概况，了解图样中用图形无法表达的设计意图和施工要求，如燃气介质种类、燃气气源、总用气量、燃气管压力级制、管道材质及其连接方法、防腐保温的做法、管道附件及附属设备类型、系统吹扫和试压要求、施工中应执行和采用的规范、标准图号等。

（2）以系统为单位进行识读　识读时以系统为单位，可按燃气介质的输送流向识读，按用户引入管、水平干管、立管、用户支管、下垂管、燃气用具的顺序识读。

（3）平面图与系统图对照识读　识读时应将平面图与系统图对照起来看，以便相互补充和说明，以全面、完整地掌握设计意图。平面图和系统图中进行编号的设备、材料图形符号，应对照查看主要设备及材料明细表，以正确理解设计意图。

（4）仔细阅读安装大样图　安装大样图多选用全国通用燃气标准安装图集，也可单独绘制，用来详细表示工程中某一关键部位的安装施工，或平面及系统图中无法清楚表达的部位，以便指导正确安装施工。

2. 室内燃气工程施工图识读实例

现以某十七层商业住宅楼燃气工程施工图为例进行识读，施工图如图4-1~图4-7所示。

（1）施工图简介 该住宅楼燃气工程施工图内容包含设计及施工说明（图4-1）、主要设备及材料表（图4-7）、平面图三张（图4-2~图4-4）、系统图两张（图4-5、图4-6）。所示图纸均为截取的该工程部分图纸。

（2）工程概况 本工程为十七层商住楼，其中一、二层为商场、商铺，三~十七层为住宅。住宅每层层高3m，室外地坪标高为-0.15m。阅读设计及施工说明，可知该工程采用天然气为燃料，气源为市政中压燃气干管，经室外燃气调压柜调至低压，由室外引入各户厨房内。住宅考虑每户安装一台双眼灶及一台燃气热水器。

（3）施工图解读 识读图样时可先粗看系统图，对燃气管道的走向及供气方向建立大致的空间概念，然后将平面图与系统图对照，按燃气介质的流向顺序识读，对照出各管段的管径、标高、坡度、位置等。

1）燃气用户引入管：从图4-2可看出，该住宅楼燃气气源由建筑物南侧市政中压燃气干管供给，燃气引入管设置在②轴右侧，管径为DN50，由南向北埋地引入设置在Ⓕ轴外墙南外侧的中低压悬挂式调压柜（调压柜设备编号为8）。与图4-5对照，可看出引入管埋地深度要求不小于0.6m，调压柜柜底标高为1.05m，距地面1.2m。

2）燃气水平干管：从图4-5可看出，调压柜右下侧引出立管下降至标高-0.800m，向东、西分出燃气水平干管，向西管径为DN40，向东管径为DN50。与图4-2对照，可看出向西的水平管行至②轴左侧，再由南向北行，其间管道有上升至标高0.200m的立管段，并在随后的水平段上设置燃气快速切断阀（切断阀材料编号为7），该管段行至Ⓕ轴外墙南外侧，向上引出立管接往三层。向东的水平管行至⑩轴左侧，再由北向南行，然后由西向东行，其后为截去部分图样的工程内容。在其中由北向南的水平段中部，向东引出管径为DN40，设置快速切断阀的管段至⑩轴右侧，也向上引出立管接往三层。

3）燃气立管：看图4-3，图中接自一层的两处立管，其位置与图4-2中接往三层的两处立管位置对应相同。与图4-5对照，可看出位于Ⓕ轴外墙南外侧、②轴左侧的立管管径为DN40，由一层上升至三层标高10.300m处，沿水平方向先由南向北行至Ⓗ轴南侧，再由西向东行至③轴厨房西墙外侧，分别向南、向北引出立管L2、L1。L1、L2立管上、下部均设有丝堵，三~十五层各层立管管径均为DN32，十六层、十七层立管管径均为DN25。位于⑩轴左侧由一层引来的立管同样上升至标高10.300m，水平由西向东行一小段后由南向北行至Ⓗ轴南侧，再由东向西行至⑨轴厨房东墙外侧，分别向南、向北引出立管L3、L4。其中，L3与L2对称，L4与L1对称。看图4-4，图中L1、L2立管的位置与图4-3对应相同。

4）燃气用户支管：图4-3、图4-4中厨房燃气管道的平面布置相同，与图4-6对照看出，由立管接出的各楼层厨房燃气支管管径均为DN20，均距本层地面2.2m。用户支管上先连接IC卡燃气计量表（设备编号为3），表前设有DN20的燃气球阀（材料编号为6），表底距地1.6m。出表后的用户水平支管距本层地面2.4m，再分为两路管径均为DN15的水平支管，分别给燃气双眼灶（设备编号为1）和燃气热水器（设备编号为2）供气。

5）燃气下垂管：从图 4-6 可看出，由用户支管引向燃气用具的下垂管上，均在距本层地面 1.2m 处设置紧接式燃气旋塞（材料编号为 4），燃气热水器供气管甩口距本层地面为 1.4m。

6）其他：住宅楼每户厨房内安装有可燃气体泄漏报警器。燃气热水器必须选用强排式热水器或强制平衡式热水器，排气管接至室外。

【本单元关键词】

燃气工程施工图图例　燃气工程施工图识读

【单元测试】

一、多项选择题

燃气工程施工图由（　　）组成。

A. 系统图　　　　　　B. 平面图　　　　　　C. 设计说明　　　　　　D. 图样目录

E. 局部大样图

二、单项选择题

1. 识读燃气施工图时，应将平面图与系统图对照识读，可按（　　）识读。

A. 管道标注　　　　　　　　　　　　　　B. 燃气介质的输送方向

C. 楼层标注　　　　　　　　　　　　　　D. 图样编号

2. ⊥ 图例表示（　　）。

A. 截止阀　　　　　　B. 角阀　　　　　　C. 自动排气阀　　　　　　D. 闸阀

3. ─||─ 图例表示（　　）。

A. 刚性防水套管　　　B. 柔性防水套管　　　C. 活接头　　　　　　D. 过楼板套管

三、判断题

安装大样图多选用全国通用燃气标准安装图集，也可单独绘制，用来详细表示工程中某一关键部位的安装施工，或平面及系统图中无法清楚表达的部位，以便指导正确安装施工。（　　）

本项目小结

1）燃气按其来源可分为天然气、人工燃气、液化石油气和沼气四种。其中，天然气、液化石油气是我国城镇燃气的主要气源。人工燃气毒性大、杂质多，需要净化后方可使用。液化石油气可采用瓶装供应，也可采用管道输配供应。

2）城镇燃气供应系统由气源、城市燃气输配系统、燃气用户三个部分组成。

3）城市燃气管道根据输气压力可分为低压、中压、次高压、高压、超高压燃气管道。由此根据压力级制的不同，城市燃气管网可以分为一级管网、二级管网、三级管网、多级管网系统。

4）室内燃气供应系统由用户引入管、水平干管、立管、用户支管、燃气计量表、下垂管、用具连接管、燃气用具、燃气管道附件及附属设备组成。

5）燃气引入管可采用地下引入或室外地上引入两种方式。

6）室内燃气管道应明设，燃气管道穿过建筑物基础、外墙、承重墙、楼板时应加设钢套管或非金属套管。燃气管道安装完毕应进行吹扫、试压，试压合格后应除锈、刷油，面漆宜为黄色。

7）识读燃气施工图时，应首先熟悉施工图，核对整套图样是否完整，再阅读施工图设计与施工说明，以系统为单位进行识读，并将平面图与系统图对照识读，可按燃气介质的输送方向识读。

项目 5

通风空调工程

【项目引入】

建筑物的地下室较为封闭，如何将室内空气与室外空气交换流通？炎炎夏日，如何通过技术手段保证室内温度依旧凉爽？这些问题都将在本项目中找到答案。

本项目主要以 2 号办公楼的防烟排烟和空调工程施工图（图 5-1~图 5-7）为载体，介绍建筑通风系统、空调工程等内容。

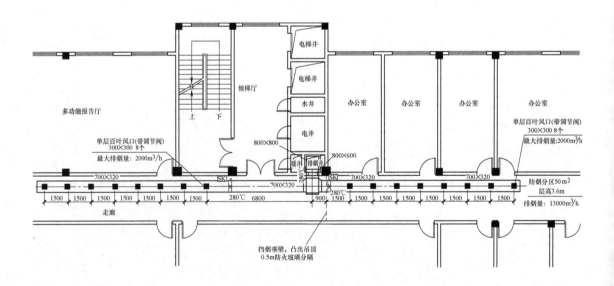

图 5-1 五层防烟排烟平面图

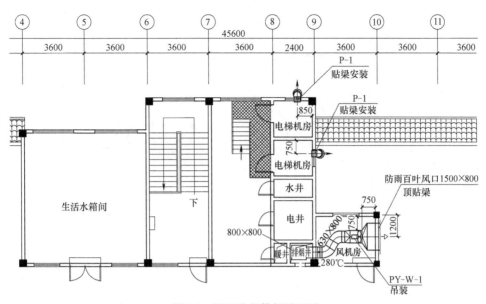

图 5-2 屋面防烟排烟平面图

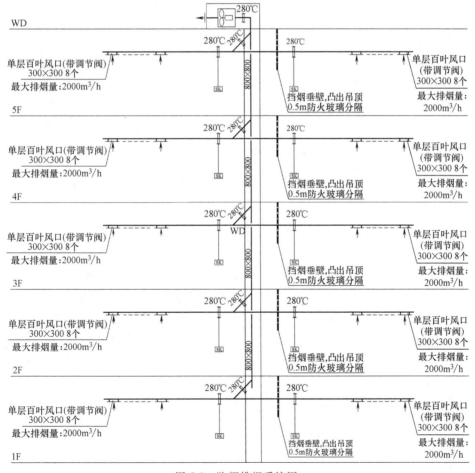

图 5-3 防烟排烟系统图

建筑设备工程

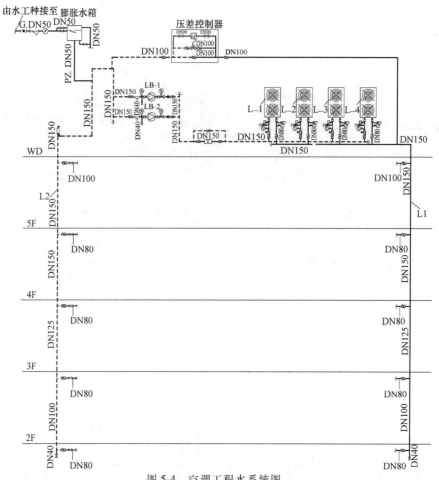

图 5-4　空调工程水系统图

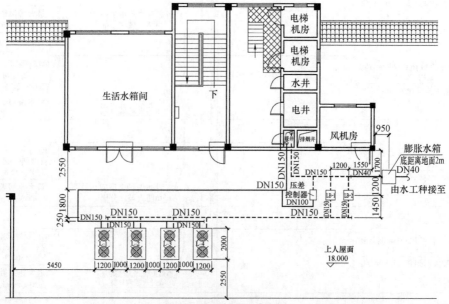

图 5-5　屋面空调水平面图

112

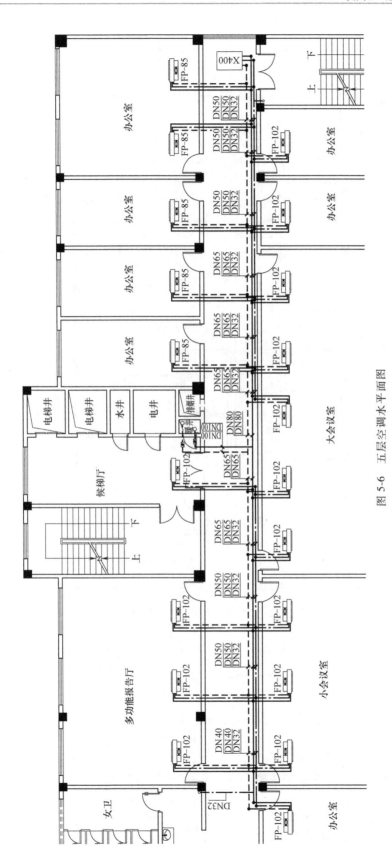

图 5-6　五层空调水平面图

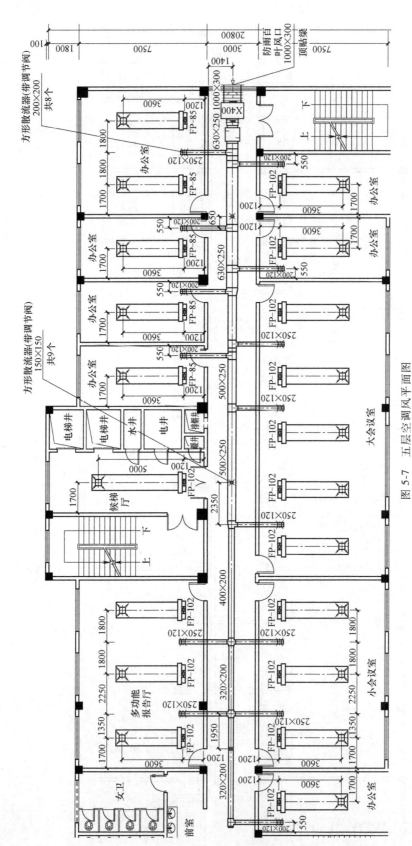

图 5-7 五层空调风平面图

【学习目标】

1）了解通风系统、防烟排烟系统及空调系统的作用。

2）熟悉通风系统、防烟排烟系统及空调系统的组成与分类。

3）熟悉通风空调系统安装的工艺要求。

4）能熟读建筑通风空调系统施工图，具有通风空调系统安装的初步能力。

【学习重点】

1）通风空调工程中各种设备、管道、阀门及附属设施的安装工艺。

2）通风空调工程施工图的识读。

【学习难点】

通风空调系统工作原理。

【学习建议】

1）在课堂教学中应重点学习施工图的识读要领和方法，掌握施工程序、施工材料、施工工艺和施工技术要求。

2）学习中可以以实物、参观、录像等手段，掌握施工图识读方法和施工技术的基本理论。

【项目导读】

1. 工作任务分析

图 5-1～图 5-7 是 2 号办公楼的防烟排烟和空调工程局部的系统图和平面图，图上的符号、线条和数据代表的是什么含义？它们是如何安装的？安装时有什么技术要求？这一系列的问题将通过对本章内容的学习逐一找到答案。

2. 实践操作（步骤/技能/方法/态度）

为了能完成前面提出的工作任务，我们需从解读建筑通风、防烟排烟系统及空调系统的组成开始，然后到系统的构成方式、设备、材料认识，施工工艺与下料，进而学会用工程语言来表示施工做法，学会施工图读图方法，最重要的是能熟读施工图，熟悉施工过程，为建筑通风空调系统的施工打下基础。

【本项目内容结构】

通风空调工程内容结构如图 5-8 所示。

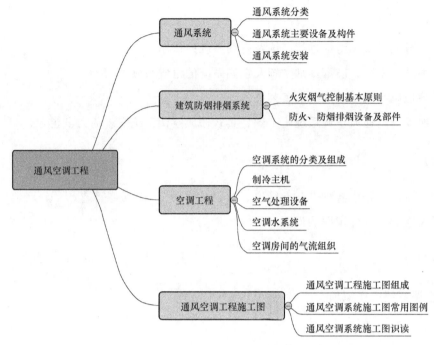

图 5-8　通风空调工程内容结构

【想一想】

建筑物通风可以依靠哪些机械设备？

5.1　通风系统

建筑通风就是把建筑物室内被污染的空气直接或经过净化处理后排至室外，再将新鲜的空气补充进来，达到保持室内空气环境符合卫生标准要求的过程。它包括从室内排除污浊空气和向室内补充新鲜空气两个方面，前者称为排风，后者称为送风。实现排风和送风所采用的一系列设备、装置总称为通风系统。

5.1.1　通风系统分类

通风系统可分为自然通风和机械通风，机械通风又可分为全面通风、局部通风和混合通风三种。采用哪种通风方式主要取决于有害物质产生和扩散范围的大小，有害物质面积大则采用全面通风，相反可采用局部和混合通风。

1. 自然通风

自然通风是依靠室外空气温差所造成的热压，或利用室外风力作用在建筑物上所形成的压差，使室内外的空气进行交换，从而改善室内的空气环境。自然通风不需动力，经济，但进风不能预处理，排风不能净化，污染周围环境，且通风效果不稳定。

2. 机械通风

依靠风机动力使空气流动的方法称为机械通风。机械通风的进风和排风可进行处理，通风参数可根据要求选择确定，可确保通风效果，但通风系统复杂，投资费和运行管理费用大。

（1）局部通风 局部通风是利用局部气流，使局部工作地点不受有害物的污染，造成良好的空气环境。这种通风方法所需的风量小、效果好，是防止工业有害物污染室内空气和改善作业环境最有效的通风方法，设计时应优先考虑。局部通风又分为局部排风和局部送风两大类。

1）局部排风。局部排风是在集中产生有害物的局部地点，设置捕集装置，将有害物排走，以控制有害物向室内扩散，如图5-9所示。

2）局部送风。局部送风是向局部工作地点送风，使局部地带具有良好的空气环境，如图5-10所示。

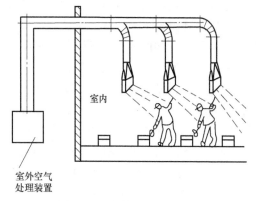

图5-9 局部排风系统示意图

（2）全面通风 全面通风就是对房间进行通风换气，以稀释室内有害物，消除余热、余湿，使之符合卫生标准要求，如图5-11和图5-12所示。

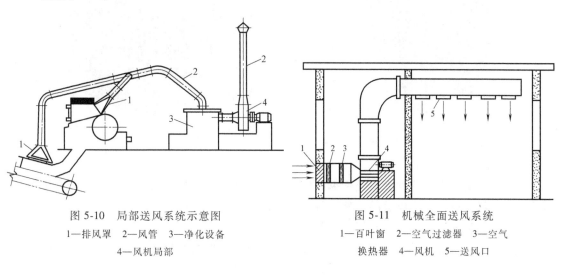

图5-10 局部送风系统示意图
1—排风罩 2—风管 3—净化设备
4—风机局部

图5-11 机械全面送风系统
1—百叶窗 2—空气过滤器 3—空气
换热器 4—风机 5—送风口

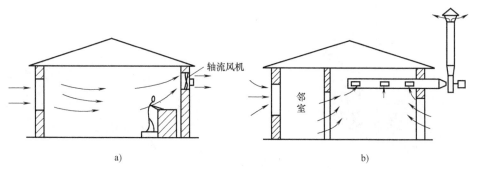

图5-12 机械全面排风系统

5.1.2　通风系统主要设备及构件

1. 通风机

通风机是用于为空气流动提供必需的动力以克服输送过程中阻力损失的设备。根据通风机的作用原理可分为离心式、轴流式和贯流式三种类型。通风工程中大量使用的是离心式和轴流式通风机，如图 5-13 和图 5-14 所示。此外，在特殊场所使用的还有高温通风机、防爆通风机、防腐通风机和耐磨通风机等。

（1）离心式通风机　离心式通风机工作时，动力机（主要是电动机）驱动叶轮在蜗形机壳内旋转，空气经吸气口从叶轮中心处吸入，由于叶片对气体的动力作用，气体压力和速度得以提高，并在离心力作用下沿着叶道甩向机壳，从排气口排出。

（2）轴流式通风机　轴流式通风机叶轮安装在圆筒形外壳中，当叶轮由电动机带动旋转时，空气从吸风口进入，在风机中沿轴向流动经过叶轮的扩压器时压头增大，从出风口排出。

轴流式通风机与离心式通风机相比较，具有产生风压较小，风机自身体积小、占地少；可以在低压下输送大流量空气；允许调节范围很小等特点。轴流式通风机一般多用于无需设置管道以及风道阻力较小的通风系统。

图 5-13　离心式通风机

图 5-14　轴流式通风机

2. 风管

制作风管的材料有薄钢板、硬聚氯乙烯塑料板、玻璃钢、胶合板、纤维板、铝板和不锈钢板。利用建筑空间兼作风道的，有混凝土、砖砌风道。需要经常移动的风管，则大多用柔性材料制成各种软管，如塑料软管、橡胶管和金属软管。

最常用的通风管道是镀锌薄钢板风管和玻璃钢风管，如图 5-15 和图 5-16 所示。前者易

图 5-15　镀锌薄钢板风管

图 5-16　玻璃钢风管

于工业化制作、安装方便、能承受较高的温度，适用于空气湿度较高或室内比较潮湿的通风、空调系统；后者具有表面光滑，制作方便，造价低等优点，适用于有酸性腐蚀作用的通风系统。

3. 风口

室内送风口是送风系统中风管的末端装置，室内排风口是排风系统的始端吸入装置。室内送风口的形式有多种，最简单的形式是在风管上开设孔口送风，根据孔口开设的位置有侧向送风口、下部送风口之分。常用的室内送风口还有百叶式送风口，对于布置在墙内或者暗装的风管可采用这种送风口。百叶式送风口有单、双层和活动式、固定式之分，双层式不但可以调节方向也可以控制送风速度，如图 5-17 和图 5-18 所示。

图 5-17　单层百叶式送风口

图 5-18　双层百叶式送风口

5.1.3　通风系统安装

1. 通风机的安装

通风机安装通常有吊顶式安装和落地式安装，如图 5-19 和图 5-20 所示。对隔振有特殊要求的，应将通风机安装在减振台座上。

图 5-19　通风机吊顶式安装

图 5-20　通风机落地式安装

2. 风管制作安装

风管制作安装前，必须到现场实测核对图样，对各规格型号风管及配件进行汇总记录，然后进行制作。其制作安装标准必须符合《通风与空调工程施工质量验收规范》（GB 50243—2016）相关的要求。风管制作安装按照设计图样，结合现场综合布置定位进行安装，一般的工艺流程如图 5-21 所示。

（1）镀锌薄钢板风管制作安装

1）风管制作工艺流程。施工准备→切角→调直→压加强筋→咬口→法兰成型→折弯→组装→加固→检验。

2）风管系统安装流程。施工准备→支吊架制作→支吊架安装→风管连接安装→部件安装→漏光及漏风检测→复合检验。

3）施工要点。风管连接螺栓应为镀锌材料，风管直径或长边小于或等于 1000mm 吊杆规格为 M8，大于 1000mm 则为 M10。防火阀、调节阀等部件安装应设独立支吊架，法兰之间应有垫料，防烟排烟风管法兰垫料应选用不燃材料。风管水平安装，直径或长边尺寸小于或等于 400mm，间距不应大于 4m；大于 400mm，不应大于 3m。对于薄钢板法兰的风管，其支、吊架间距不应大于 3m。当水平悬吊的主干风管长度超过 20m 时，应设置防止摆动的固定点，每个系统不应少于 1 个。

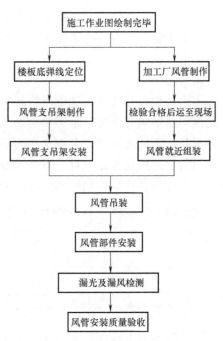

图 5-21　风管制作安装一般工艺流程

（2）玻璃钢风管制作安装

1）风管制作工艺流程。施工准备→模具制作→涂敷成型→脱模养护→成品保护→产品检验。

2）风管系统安装工艺流程。施工准备→支吊架制作→支吊架安装→风管排列法兰连接→风管安装→部件安装→漏光及漏风检测→复核检验。

3）施工要点。根据施工现场的情况，可以把风管一节一节地放在支架上逐节连接，也可以在地面连成一定长度，然后采用整体吊装法就位。边长或直径大于 1250mm 的风管吊装时不得超过 2 节，边长或直径小于 1250mm 的风管组合吊装时不得超过 3 节。风管系统的主风管安装完毕后，尚未连接风口和支管前，应以主干管为主进行风管系统的严密性检验。

【单元测试】

单项选择题

1. 通风工程所要控制的有害物主要为（　　）。

A. 有害气体、有害粉尘、余热、余湿　　B. 有害气体、粉尘、余热、余湿

C. 有害气体、粉尘、高热、高湿　　D. 气体、粉尘、余热、余湿

2. 对于散发有害气体的污染源应优先采用（　　）方式加以控制。

A. 全面通风　　B. 自然通风

C. 局部送风　　D. 局部排风

3. 关于通风房间风量平衡，下列说法中错误的是（　　）。

A. 风量平衡是指通风房间的进风量等于排风量

B. 若机械进风量大于机械排风量，房间内的压力就会不断升高

C. 若机械进风量小于机械排风量，房间内会形成负压

D. 可利用正负压控制来达到控制污染的目的

4. 自然通风的动力为（　　　）。

A. 风压　　　　　　　B. 热压　　　　　　C. 温度　　　　　　D. 风压和热压

5. 风压是指（　　　）。

A. 室外风气压　　　　　　　　　　　　　B. 室外风静压

C. 室外风动压　　　　　　　　　　　　　D. 室外风在建筑外表面造成的压力变化值

5.2　建筑防烟排烟系统

5.2.1　火灾烟气控制基本原则

发生火灾时往往会造成重大的伤亡事故，烟气是造成火灾致死事故的主要原因。发生火灾时物质在燃烧和热分解作用下生成产物与剩余空气的混合物，烟气的化学成分主要有：CO_2、CO、水蒸气以及氰化氢（HCN）、氨（NH_3）等。烟气中的 CO、HCN、NH_3 等是有毒性气体；大量的 CO_2 气体及燃烧后消耗了空气中大量氧气，引起人体缺氧而窒息；当光线通过烟气时，致使光强度减弱，能见度降低，不利于疏散与扑救。因此，必须设置防烟排烟设施，以保证人员的安全疏散转移。

烟气控制的主要目的是在建筑物内创造无烟或烟气含量极低的疏散通道或安全区，其实质是控制烟气合理流动，也就是使烟气不流向疏散通道、安全区和非着火区，而向室外流动。基于以上目的，火灾烟气控制的基本原则如下：

1）隔断与阻挡：防火分区、防烟分区。

2）排烟：利用自然和机械作用力，将烟气排出室外，排烟部位为着火区、疏散通道。

3）加压防烟：门开启时，门洞有一定的向外风速；门关闭时，室内有一定正压值。

1. 隔断与阻挡

（1）防火分区　防火分区是指采用防火分隔措施划分出的，能在一定时间内，防止火灾向同一建筑的其余部分蔓延的局部区域（空间单元）。在建筑物内采用防火分区的措施，可以在建筑物发生火灾时，有效地把火势控制在一定的范围内，减少损失，同时可以为人员安全疏散、消防扑救提供有利条件。防火分区可以根据房间用途和性质不同对建筑物进行划分，在分区内应设置防火墙、防火门、防火卷帘等。

（2）防烟分区　防烟分区是指用挡烟垂壁、挡烟梁、挡烟隔墙等挡烟设施把烟气限制在一定范围的空间区域。主要的挡烟设施如图 5-22 所示。对它们的设置要求如下：

1）挡烟垂壁。挡烟垂壁应用不燃烧材料制作（一般采用 5mm 厚的钢化玻璃）或外贴不燃烧材料。挡烟垂壁可采用固定式或活动式。当建筑物净空较高时，可采用固定式的，将挡烟垂壁长期固定在顶棚面上；当建筑物净空较低时，宜采用活动式的挡烟垂壁。

2）挡烟隔墙。从挡烟效果看，挡烟隔墙比挡烟垂壁的效果好得多，因此，要求成为安全区域的场所，应采用挡烟隔墙。

3）挡烟梁。有条件的建筑物，可利用钢筋混凝土梁或钢梁作挡烟梁。挡烟梁应突出顶棚不小于 50cm。

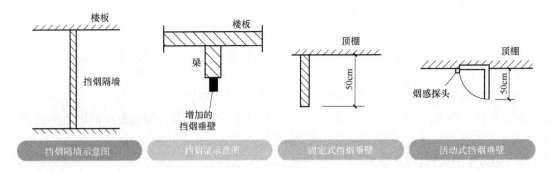

图 5-22　挡烟设施示意图

2．排烟

利用自然或机械作为动力将烟气排至室外，称之为排烟，其主要任务如下：

1）就地排烟通风，以降低烟气浓度，将火灾产生的烟气在着火房间就地及时排除，在需要部位适当补充人员逃生所需空气。

2）防止烟气扩散，控制烟气流动方向，防止烟气扩散到疏散通道和减少向其他区域蔓延。

3）保证人员安全疏散，保证疏散扑救用的防烟楼梯及消防电梯间内无烟，使着火层人员迅速疏散，为消防队员的灭火扑救创造有利条件。常用的建筑排烟方式见表 5-1。

表 5-1　常用的建筑排烟方式

序号	排烟方式	适用部位
1	自然排烟（开窗）	房间、走道、防烟楼梯间及其前室、消防电梯间前室、合用前室、通行机动车的四类隧道
2	机械排烟	房间、走道、通行机动车的一~三类隧道
3	机械排烟、机械进风	地下室及密闭场所
4	机械加压送风（设置竖井正压送风）	防烟楼梯及其前室、消防电梯间前室、合用前室

3．加压防烟

加压防烟就是对房间（或空间）进行机械送风，以保证该房间（或空间）为正压，或在开启的门洞处造成一定风速，以避免烟气渗入或侵入，如图 5-23 和图 5-24 所示。设置机械加压送风防烟系统的目的，是为了在建筑物发生火灾时，提供不受烟气干扰的疏散线路和避难场所。

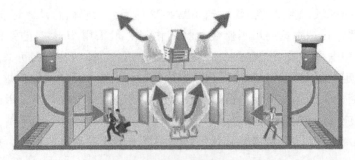

图 5-23　正压送风防烟排烟系统示意图

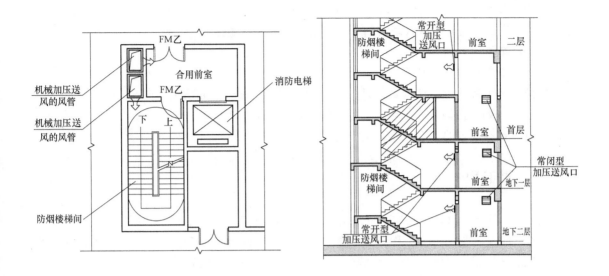

图 5-24　正压送风防烟排烟系统大样图

5.2.2　防火、防烟排烟设备及部件

防火、防烟排烟设备及部件主要有防火阀、排烟阀及排烟风机等。防火阀是防火阀、防火调节阀、防烟防火阀及防火风口的总称。

1. 防烟排烟通风机

防烟排烟通风机可采用通用风机，也可采用防火排烟专用风机。常用的防火排烟专用风机有 HTF 系列、ZWF 系列、W-X 型等类型。烟温较低时可长时间运转，烟温较高时可连续运转一定时间，通常有两档以上的转速。

2. 防火阀

防火阀：安装在通风、空调系统的送、回风管路上，平时呈开启状态，火灾时当管道内气体温度达到 70℃ 时，易熔片熔断，阀门在弹簧力作用下自动关闭，起隔烟阻火作用。阀门关闭时，输出关闭信号。

防火调节阀：防火调节阀是在防火阀的基础上增加了一个风量调节的功能。

排烟防火阀：安装在排烟系统管路上，平时一般呈开启状态，火灾时当管道内气体温度达到 280℃ 时关闭，在一定时间内能满足耐火稳定性和耐火完整性要求，起隔烟阻火作用。

【单元测试】

一、判断题（正确的请打"√"，错误的请打"×"）

1. 排烟口平时关闭，并应设置有手动和自动开启装置。（　　）

2. 防烟分区可采用挡烟垂壁、隔墙、从顶棚向下突出的不小于 0.5m 的梁或木质结构装饰造型物等划分。（　　）

3. 当排烟风机及系统中设置有软接头时，该软接头应能在 280℃ 的环境条件下连续工作不少于 30min。（　　）

4. 火灾发生时，通风管道中的防火阀的温度熔断器或与火灾探测器等联动的自动关闭装置一经动作，防火阀应能自动关闭。温度熔断器的动作温度宜为280℃。（ ）

二、简答题

1. 火灾烟气的危害是什么？

2. 防火分区和防烟分区的概念是什么？如何划分防火分区和防烟分区？

3. 建筑防烟、排烟方式是什么？各自的特点是什么？

【想一想】 家庭安装的空调是什么类型的系统？

5.3 空调工程

空调即空气调节（air conditioner）就是通过采用一定的技术手段，在某一特定空间内，对空气的温度、湿度、洁净度及空气流动速度等参数进行调节和控制，以满足人体舒适或工艺要求的过程。舒适空调一般是指夏季室内温度为24～28℃，相对湿度40%～65%，空气平均流速小于0.3m/s；冬季室内温度为18～22℃，相对湿度40%～60%，空气平均流速小于0.2m/s。洁净度是指在保证房间空气的温湿度符合要求的同时，对房间空气的压力、噪声、尘粒大小、数量也有严格要求。

5.3.1 空调系统的分类及组成

1. 空调系统的分类

空调系统的分类方法有很多种，可以按空气处理的集中情况、空调负荷所用的介质、空气来源及使用目的来分类。按空气处理设备的集中情况，空调系统可以分为以下几类：

（1）分散式空调 将空气处理设备、冷热源设备和风机紧凑地组合成为一个整体空调机组，可将它直接装设于空调房间，或者装设于邻室，借较短的风道将它与空调房间联系在一起，这种空调方式称为全分散式或局部式空调方式，例如窗式空调器、分体式空调器，如图5-25所示。

（2）集中式空调 将空气处理设备及其冷热源集中在专用机房内，经处理后的空气用风道分别送往各个空调房间，如图5-26所示。这样的空调系统称为集中式空调系统。这是一种出现最早，迄今仍然广泛应用的最基本的系统形式。

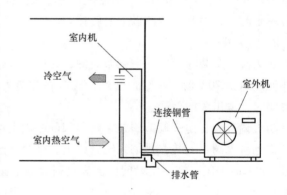

图5-25 分体式空调

（3）半集中式空调 既有对新风的集中处理与输配，又能借设在空调房间的末端装置（如风机盘管）对室内循环空气作局部处理，兼具前两种系统特点的系统称为半集中式系统，如图5-27所示。风机盘管加新风空调系统是目前应用最广、最具生命力的系统形式。

对集中式、半集中式空气调节系统，一般统称为中央空调系统。

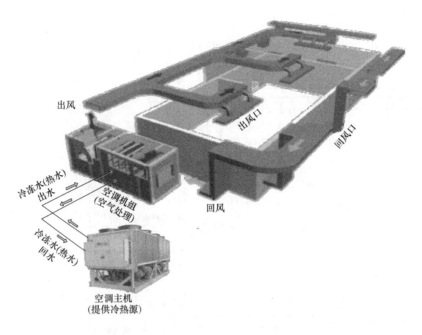

图 5-26　集中式空调系统

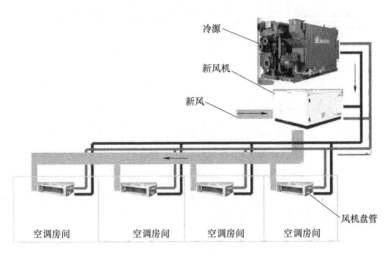

图 5-27　半集中式空气调节系统

2. 中央空调系统的组成

中央空调系统一般由以下几部分组成，如图 5-28 所示。

（1）被空调的对象　是指各类建筑物中不同功能和作用的房间和空间，以及人（群），例如：商场、客房、娱乐场所、餐厅、候机楼、写字楼、医院和手术室等。

（2）空气处理设备　是指完成对空气进行降温、加温、加湿或除湿以及过滤等处理过程（系统）所采用相应设备的组合，例如：过滤器、表面式换热器、加湿器等。

（3）空气输送设备和分配设备　由通风管、各类送风口、风阀和通风机等组成。

（4）冷（热）源设备　提供需要的冷（热）水源，经过热交换器向空调房间提供冷

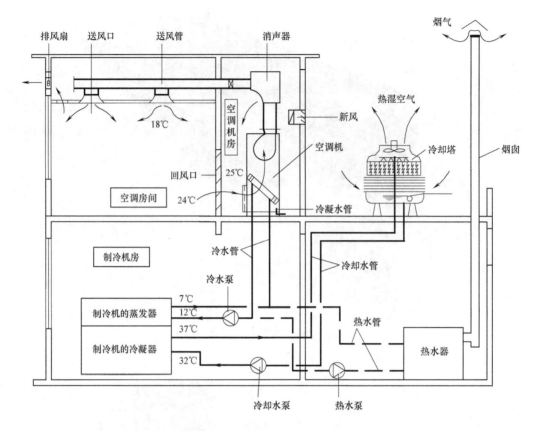

图 5-28　中央空调系统组成示意图

（热）风。例如：冷源设备有螺杆式冷水机组、离心式冷水机组、活塞式冷水机组和直燃型溴化锂吸收式冷水机组。热源以城市热电厂和集中锅炉房产生的热水或蒸汽为主，燃料主要是煤、石油、天然气、城市煤气、电等。

（5）控制系统　根据应调节的参数，如室内温度和湿度的实值与室内空调基数的给定值相比较，控制各参数的偏差在空调精度范围之内的装置。调节方式分为人工和自动，控制手段包括敏感元件（如温度、湿度）、调节器、执行机构和调节机构等。

5.3.2　制冷主机

空气调节工程使用的冷源有天然冷源和人工冷源两种。

天然冷源是指深井水、山洞水、温度较低的河水和冬季储存的天然冰。这种方法一般不能获得0℃以下的温度，而且天然冷源受时间、地区、气候条件的限制，不能满足现代空调工程的要求。

人工冷源是指采用制冷设备制取冷量，人工制冷的设备称为制冷机。

1. 制冷机的分类

（1）压缩式制冷机　依靠压缩机的作用提高制冷剂的压力以实现制冷循环，按制冷剂种类又可分为：

1）蒸气压缩式制冷机：以液压蒸发制冷为基础，制冷剂要发生周期性的气-液相变。

2）气体压缩式制冷机：以高压气体膨胀制冷为基础，制冷剂始终处于气体状态。

（2）吸收式制冷机 依靠吸收器-发生器组（热化学压缩器）的作用完成制冷循环，又可分为氨水吸收式、溴化锂吸收式和吸收扩散式3种。

（3）蒸汽喷射式制冷机 依靠蒸汽喷射器（喷射式压缩器）的作用完成制冷循环。

（4）半导体制冷器 利用半导体的热-电效应制取冷量。

现代制冷机以蒸气压缩式制冷机和吸收式制冷机应用最广。

2. 蒸气压缩式制冷机

（1）蒸气压缩式制冷机分类 按所用制冷剂的种类不同，蒸气压缩式制冷机又分为氨制冷机和氟利昂制冷机；按所用压缩机种类不同，蒸气压缩式制冷机分为往复式制冷机、离心式制冷机和回转式制冷机（螺杆式制冷机、滚动转子式制冷机）；按其系统组成不同，蒸气压缩式制冷机又分为单级、多级（两级或三级）和复叠式等。

（2）蒸气压缩式制冷机组成 蒸气压缩式制冷机由压缩机、冷凝器、蒸发器、膨胀阀或节流机构和一些辅助设备组成，如图5-29所示。压缩机是其核心设备。

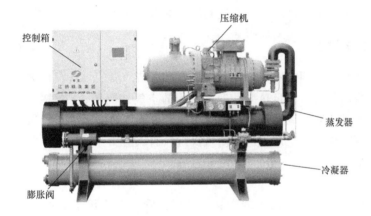

图 5-29 蒸气压缩式制冷机组

（3）蒸气压缩式制冷机工作过程 制冷剂在制冷系统中经历蒸发、压缩、冷凝和膨胀四个过程，如图5-30所示。

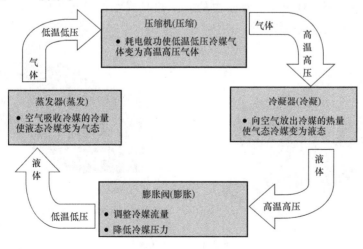

图 5-30 蒸气压缩式制冷机工作过程

蒸发过程：节流降压后的制冷剂液体（混有饱和蒸汽）进入蒸发器，从周围介质吸热蒸发成气体，实现制冷。在蒸发过程中，制冷剂的温度和压力保持不变。从蒸发器出来的制冷剂已成为干饱和蒸汽或稍有过热度的过热蒸气。物质由液态变成气态时要吸热，这就是制冷系统中使用蒸发器吸热制冷的原因。

压缩过程：压缩机是制冷系统的心脏，在压缩机完成对蒸气的吸入和压缩过程，把从蒸发器出来的低温低压制冷剂蒸气压缩成高温高压的过热蒸气。压缩蒸气时，压缩机要消耗一定的外能即压缩功（电能）。

冷凝过程：从压缩机排出来的高温高压蒸气进入冷凝器后同冷却剂进行热交换，使过热蒸气逐渐变成饱和蒸汽，进而变成饱和液体或过冷液体。冷凝过程中制冷剂的压力保持不变。物质由气态变为液态时要放出热量，这就是制冷系统要使冷凝器散热的道理。冷凝器的散热常采用风冷或水冷的形式。

节流过程：从冷凝器出来的高压制冷剂液体通过减压元件（膨胀阀或毛细管）被节流降压，变为低压液体，然后再进入蒸发器重复上述的蒸发过程。

上述四个过程依次不断循环，从而达到制冷的目的。

5.3.3 空气处理设备

空气处理设备是用于调节室内空气温度、湿度和洁净度的设备，俗称末端设备。

空气处理设备的种类有满足热湿处理要求用的空气加热器、空气冷却器、空气加湿器，净化空气用的空气过滤器，调节新风、回风用的混风箱以及降低通风机噪声用的消声器。常见设备有风机盘管；组合式空调机组和新风机组；通风空调风口；消声器；风系统阀门；空气过滤器；加湿器、空气幕；变风量末端装置等。

1. 风机盘管

风机盘管是中央空调理想的末端产品，风机盘管广泛应用于宾馆、办公楼、医院、商住、科研机构。

（1）风机盘管机组的构成　风机盘管主要由低噪声风机、盘管等组成，如图 5-31 所示。风机将室内空气或室外混合空气通过表冷器进行冷却或加热后送入室内，使室内气温降低或升高，以满足人们的舒适性要求。盘管内的冷（热）媒水由机房集中供给。风机盘管的风量在 $250 \sim 2500 \mathrm{m}^3/\mathrm{h}$ 范围内。

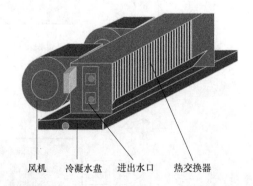

风机　　冷凝水盘　　进出水口　　热交换器

图 5-31　风机盘管

（2）风机盘管的工作原理 风机盘管主要依靠风机的强制作用，使空气通过加热器表面时被冷却（加热），因而强化了散热器与空气间的对流换热器，能够迅速冷却（加热）房间的空气。风机盘管是空调系统的末端装置，其工作原理是机组内不断再循环所在房间的空气，使空气通过冷水（热水）盘管后被冷却（加热），以保持房间温度的恒定。通常，通过新风机组处理后送入室内，以满足空调房间新风量的需要。

2. 组合式空调器

组合式空调器是由各种空气处理功能段组装而成的不带冷、热源的一种空气处理设备，这种机组应能用于风管阻力≥100Pa的空调系统，如图5-32和图5-33所示。风量范围为2000~160000m³/h。机组功能段可包括空气混合、均流、粗效过滤、中效过滤、高中效或亚高效过滤、冷却、加热、加湿、送风机、回风机、中间、喷水、消声等。

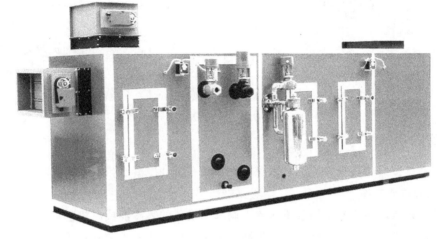

图5-32 组合式空调器实物图

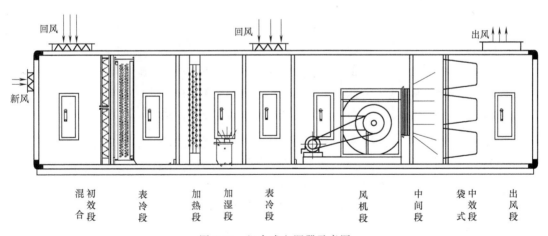

图5-33 组合式空调器示意图

3. 风口

风口有单层百叶、双层百叶、散流器、自垂百叶、防雨百叶、条形风口、球形风口、旋流风口等，百叶风口又分活动百叶和固定百叶；还有带过滤风口、带调节阀风口、带风机风口。常用风口如图5-34所示。

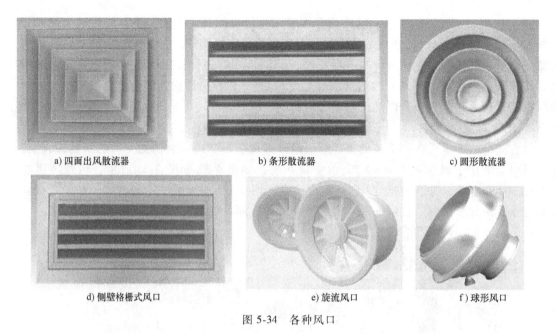

a) 四面出风散流器   b) 条形散流器   c) 圆形散流器

d) 侧壁格栅式风口   e) 旋流风口   f) 球形风口

图 5-34　各种风口

5.3.4　空调水系统

空调水系统按其功能分为冷冻水系统、冷却水系统和冷凝水排放系统。

1. 空调冷冻水系统

空调冷冻机制取的冷冻水用管道送入空调末端设备的表冷器或风机盘管或诱导器等设备内，与被处理的空气进行热湿交换后，再回到冷源，输送冷冻水的管路系统称为空调冷冻水系统。空调冷冻水系统组成如图 5-35 所示。

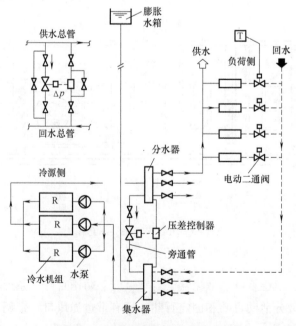

图 5-35　空调冷冻水系统组成示意图

1）冷冻水循环水泵。通常空调水系统所用的循环水泵均为离心式水泵。按水泵的安装形式来分，有卧式水泵和立式水泵，如图 5-36 和图 5-37 所示；按水泵的构造来分，有单吸水泵和双吸水泵。

图 5-36　卧式水泵

图 5-37　立式水泵

2）集水器和分水器。在空调水系统中，为有利于各空调分区流量分配和调节灵活方便，常在供、回水干管上设置分水器和集水器，再从分水器和集水器分别连接各空调分区的供水管和回水管，这样在一定程度上也起到均压的作用，如图 5-38 所示。

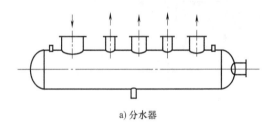

a) 分水器

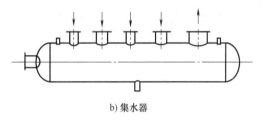

b) 集水器

图 5-38　分水器与集水器

3）膨胀水箱。膨胀水箱在空调冷冻水系统中起着容纳膨胀水量，排除系统中的空气，为系统补充水量及定压的作用。膨胀水箱的安装高度，应至少高出系统最高点 0.5m，安装水箱时，下部应做支座，支座长度应超出底边 100～200mm，其高度应大于 300mm。膨胀水箱的组成如图 5-39 所示。

4）除污器。在空调水系统中，结垢、腐蚀和微生物繁殖，一直是危害系统的三大主要因素。水垢的产生会使设备的换热效率下降，能源消耗增大，氧化和腐蚀会严重影响管道和设备的使用寿命。除污器包括过滤器和电子水处理仪，如图 5-40 所示。

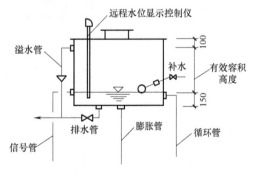

图 5-39　膨胀水箱组成示意图

2. 空调冷却水系统

当冷水机组或独立式空调机采用水冷式冷凝器时，应设置冷却水系统，它是用水管将制

a) Y形过滤器(法兰连接)　　　b) Y形过滤器(螺纹连接)　　　c) 电子水处理仪

图 5-40　除污器

冷机冷凝器和冷却塔、冷却水泵等串联组成的循环水系统。

1）空调冷却水系统由冷却水管、冷却塔、冷却水循环水泵和除污器等组成，如图 5-41 所示。

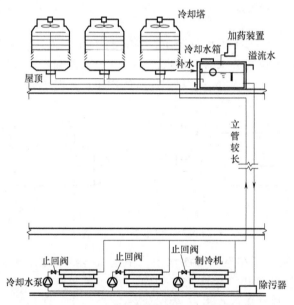

图 5-41　空调冷却水系统组成示意图

2）冷却塔。冷却塔的作用是将挟带废热的冷却水在塔内与空气进行热交换，使废热传输给空气并散入大气。根据水与空气相对流动状况不同，冷却塔分为逆流式冷却塔和横流式冷却塔。逆流式冷却塔是水在塔内填料中，水自上而下，空气自下而上，两者流向相反的一种冷却塔，如图 5-42 所示。横流式冷却塔是水在塔内填料中，水自上而下，空气自塔外水平流向塔内，两者流向呈垂直正交的一种冷却塔，如图 5-43 所示。

冷却塔应放在室外通风良好处，在高层民用建筑中，最常见的是放在裙房或主楼屋顶。布置时首先应保证其排风口上方无遮拦，在进风口应保证进风气流不受影响。另外，进风口附近不应有大量高热高湿的排风口。布置在裙楼屋顶时，应注意塔的噪声对周围建筑和塔楼的影响；布置在主楼屋顶时，要满足冷水机组承压要求，冷却塔的布置还会对结构荷载和建筑立面产生影响。

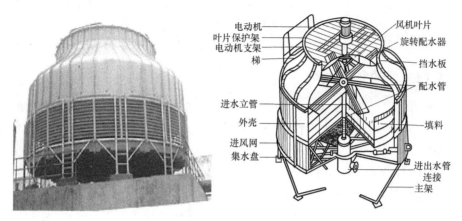

图 5-42　圆形逆流式冷却塔

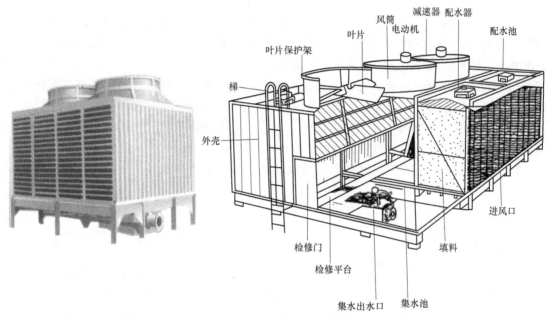

图 5-43　方形横流式冷却塔

3. 空调冷凝水系统

空调器表冷器表面温度通常低于空气的露点温度，因而表面会结露，需要用水管将空调器底部的接水盘与下水管或地沟连接，以及时排放冷凝水。这些排放空调器冷凝水的管路称为冷凝水排放系统。

4. 空调水控制阀

（1）关断阀　闸阀、球阀、截止阀、蝶阀。

（2）自动放气阀　作用是将水循环中的空气自动排出。它是空调系统中不可缺少的阀类。一般安装在闭式水路系统的最高点和局部最高点。

（3）浮球阀　起到自动补水和恒定水压的作用。一般用于膨胀水箱和冷却塔处。

（4）止回阀（单向阀或逆止阀）　主要用于阻止介质倒流，安装在水泵的出水管上。

（5）压差控制器　压差旁通的作用主要在于维持冷冻水/热水系统能够在末端负荷较低的情况下，保证冷冻机/热交换器等设备的正常运转。

（6）稳压阀　起到有效地降低阀后管路和设备的承压，从而替代水系统的竖向分区。

5.3.5　空调房间的气流组织

空调房间的气流组织（又称空气分布），是指合理地布置送风口和回风口，使得工作区（又称空调区）内形成比较均匀而稳定的温湿度、气流速度和洁净度，以满足生产工艺和人体舒适的要求。

目前空调房间的气流组织有两大类：顶（上）部送风系统、下部送风系统。

1. 顶（上）部送风系统

顶（上）部送风系统，又称传统的顶部混合系统。它是将调节好的空气通常以高于室内人员舒适所能接受的速度从房间上部（顶棚或侧墙高处）送出。顶部送风系统中，按照所采用送风口的类型和布置方式的不同，空调房间的送风方式主要有以下几种：

（1）侧向送风　侧向送风是空调房间中最常用的一种气流组织方式，它具有结构简单、布置方便和节省投资等优点，适用于室温允许波动范围大于或等于±0.5℃的空调房间。一般以贴附射流形式出现，工作区通常是回流区。

（2）散流器送风　散流器是设置在顶棚上的一种送风口，它具有诱导室内空气使之与送风射流迅速混合的特性。散流器送风可以分为平送和下送两种。

（3）孔板送风　孔板送风是利用顶棚上面的空间作为稳压层，空气由送风管进入稳压层后，在静压作用下，通过顶棚上的大量小孔均匀地进入房间。

（4）喷口送风　喷口送风是依靠喷口吹出的高速射流实现送风的方式。常用于大型体育馆、礼堂、通用大厅以及高大厂房中。

（5）条缝送风　条缝送风属于扁平射流，与喷口送风相比，射程较短，温差和速度衰减较快。它适用于工作区允许风速0.25~1.5m/s，温度波动范围为±1~2℃的场所。

2. 下部送风系统

（1）置换通风　置换通风属于下部送风的一种，气流从位于侧墙下部的置换风口水平低速送入室内，在浮升力的作用下至工作区，吸收人员和设备负荷形成热羽流。

（2）工位送风　工位送风是一种集区域通风、设备通风和人员自调节为一体的个性化送风方式。由于现代办公建筑多采用统间式设计，个人对周围空气的冷热需求差异较大，更适宜安装工位送风。

（3）地板送风　地板送风是将处理后的空气经过地板下的静压箱，由送风散流器送入室内，与室内空气混合。其特点是洁净空气由下向上经过人员活动区，消除余热余湿，从房间顶部的排风口排出。

3. 回风

回风口处的气流速度衰减很快，对气流流型影响很小，对区域温差影响亦小。因此，除了高大空间或面积大而有较高区域温差要求的空调房间外，一般可在房间一侧集中布置回风口，如图5-44~图5-46所示。对于侧送方式，回风口一般设在送风口同侧下方；采用孔板和散流器送风形式，回风口也应设在下侧。高大厂房上部有一定余热量时，宜在上部增设排风口或回风口将余热量排除，以减少空调区的热量。

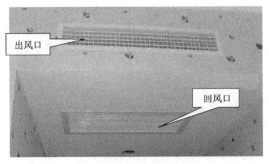

图 5-44　侧送顶回方式

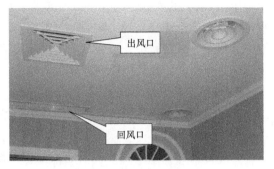

图 5-45　顶送顶回方式

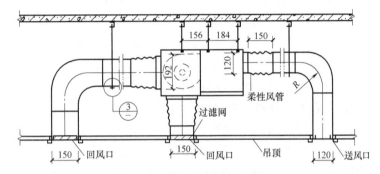

图 5-46　顶送顶回气流示意图

【单元测试】

1. 什么是空气调节系统？空气调节系统通常由哪几部分组成？
2. 空气调节系统按处理设备的设置情况可分为哪几种？
3. 空气处理的基本手段有哪些？
4. 什么是空调冷冻水？什么是空调冷却水？各有什么作用？
5. 空调冷冻水系统由哪几部分组成？
6. 空调冷却水系统由哪几部分组成？
7. 空调房间的气流分布有哪几类？

5.4　通风空调工程施工图

5.4.1　通风空调工程施工图组成

通风空调工程施工图由图文与图纸两部分组成。图文部分包括图纸目录、设计施工说明、设备材料明细表。图纸部分包括通风空调系统平面图、剖面图、系统图（轴测图）、原理图、详图等。

1. 设计施工说明

设计施工说明主要包括通风空调系统的建筑概况；系统采用的设计气象参数；房间的设计条件（冬季、夏季空调房间的空气温度、相对湿度、平均风速、新风量、噪声等级、含

建筑设备工程

尘量等）；系统的划分与组成（系统编号、服务区域、空调方式等）；要求自控时的设计运行工况；风管系统和水管系统的一般规定、风管材料及加工方法、管材、支吊架及阀门安装要求、保温、减振做法、水管系统的试压和清洗等；设备的安装要求；防腐要求；系统调试和试运行方法和步骤；应遵守的施工规范等。

2. 通风空调系统平面图

通风空调系统平面图包括建筑物各层面各通风空调系统的平面图、空调机房平面图、制冷机房平面图等。

（1）系统平面图　主要说明通风空调系统的设备、风管系统、冷热媒管道、凝结水管道的平面布置。

1）风管系统包括风管系统的构成、布置及风管上各部件、设备的位置，并注明系统编号、送回风口的空气流向，一般用双线绘制。

2）水管系统包括冷、热水管道，凝结水管道的构成、布置及水管上各部件、仪表、设备位置等，并注明各管道的介质流向、坡度，一般用单线绘制。

3）空气处理设备包括各处理设备的轮廓和位置。

4）尺寸标注包括各管道、设备、部件的尺寸大小、定位尺寸以及设备基础的主要尺寸，还有各设备、部件的名称、型号、规格等。

除上述之外，还应标明图纸中应用到的通用图、标准图索引号。

（2）通风空调机房平面图　一般应包括空气处理设备、风管系统、水管系统、尺寸标注等内容。

1）空气处理设备应注明按产品样本要求或标准图集所采用的空调器组合段代号，空调箱内风机、表面式换热器、加湿器等设备的型号、数量以及该设备的定位尺寸。

2）风管系统包括与空调箱连接的送、回风管，新风管的位置及尺寸，用双线绘制。

3）水管系统包括与空调箱连接的冷、热媒管道，凝结水管道的情况，用单线绘制。

3. 通风空调系统剖面图

剖面图与平面图对应，因此，剖面图主要有系统剖面图、机房剖面图、冷冻机房剖面图等，剖面图上的内容应与在平面图剖切位置上的内容对应一致，并标注设备、管道及配件的标高。

4. 通风空调系统图

通风空调系统图应包括系统中设备、配件的型号、尺寸、定位尺寸、数量以及连接于各设备之间的管道在空间的曲折、交叉、走向和尺寸、定位尺寸等，并应注明系统编号。

5. 空调系统的原理图

空调系统的原理图主要包括系统的原理和流程；空调房间的设计参数、冷热源、空气处理及输送方式；控制系统之间的相互连接；系统中的管道、设备、仪表、部件；整个系统控制点与测点之间的联系；控制方案及控制点参数，用图例表示的仪表、控制元件型号等。

5.4.2　通风空调系统施工图常用图例

通风空调系统施工图常用图例见表5-2。

表 5-2　通风空调系统工程施工图常用图例

图例	名称	图例	名称
L-	冷水机组/风冷热泵编号		水管止回阀
T-	冷却塔编号		平衡阀
QB-	冷却水泵编号		自力式流量控制阀
LB-	冷冻水泵编号		倒流防止器
RB-	热水泵编号		不锈钢软接头
P-	排风机编号		离子排水处理仪
JY-	加压风机编号		水表
PY-	排烟风机编号	FM	能量计
P（Y）-	平时排风兼火灾排烟风机编号		混流式风机
S（B）-	平时进风兼火灾补风风机编号		柜式离心风机
S-	平时进风机编号	FS(T)	方形散流器（带调节阀）
B-	火灾补风风机编号		侧送、侧回百叶风口
FP-136	卧式暗装风机盘管	DB（T）	单层百叶风口（带调节阀）
X30D	吊顶式新风机	SB（T）	双层百叶风口（带调节阀）
		FYBY	防雨百叶风口（带过滤网）
	冷冻水供水管	ZCBY	自垂百叶风口
	冷冻水回水管	TXFK	条形风口
	冷凝水管	XLFK（T）	旋流风口（带调节阀）
—Pz—	膨胀管	HFK（F）	格栅回风口（带滤网）
—X—	泄水管		轻质风管止回阀
—G—	补水管	70℃	70℃防火调节阀（常开）
	水泵（系统图上表示）	280℃	280℃防火调节阀（常开）
	带表阀压力表（1.6MPa）		280℃排烟防火阀（常闭）
	带金属护套玻璃管温度计（0～50℃）		70℃电动防火阀（常开，火灾电信号关闭）
	橡胶软接头		电动对开多叶调节阀（220V）
	Ｙ形过滤器		阻抗复合式消声器（长1.0m）
	截止阀		管式消声器（长1.0m）
	蝶阀		微穿孔板消声弯头
	闸阀		风管软接头
	电动二通阀		手动对开调节阀
	电动蝶阀（220V）	V20	排气扇（带止回装置）

5.4.3 通风空调系统施工图识读

1. 通风空调系统施工图识读方法与步骤

通风空调系统施工图有其自身的特点，其复杂性要比暖卫施工图大，识读时要切实掌握各图例的含义，把握风系统与水系统的独立性和完整性。识读时要搞清系统，摸清环路，系统阅读，其方法与步骤如下：

（1）认真阅读图纸目录　根据图纸目录了解该工程图纸张数、图纸名称、编号等概况。

（2）认真阅读领会设计施工说明　从设计施工说明中了解系统的形式、系统的划分及设备布置等工程概况。

（3）仔细阅读有代表性的图纸　在了解工程概况的基础上，根据图纸目录找出反映通风空调系统布置、空调机房布置、冷冻机房布置的平面图，从总平面图开始阅读，然后阅读其他平面图。

（4）辅助性图纸的阅读　平面图不能清楚全面地反映整个系统情况，因此，应根据辅助图纸（如剖面图、详图）进行阅读。对整个系统情况，可配合系统图阅读。

（5）其他内容的阅读　在读懂整个系统的前提下，再回头阅读施工说明及设备材料明细表，了解系统的设备安装情况、零部件加工安装详图，从而把握图纸的全部内容。

2. 防烟排烟系统施工图识读实例

现以2号办公楼防烟排烟系统施工图为例进行识读，局部的施工图如图5-1～图5-3所示。

该工程一～五层走道采用机械排烟，排烟口为带调节阀的单层百叶风口，屋顶上安装有排烟风机。每层的走道安装有排烟风管，排烟风管与排烟井相接。排烟井从一层一直延伸到屋顶，与排烟风机相连通。火灾时，可通过现场的手动控制开关手动开启或火灾自动报警系统自动开启屋面排烟风机排烟。排烟风机入口处设有排烟防火阀，当烟气温度超过280℃时，自动关闭排烟防火阀，同时连锁关闭相应的排烟风机。排烟风机及其软接头能在280℃时连续运行30min。封闭楼梯间和各房间采用自然排烟方式。

3. 空调工程施工图识读实例

现以2号办公楼空调工程施工图为例进行识读，局部的施工图如图5-4～图5-7所示。

（1）工程概况　阅读设计及施工说明可知该工程为地上5层，地下1层。空调系统采用半集中式，夏季制冷、冬季采暖。空调主机采用4台模块式风冷机组，单体制冷量为130kW，制热量为140kW。

（2）施工图解读　识读图纸时可先粗看系统图，对空调管道的走向建立大致的空间概念，然后将平面图与系统图对照来识读。

1）冷冻水系统。从图5-4可知该空调工程采用4台风冷式模块机组并联运行，安装在屋顶的一个平台上，冷水管L1为供水管，L2为回水管。进入每台风冷机组的供回水管道为DN80，系统供回水主管为DN150，在供回水管之间装有一个压差控制器，以便调节供回水的压力差。屋顶上还设有膨胀水箱，用以补充冷冻水或排出多余的冷冻水。冷冻水为闭式循环，同程式布置。供回水主管L1和L2从屋顶沿暖井垂直敷设至一层，每层的冷冻水供回水干管在暖井处与供回水主管相接。由于冷冻水在楼层中采用同程式，供、回水干管中的水流方向相同（顺流），经过每一环路的管路总长度相等，供水管道管径沿水流方向逐渐变小，而回水管道管径沿水流方向逐渐变大。

从图5-5和图5-6可知，办公室内均安装有风机盘管，走道安装有新风机。X30D新风机的供回水管管径均为DN40，X40D新风机的供回水管管径均为DN50，凝结水管管径为DN32。风机盘管的供回水管及凝结水管管径为DN20。新风机和风机盘管冷冻水进出水管道上均装有橡胶软接头、截止阀、电动二通阀、Y形过滤器、压力表、温度计等。房间内设温控器和三速开关，以便调节室温。

2）空调风系统。看图5-7，该图为空调风系统平面图，采用的是风机盘管加新风机半集中式的空气处理方式。新风通过防水百叶风口从室外引入，在新风机内降温处理后通过新风管送入空调房间。新风支管上的方形散流器均带有调节阀，以便调整新风的分配。房间采用顶送顶回的气流组织方式，风机盘管将室内空气处理后通过送风管道和方形散流器送入房间内，回风则从风机盘管的回风箱进入。

【单元测试】

1. 通风空调工程施工图由哪几部分组成？
2. 简述2号办公楼排烟系统的工作过程。
3. 简述2号办公楼空调水系统的循环过程。
4. 简述2号办公楼空调风系统的组成。

本项目小结

1）建筑通风就是把建筑物室内被污染的空气直接或经过净化处理后排至室外，再将新鲜的空气补充进来，达到保持室内空气环境符合卫生标准要求的过程。通风系统可分为自然通风和机械通风，机械通风又可分为全面通风、局部通风和混合通风三种。

2）通风系统由通风机、通风管道、进排出风口及风阀组成。

3）凡建筑物高度超过24m的高层民用建筑及其相连的且高度不超过24m的裙房设有防烟楼梯及消防电梯时，均应进行防烟、排烟设计。其实质是控制烟气合理流动，也就是使烟气不流向疏散通道、安全区和非着火区，而向室外流动。

4）防烟排烟的措施通常采用隔断或阻挡、疏导排烟和加压防烟方法。

5）防火、防烟排烟设备及部件主要有防火阀、排烟阀及排烟风机等。

6）空调即空气调节（air conditioner），就是通过采用一定的技术手段，在某一特定空间内，对空气的温度、湿度、洁净度及空气流动速度等参数进行调节和控制，以满足人体舒适或工艺要求的过程。

7）空调系统按空气处理设备的设置情况分类可分为分散式空调、半集中式空调及集中式空调。对集中式、半集中式空气调节系统，一般统称为中央空调系统。

8）中央空调系统一般由被空调的对象、空气处理设备、空气输送设备和分配设备、冷（热）源设备及空调控制系统等组成。

9）制冷主机主要分为压缩式制冷机、吸收式制冷机、蒸汽喷射式制冷机和半导体制冷器。现代制冷机以蒸气压缩式制冷机和吸收式制冷机应用最广。

10）空气处理设备是用于调节室内空气温度、湿度和洁净度的设备，俗称末端设备。

常用的末端设备有风机盘管、新风机、柜式空调器及组合式空调器等。

11）常用的空调风口有单层百叶、双层百叶、散流器、自垂百叶、防雨百叶、条形风口、球形风口、旋流风口等。

12）空调水系统按其功能分为冷冻水系统、冷却水系统和冷凝水排放系统。

13）空调冷冻水由冷冻水泵、冷冻水管、集水器和分水器、膨胀水箱及除污器等组成。

14）空调冷却水系统由冷却水泵、冷却水管、冷却塔和除污器等组成。

15）空调水系统安装的工艺流程是安装准备→预留、预埋→套管安装→支吊架制作安装→管道安装→设备安装→水压试验→防腐保温→调试。

16）空调水管安装时管材一般采用镀锌钢管，采用螺纹连接；当管径大于 DN100 时，可采用卡箍式、法兰或焊接连接，但应对焊缝及热影响区的表面进行防腐处理。

17）目前空调房间的气流分布有两大类：顶（上）部送风系统、下部送风系统（包括置换通风系统、工位与环境相结合的调节系统和地板下送风系统）。

项目6

建筑变配电与动力配电工程

【项目引入】

人们的工作生活都离不开电，电从哪里来？是怎么输送的？在建筑设备的变配电系统、动力配电系统中有哪些设备？怎么安装的？这些问题都将在本项目中找到答案。

本项目主要以2号办公楼建筑变配电、地下室风机配电施工图为载体，介绍建筑变配电与动力配电系统及其施工图，图样内容如图6-1~图6-9所示。

		1AH	2AH	3AH
一次接线图				
高压开关柜编号		1AH	2AH	3AH
高压开关柜型号		KYN44A-12	KYN44A-12	KYN44A-12
高压开关柜二次原理图		厂家按国家标准配置	厂家按国家标准配置	厂家按国家标准配置
高压开关柜方案号		23	66	05
回路编号		G101-1		WH1
用途		电源进线	计量	变压器1TM
柜内主要元件	真空断路器	VEP-12T0625 630A 25kA		VEP-12T0625 630A 25kA
	高压熔断器 RN2-10 1A	1	1	
	电压互感器 JDZ-10,10/0.1kV,0.5级	1		
	电压互感器 JDZ-10,10/0.1kV,0.2级		1	
	电流互感器 LZZBJ10-10,0.5级	2(50/5)		2(50/5)
	电流互感器 LZJC-10,0.2S级		2(50/5)	
	接地开关 JN15-10 I 25kA			1
	带电显示装置 GSN2-10/T	1	1	1
	智能型综合继电保护装置 SPAJ140C	瞬时速断,过电流保护		瞬时速断,过电流及接地保护,温度保护
	电动操作机构(厂家配套)			
	避雷器 HY5WZ-17/50	3		3
	计量表	多功能表	多功能表	多功能表
	指示灯AD11 25/41-8GE DC220V	红绿各一		红绿各一
	母线 630A			
	变压器容量 /kVA	400		400
	计算电流 /A	23.1		23.1
	电缆规格	YJV22-8.7/15kV, 3×70mm²		YJV22-8.7/15kV, 3×70mm²
	(柜宽/mm)×(柜深/mm)×(柜高/mm)	800×1500×2200	800×1500×2200	800×1500×2200
备注		手车与Q1联锁 防止带负荷拉车		手车与Q2联锁 防止带负荷拉车

图6-1　10kV高压配电系统图

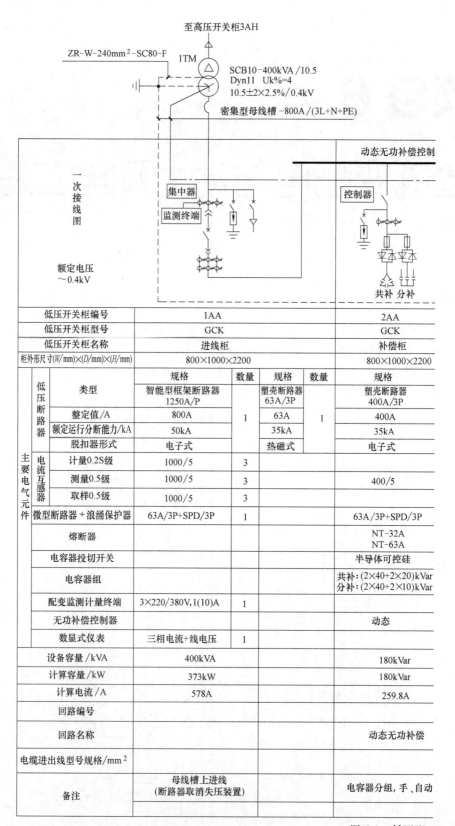

低压开关柜编号			1AA			2AA
低压开关柜型号			GCK			GCK
低压开关柜名称			进线柜			补偿柜
柜外形尺寸(W/mm)×(D/mm)×(H/mm)			800×1000×2200			800×1000×2200
主要电气元件	低压断路器	类型	规格	数量	规格	数量	规格
			智能型框架断路器 1250A/P		塑壳断路器 63A/3P		塑壳断路器 400A/3P
		整定值/A	800A	1	63A	1	400A
		额定运行分断能力/kA	50kA		35kA		35kA
		脱扣器形式	电子式		热磁式		电子式
	电流互感器	计量0.2S级	1000/5	3			
		测量0.5级	1000/5	3			400/5
		取样0.5级	1000/5	3			
	微型断路器+浪涌保护器		63A/3P+SPD/3P	1			63A/3P+SPD/3P
	熔断器						NT-32A NT-63A
	电容器投切开关						半导体可控硅
	电容器组						共补:(2×40+2×20)kVar 分补:(2×40+2×10)kVar
	配变监测计量终端		3×220/380V,1(10)A	1			
	无功补偿控制器						动态
	数显式仪表		三相电流+线电压	1			
设备容量/kVA			400kVA				180kVar
计算容量/kW			373kW				180kVar
计算电流/A			578A				259.8A
回路编号							
回路名称							动态无功补偿
电缆进出线型号规格/mm²							
备注			母线槽上进线 (断路器取消失压装置)				电容器分组,手、自动

图 6-2 低压配

器　TMY-4×(50×5)

PMAZ-600B-1	PMAZ-600B-1	PMAZ-600B-1	PMAZ-600B-1

PE：TMY-30×4

3AA

GCK

出线柜

600×1000×2200

数量	规格	数量	规格	数量	规格	数量	规格	数量
	塑壳断路器 63A/3P		塑壳断路器 250A/3P		塑壳断路器 63A/3P		塑壳断路器 100A/3P	
1	40A	1	250	1	40A	1	80A	1
	35kA		35kA		35kA		35kA	
	电子式		电子式		电子式		电子式	
3	50/5	3	300/5	3	40/5	3	100/5	3
1								
12								
12								
10								
1								
1								
	三相电流	1	三相电流	1	三相电流	1	三相电流	1
	18.3		120		15		17	
	14.6		120		15		17	
	26.2		227.9		28.5		47	
	N101		N102		N103		N104	
	1AP.KT 风机盘管		6AP.KT1 空调主机		6AP.KT2 冷冻水泵		6APE.DT 普通电梯	
	YJV-1kV 5×10		YJV-1kV 4×150+1×95		YJV-1kV 5×10		YJV-1kV 4×25+1×16	
投切	电缆下出线		电缆下出线		电缆下出线		电缆下出线	
	工作电源		工作电源		工作电源		工作电源	

电系统图（一）

一次接线图 额定电压 ~0.4kV		PMAZ-600B-1		PMAZ-600B-1		PMAZ-600B-1		
低压开关柜编号								3AA
低压开关柜型号								GCK
低压开关柜名称								出线柜
柜外形尺寸(W/mm)×(D/mm)×(H/mm)								600×1000×
		规格	数量	规格	数量	规格	数量	
主要电气元件	低压断路器	类型	塑壳断路器 160A/3P	1	塑壳断路器 63A/3P	1	塑壳断路器 160A/3P	1	塑壳
		整定值/A	125A		63A		125A		电
		额定运行分断能力/kA	35kA		35kA		35kA		
		脱扣器形式	电子式		电子式		电子式		电
	电流互感器	计量0.2S级							
		测量0.5级	150/5	3	75/5	3	150/5	3	
		取样0.5级							
	微型断路器+浪涌保护器								
	熔断器								
	电容器投切开关								
	电容器组								
	配变监测计量终端								
	无功补偿控制器								
	数显式仪表		三相电流	1	三相电流	1	三相电流	1	三
设备容量/kVA			30		18.5		37		
计算容量/kW			30		18.5		37		
计算电流/A			56.8		35		70.1		
回路编号			N120		N121		N122		
回路名称			-1APE.XH2 室外消火栓泵		-1APE.XH1 室内消火栓泵		-1APE.PL 自动喷淋泵		
电缆进出线型号规格/mm²			NH-YJV-1kV 3×50+2×25		NH-YJV-1kV 3×16+2×10		NH-YJV-1kV 3×50+2×25		
备注			电缆下出线		电缆下出线		电缆下出线		
			工作电源		工作电源		工作电源		

图 6-3 低压配

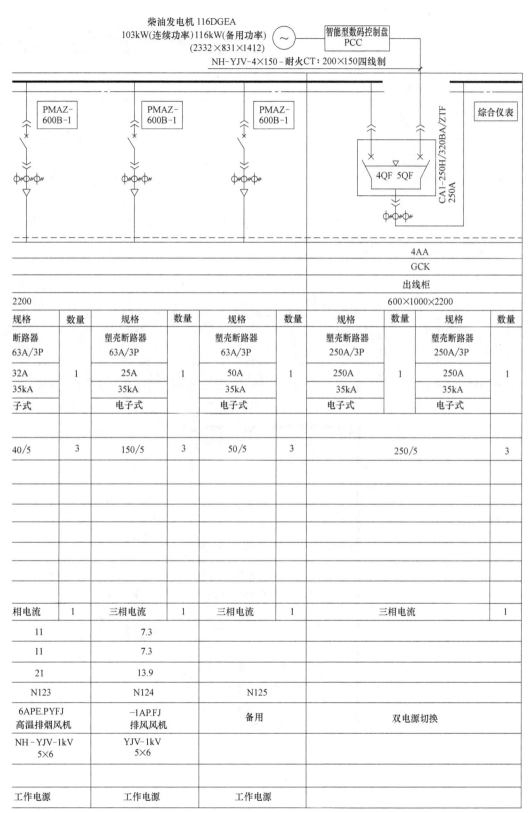

规格	数量	规格	数量	规格	数量	规格	数量	规格	数量
断路器 63A/3P		塑壳断路器 63A/3P		塑壳断路器 63A/3P		塑壳断路器 250A/3P		塑壳断路器 250A/3P	
32A	1	25A	1	50A	1	250A	1	250A	1
35kA		35kA		35kA		35kA		35kA	
子式		电子式		电子式		电子式		电子式	
40/5	3	150/5	3	50/5	3	250/5			3
相电流	1	三相电流	1	三相电流	1	三相电流			1
11		7.3							
11		7.3							
21		13.9							
N123		N124		N125					
6APE.PYFJ 高温排烟风机		-1AP.FJ 排风风机		备用		双电源切换			
NH-YJV-1kV 5×6		YJV-1kV 5×6							
工作电源		工作电源		工作电源					

电系统图（二）

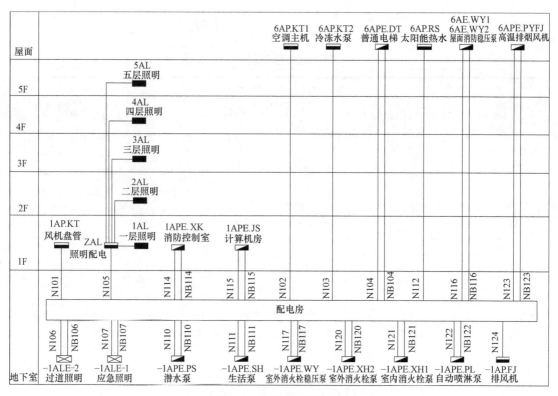

图 6-4　竖向配电干线图

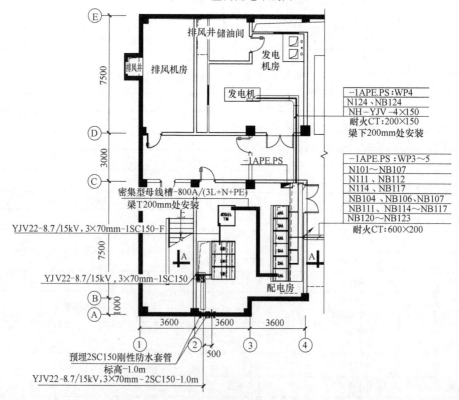

图 6-5　地下室变配电房平面图

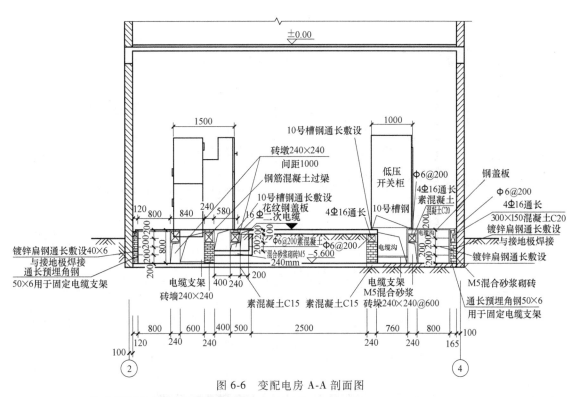

图 6-6 变配电房 A-A 剖面图

注:本材料表仅供参考,不做购买使用。

序号	图例	名称	规格	单位	数量	备注
31		PC管	PC20、PC25、PC32	m	按实计	
30		紧定式钢管	JDG16、JDG20、JDG25、JDG32	m	按实计	
29		钢管	SC40、SC50、SC65	m	按实计	
28		电力电缆	YJV-1kW 4×95+1×50mm²	m	按实计	
27		电力电缆	YJV-1kW 4×120+1×70mm²	m	按实计	
26		电力电缆	YJV-1kW 4×70+1×35mm²	m	按实计	
25		电力电缆	YJV-1kW 4×50+1×25mm²	m	按实计	
24		电力电缆	YJV-1kW 4×35+1×16mm²	m	按实计	
23		电力电缆	YJV-1kW 4×25+1×16mm²	m	按实计	
22		电力电缆	YJV-1kW 5×10mm²	m	按实计	
21		电力电缆	WDZ-YJV-1kW 5×10mm²	m	按实计	
20		电力电缆	WDZ-YJV-1kW 3×25+2×16mm²	m	按实计	
19		电力电缆	WDZ-YJV-1kW 4×50+1×25mm²	m	按实计	
18		电力电缆	WDZ-YJV-1kW 4×150+1×95mm²	m	按实计	
17		电力电缆	WDZ-YJV-1kW 4×70+1×35mm²	m	按实计	
16		电力电缆	WDZ-YJV-1kW 4×150+1×95mm²	m	按实计	
15		电力电缆	WDZ-YJV-1kW 5×10mm²	m	按实计	
14		电力电缆	WDZ-YJV-1kW 3×50+2×16mm²	m	按实计	
13		高压电力电缆	YJV22-8.7/15kV 3×70mm²	m	按实计	
12		槽式电缆桥架	防火型封闭式100×50	m	按实计	
11		槽式电缆桥架	防火型封闭式200×100	m	按实计	
10		槽式电缆桥架	防火型封闭式250×100	m	按实计	
9		槽式电缆桥架	防火型封闭式300×100	m	按实计	
8		槽式电缆桥架	防火型封闭式400×150	m	按实计	
7		槽式电缆桥架	防火型封闭式500×150	m	按实计	
6		密集型母线槽	CCX1-800A /4-IP40	m	按实计	
5		排烟管		m	按实计	
4	⊖~	柴油发电机组	116DGEA 配PCC智能型数码控制屏	套	1	
3	3AA	低压配电柜	GCK抽屉柜	套	6	见系统图
2	3AH	高压开关柜	KYN44A-12 12kV 630A	套	3	见系统图
1	1TM	干式变压器	SCB10-400/10D,yn11 AN/AF-IP20	套	1	带风冷系统

图 6-7 变配电系统主要设备材料表

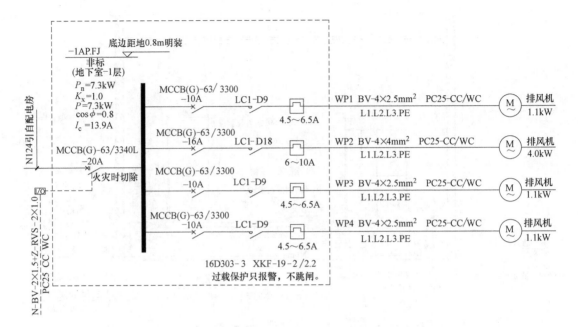

图 6-8　地下室风机配电系统图

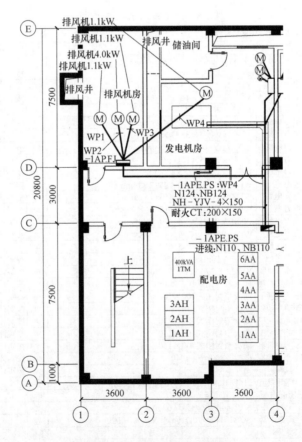

图 6-9　地下室风机配电平面图

【学习目标】

知识目标：熟悉建筑供配电系统及动力配电系统的组成，电力负荷的电压等级；了解低压配电系统的配电方式；理解配电线路型号规格所代表的含义；了解三相异步电动机使用基本常识；熟练识读施工图。

技能目标：能对照实物和施工图辨别出建筑变配电、动力配电系统各组成部分，并说出其作用；能根据施工工艺要求将二维施工图转成三维空间图。

素质目标：培养科学严谨精益求精的职业态度、团结协作的职业精神。

【学习重点】

1）变配电设备、线路的型号规格及安装内容。
2）变配电系统、动力配电系统施工图。

【学习难点】

名词陌生，二维平面图转三维空间图。

【学习建议】

1）本项目的原理性内容做一般了解，着重在电器安装与识图内容。
2）如果在学习过程中有疑难问题，可以多查资料，多到施工现场了解材料与设备实物及安装过程，也可以通过施工录像、动画来加深对课程内容的理解。
3）多做施工图识读练习，并将图与工程实际联系起来。
4）各单元后的技能训练，应在学习中对应进度逐步练习，通过做练习加以巩固基本知识。

【项目导读】

1. 工作任务分析

图 6-1~图 6-9 是 2 号办公楼建筑变配电系统、动力配电系统部分施工图，图中出现大量的图块、符号、数据和线条，这些东西代表什么含义？它们之间有什么联系？图上所表示的电器是如何安装的？这一系列的问题均要通过本项目内容的学习才能逐一解答。

2. 实践操作（步骤/技能/方法/态度）

为了能完成前面提出的工作任务，我们需从解读变配电系统、动力配电系统组成开始，然后到系统的构成方式、设备、材料认识，施工工艺与下料，进而学会用工程语言来表示施工做法，学会施工图读图方法，最重要的是能熟读施工图，熟悉施工过程，为后续课程学习打下基础。

【本项目内容结构】

本项目内容结构如图 6-10 所示。

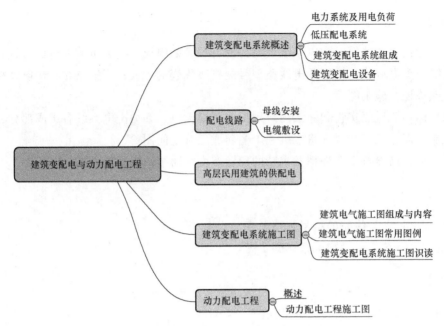

图 6-10　建筑变配电与动力配电工程内容结构

【想一想】　电是从哪里来的？

6.1　建筑变配电系统概述

6.1.1　电力系统及用电负荷

　　为了提高供电的安全性、可靠性、连续性、运行的经济性，并提高设备的利用率，减少整个地区的总备用电容量，常将发电厂、电力网和电力用户连成一个整体，这样组成的统一整体称为电力系统。典型电力系统示意图如图 6-11 所示。

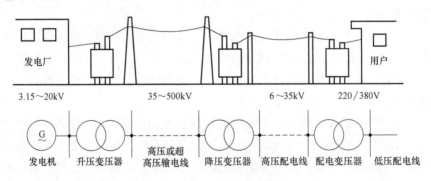

图 6-11　电力系统示意图

1. 发电送变电过程

　　从图 6-11 可以了解到，输送用户的电能经过了以下几个环节：发电→升压→高压送电→降压→10kV 高压配电→降压→0.38kV 低压配电→用户。

（1）发电厂　发电厂是将一次能源（如水力、火力、风力、原子能等）转换成二次能源（电能）的场所。我国目前主要以火力和水力发电为主。

（2）电力网　电力网是电力系统的有机组成部分，它包括变电所、配电所及各种电压等级的电力线路。

变电所与配电所是为了实现电能的经济输送和满足用电设备对供电质量的要求而设置的。变电所是接收电能、变换电压和分配电能的场所，可分为升压变电所和降压变电所两大类，配电所没有电压变换能力。

电力线路是输送电能的通道。在相距较远的发电厂与电能用户之间，要用各种不同电压等级的电力线路将发电厂、变电所与电能用户联系起来，使电能输送到用户。

（3）电力用户　电力用户也称电力负荷。在电力系统中，所有消耗电能的用电设备均称为电力用户。电力用户按其用途可分为：动力用电设备、工艺用电设备、电热用电设备、照明用电设备等。

2. 电网电压等级

从输电的角度来讲，电压越高则输送的距离越远，传输的容量越大。在交流电压等级中，通常将1kV及以下称为低压，1kV以上、35kV及以下称为中压，35kV以上、220kV及以下称为高压，330kV及以上、1000kV以下称为超高压，1000kV及以上称为特高压。目前我国常用的交流电压等级有：0.22kV、0.38kV、6.3kV、10kV、35kV、110kV、220kV、330kV、500kV、1000kV。我国规定了民用电的线电压为0.38kV，相电压0.22kV，交流电的工作频率为50Hz。

3. 用电负荷分级及对电源要求

在电力系统上的用电设备所消耗的功率称为用电负荷。根据用电负荷对供电可靠性的要求及中断供电所造成的损失或影响程度，分为三级。

（1）一级负荷　是指中断供电将造成人身伤害，或造成重大损坏重大影响，或影响重要用电单位的正常工作，或造成人员密集的公共场所秩序严重混乱的用电负荷。一级负荷应由双重电源供电，当一个电源发生故障时，另一个电源不应同时受到损伤。

（2）二级负荷　是指中断供电将造成较大损坏较大影响，或影响较重要用电单位的正常工作，或造成人员密集的公共场所秩序混乱的用电负荷。

对于二级负荷，应遵从有关规范要求供电，一般采用双回路电源在负荷端配电箱处切换。

（3）三级负荷　不属于一级和二级用电负荷的均为三级负荷。三级负荷采用单电源单回路供电。

4. 交流电路

电路就是电流经过的路径，通常由四个部分组成：电源、用电器、控制及保护电器、连接导体，电路图及接线图如图6-12、图6-13所示。

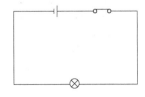

图6-12　电路图

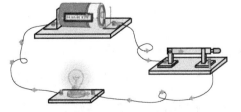

图6-13　灯泡电路接线图

电路组成

（1）电源　即电能的来源，有直流和交流之分，在建筑配电系统中常用交流电源。交流电源的形式有单相、三相，其中单相又分为单相两线制、单相三线制，三相分为三相四线制和三相五线制。

（2）用电器　是将电能转换为其他形式能量的装置，比如图 6-13 中的灯泡，就是将电能转换成光能，电动机就是将电能转换成机械能。任何用电器在实现能量转换过程中都有一定的承受能力，超过这个限度，用电器就会发生故障，这个限度称为用电器的额定功率。

（3）控制及保护电器　最简单的控制电器就是开关，起到通断电路的作用。保护电器，就是当电路出现故障时，可以立即将电路切断或将故障限制在一定范围之内。

（4）连接导体　上述三个组成部分需要用导线连接成闭合回路，才能实现电能的传输和分配。为减少线路上损耗及节约成本，连接导体一般选用铜或铝。

【想一想】　电能怎样传送到建筑中？有什么要求？

6.1.2　低压配电系统

低压配电系统，是指从终端降压变电所的低压侧到民用建筑内部低压设备的电力线路，其电压一般为 380/220V，配电方式有放射式、树干式、混合式，如图 6-14 所示。

放射式由总配电箱直接供电给分配电箱，可靠性高，控制灵活，但投资大，一般用于大型用电设备、重要用电设备的供电。

树干式由总配电箱采用一回干线连接至各分配电箱，节省设备和材料，但可靠性较低，在机加工车间中使用较多，可采用封闭式母线配电，灵活方便且比较安全。

混合式也称为大树干式，是放射式与树干式相结合的配电方式，其综合了两者的优点，一般用于高层建筑的照明配电系统。

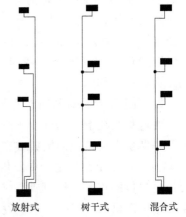

图 6-14　低压配电方式分类示意图

在三相电力系统中，发电机和变压器的中性点有三种运行方式：中性点不接地系统、中性点经阻抗接地系统、中性点直接接地系统。在低压配电系统中，我国广泛采用中性点直接接地系统，从系统中引出中性线（N）、保护线（PE）或保护中性线（PEN）。

低压配电系统的接地形式有三种：TT 系统、TN 系统、IT 系统，其中 TN 系统又分为 TN-C 系统、TN-C-S 系统、TN-S 系统，其示意图如图 6-15 所示。

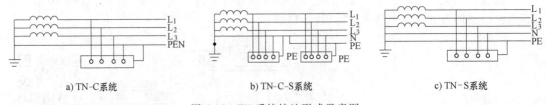

图 6-15　TN 系统接地形式示意图

【想一想】　建筑内的变配电系统有哪些设备？电能怎样传送？

6.1.3 建筑变配电系统组成

当建筑内电气设备的用电负荷量达到一定数值或对供电有特殊要求时，一般需高压供电，并设立变电所，将高压变为380/220V低压，向用户或用电设备配电。变电所的类型很多，建筑大多采用10kV变电所。

目前我国的建筑变配电系统一般由以下环节构成：高压进线→10kV高压配电→变压器降压→0.38kV低压配电、低压无功补偿。建筑中存在有一、二类负荷者，还应按规定配置备用电源。

按照电能量的传送方向，10kV建筑变配电系统的组成如图6-16所示。

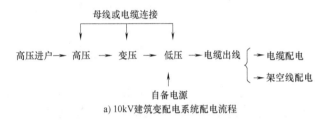

a) 10kV建筑变配电系统配电流程

建筑变配电
系统组成

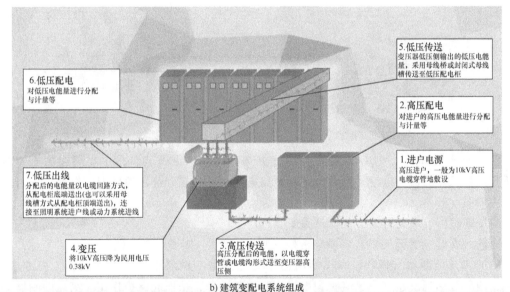

b) 建筑变配电系统组成

c) 建筑变配电系统组成实物图

图6-16 10kV建筑变配电系统组成

【想一想】 建筑变配电系统里有哪些设备？

6.1.4 建筑变配电设备

10kV 变电所按其变压器及高低压开关设备放置位置不同可分为：室内型、半室内型、室外型，另外还有组合式变电所（或称箱式变电所）。

室内变电所主要由三部分组成：高压配电室、变压器室、低压配电室。高压配电室是安装高压配电设备的房间，其布置取决于高压开关柜的数量与形式，房间高度一般为 4m 或 4.5m。变压器室是安装变压器的房间，其结构形式取决于变压器的形式、容量、安装方向、进出线方位及电气主接线方案等。低压配电室是安装低压开关柜的房间，低压开关柜有单列布置和双列布置，房间高度一般为 4m 左右。室内型变电所平面布置如图 6-5 所示。

1. 高压配电设备

（1）高压断路器（QF）　高压断路器是一种开关电器，如图 6-17 所示，在电力系统中起着控制与保护作用。

（2）高压隔离开关（QS）　高压隔离开关主要是用来隔离高压电源，以保证安全检修，因此其结构特点是断开后具有明显可见的断开间隙。户内式 GN19 系列隔离开关如图 6-18 所示。

图 6-17　户内高压真空断路器

图 6-18　隔离开关

（3）高压负荷开关（QL）　高压负荷开关具有简单的灭弧装置，主要用在高压侧接通或断开正常工作的负荷电流，但不能切断短路电流，它必须和高压熔断器配合使用。真空负荷开关如图 6-19 所示。

高压断路器、隔离开关、负荷开关安装程序：

运输→安装（含开关安装、操动机构安装）→调整→接线→交接试验

（4）高压熔断器（FU）　高压熔断器主要元件是一种易于熔断的熔断体，简称熔体，当通过的电流达到或超过一定值时，熔体熔断切断电源，从而起保护作用。高压熔断器如图 6-20 所示。

图 6-19　真空负荷开关

图 6-20　高压熔断器

（5）避雷器 在打雷时，雷电的高电压可能会沿着电力线路进到室内，对电器设备造成破坏，避雷器就是用来对变配电设备实行防雷保护的。阀型避雷器如图6-21所示。

（6）互感器 互感器有电流互感器、电压互感器，也称仪用变压器，其主要作用是将大电流、大电压降为能提供测量仪表和继电保护装置用的电流与电压，如图6-22、图6-23所示。

图6-21 阀型避雷器　　　图6-22 全封闭式电流互感器　　　图6-23 电压互感器

（7）支持绝缘子和穿墙套管 支持绝缘子用于变配电装置中，对导电部分具有绝缘和支持的作用。高压户内支持绝缘子外形如图6-24所示。

高压穿墙套管及穿墙板是高低压线路引入（出）室内或导电部分穿越建筑物或其他物体时的引导元件，如图6-25所示。

图6-24 高压户内支持绝缘子　　　　　图6-25 高压穿墙套管

（8）高压开关柜（AH） 高压开关柜也称高压配电柜，是按照一定的接线方案将高压设备（如开关设备、监察测量仪表、保护电器及操作辅助设备等）组装而成的高压成套配电装置，作为电能接受、分配的通断和监视保护之用。

高压开关柜有固定式和手车式之分，如图6-26所示。

a）固定式　　　　　　　　　　　b）手车式

图6-26 高压开关柜

开关柜一般都安装在槽钢或角钢制成的基础型钢底座上，基础型钢安装方式如图 6-27 所示。基础型钢制作好后，要配合土建工程进行预埋。

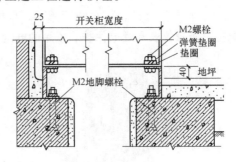

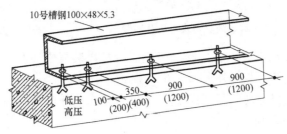

图 6-27　基础型钢安装

2. 变压器

　　变压器是变配电系统最重要的设备，它利用电磁原理将电力系统中的电压升高或降低，以利于电能的输送、分配和使用。在建筑变配电系统中主要是将电网送来的高压电降为用户能使用的低压电，常用的变压等级为 10/0.4kV。

　　变压器按照结构形式不同可分为油浸式和干式，如图 6-28 所示。油浸式与干式相比，具有较好的绝缘和散热性能，价廉，但不宜用于易燃、易爆场所。因此，安装在一、二类高层主体建筑内的变压器应选用节能型干式变压器，变压器器身通常坐落在基础槽钢上。

10kV级S9型

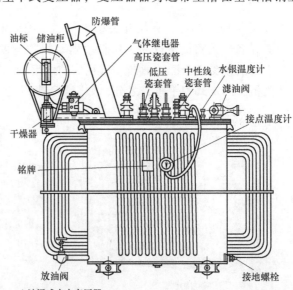

a) 油浸式电力变压器

图 6-28　电力变压器

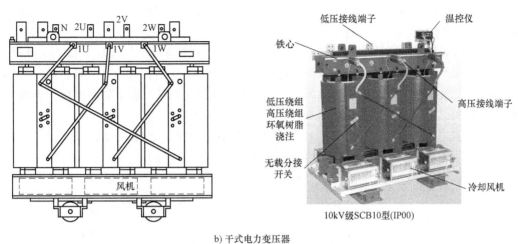

b) 干式电力变压器

图 6-28　电力变压器（续）

3. 低压配电设备安装

（1）低压断路器（QF）　低压断路器又称自动空气开关、低压空气开关，能带负荷通断电路，又能在短路、过负荷和失压时自动切断电源，如图 6-29 所示。

a) 塑壳式断路器　　　　　　　　　　　　　　　　　　　　b) 微型断路器

c) 万能式断路器

图 6-29　自动空气开关

低压断路器按照用途可分为：配电用断路器、电动机保护用断路器、照明用断路器、漏电保护用断路器等。

漏电断路器是在断路器上加装漏电保护器件，当低压线路或电气设备上发生人身触电、漏电和单相接地故障时，漏电断路器可快速自动切断电源，保护人身和电气设备的安全，避免事故扩大。漏电保护型的低压断路器在原有代号上加上字母 L，表示是漏电保护型的。如 DZl5L-60 系列漏电断路器。漏电断路器外形如图 6-30 所示。

（2）交流接触器（CJ） 交流接触器作为线路或电动机的远距离频繁通断之用。CJ20 系列接触器，是全国统一设计的新产品，如图 6-31 所示。

图 6-30　漏电断路器　　　　　　　图 6-31　CJ20 系列交流接触器

（3）低压开关柜（AA） 低压开关柜是按一定线路方案将低压设备组装而成的低压成套配电装置。按断路器是否可以抽出可以分成固定式（GGL、GGD）、抽出式（BFC、GCL、GCK、GCS）两种类型，如图 6-32 所示。低压开关柜的安装同高压开关柜，安装示意如图 6-33 所示。

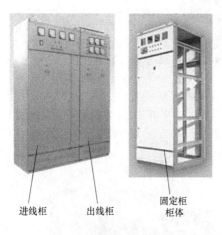
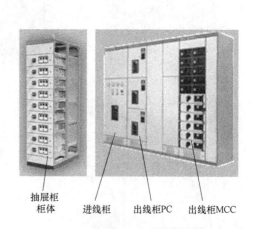

进线柜　出线柜　固定柜柜体　　抽屉柜柜体　进线柜　出线柜PC　出线柜MCC

a）GGD型低压固定式开关柜　　　　b）GCS型低压抽出式开关柜

图 6-32　低压开关柜

4. 柴油发电机组（G）

一、二级电力负荷对供电可靠性要求较高，市政电可能无法满足要求，因此需要做自备电源。建筑配电的自备电源常用柴油发电机组。

柴油发电机组主要由柴油机、发电机和控制屏三大部分组成，以柴油机为动力，拖动工

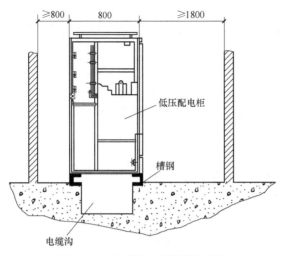

图 6-33 低压开关柜安装示意图

频交流同步发电机组成发电设备。主要供电给一级负荷和部分二级负荷，要求在市电停电时，10~15s 内自动启动，作应急备用电源。

柴油发电机组通常安装在混凝土基础上，基础上需安装机组地脚螺栓，采用二次灌浆，其安装示意如图 6-34 所示。

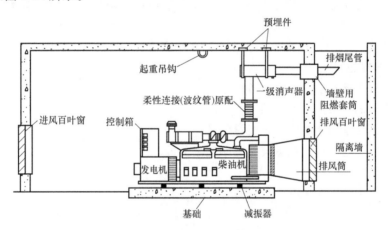

图 6-34 柴油发电机组安装示意图

建筑变配电系统设备安装完毕，为保证供用电的顺利进行，必须按照规范要求进行调试，调试的内容一般有：高压侧 10kV 配电装置系统调试、电力变压器系统调试、低压侧

0.4kV 配电装置系统调试、柜内设备调试（含母线系统、绝缘子、避雷器、电容器等）、电缆试验、发电机系统调试、不间断电源调试、备用自投装置调试等。

【本单元关键词】

电力系统　电压等级　交流电路　开关柜　变压器

【单元测试】

一、单项选择题

1. 我国建筑配电的低压电压等级是（　　）。

A. 1kV　　　　　　　B. 36V　　　　　　　C. 10kV　　　　　　　D. 0.38/0.22kV

2. 10kV 三相三线穿墙时需做（　　）个穿墙套管。

A. 1　　　　　　　　B. 2　　　　　　　　C. 3　　　　　　　　D. 4

3. 安装在建筑物地下室的电力变压器一般采用（　　）。

A. 单相变压器　　B. 干式变压器　　C. 油浸式变压器　　D. 电焊变压器

4. 变压器的电磁感应原理是将（　　）。

A. 机械能转成磁，磁再转成电能　　　　B. 动能转成电能

C. 势能转成电能　　　　　　　　　　　D. 电转磁，磁再转电

5. 电源的形式有交流、直流之分，交流又有单相和三相之分，一栋单体建筑的配电通常采用（　　）。

A. 三相交流　　　B. 直流　　　　　C. 单相交流　　　　D. 其他

二、多项选择题

1. 下列关于交流电路，表述正确的有（　　）。

A. 照明电路的开关应装在火线上

B. 要形成闭合电路才能实现电能量的转换

C. 三相五线制电源线的绝缘皮是有颜色之分的

D. 交流电流大小不变

2. 配电柜的基础型钢常用（　　）。

A. 角钢　　　　　　B. 槽钢　　　　　　C. 圆钢　　　　　　D. 钢管

3. 变压器按照冷却方式划分，有（　　）。

A. 干式　　　　　　B. 芯式　　　　　　C. 壳式　　　　　　D. 油浸式

4. 建筑变配电系统的组成部分包括（　　）。

A. 电缆　　　　　　B. 高压　　　　　　C. 变压　　　　　　D. 低压

5. 油浸式变压器型号 S11B-1000/10 的含义是（　　）。

A. 三相　　　　　B. 避雷型　　　　C. 容量 1000kVA　　D. 高压侧电压 10kV

三、判断题

1. 高低压开关柜、变压器的安装可以直接搁在地板上。（　　）

2. 油浸式变压器与干式变压器相比，具有较好的绝缘和散热性能，价廉，但不宜用于易燃、易爆场所。（　　）

3. 箱式变电所一般在现场组装，箱体、支架等应进行接地（PE），且有标识。（　　）

4. 变配电房可以设在厕所正下方。（　　　）

5. 当变配电所的正上方、正下方为住宅、客房、办公室等场所时，变配电所应作屏蔽处理。（　　）

6.2 配电线路

在变配电系统中，高压开关柜与变压器的电气连接，可以采用硬母线或电力电缆。变压器到低压配电柜、高压开关柜之间、低压配电柜之间的电气连接，一般采用硬母线，而从低压配电柜出线到变电所室外后，可以用电力电缆、母线槽进行低压配电。

6.2.1 母线安装

1. 裸母线

裸母线是变配电装置的连接导体，一般为硬母线，材质有硬铝母线LMY、硬铜母线 TMY。如：TMY-4（100×10），表示三相四线硬铜母线，每相一片，每片宽 100mm、高 10mm。其安装示意如图 6-35 所示。

母线制作
与安装

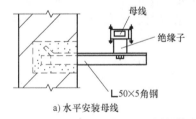
a) 水平安装母线

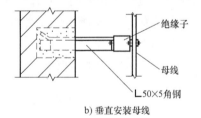
b) 垂直安装母线

图 6-35 裸母线水平、垂直方向安装示意图

母线穿墙或楼板时，需进行穿墙套管和穿墙隔板的安装，如图 6-36 所示。母线与电缆、

图 6-36 穿墙隔板安装做法

变压器连接如图 6-37 所示。

2. 封闭（插接）式母线槽

封闭（插接）式母线槽是把铜（铝）排用绝缘板夹在一起，并用空气绝缘或缠包绝缘带绝缘，再置于优质钢板的外壳内，母线的连接是采用高强度的绝缘板隔开各导电排，以完成母线的插接，然后用覆盖环氧树脂的绝缘螺栓紧固，以确保母线连接处的绝缘可靠，如图 6-38 所示。

图 6-37 母线与电缆、变压器连接

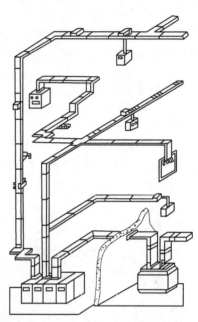

图 6-38 封闭（插接）式母线槽

母线槽安装时，按母线排列图，从起始端（或电气竖井入口处）开始向上、向前安装。母线槽外形及始端头如图 6-39 所示，母线槽在支、吊架上水平安装示意如图 6-40 所示，在竖井内垂直安装如图 6-41 所示。

安装前应逐节摇测母线的绝缘电阻，电阻值不得小于 $10M\Omega$。

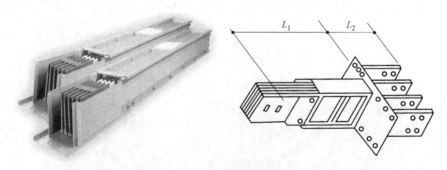

图 6-39 母线槽外形及始端头

当母线槽直线敷设长度超过 40m 时，应设置伸缩节（即膨胀节母线槽）。水平跨越建筑物的伸缩缝或沉降缝处，应采取适当措施。母线槽穿越防火墙、防火楼板时，应采取防火隔离措施。外壳需做接地连接，但不得作为保护干线用，其外壳接地线应与专用保护线（PE）连接。

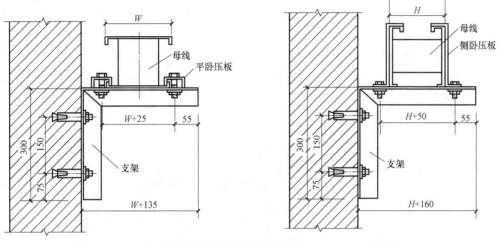

a) 在墙体角钢支架上平、侧卧安装

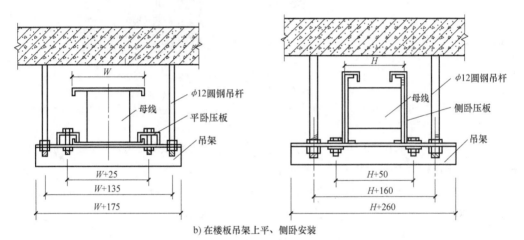

b) 在楼板吊架上平、侧卧安装

图 6-40　母线槽在支、吊架上水平安装

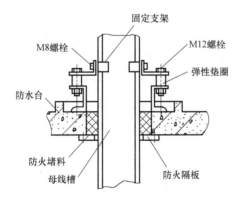

图 6-41　母线槽在竖井内垂直安装

【**想一想**】　开关柜内的电气连接常用母线，柜外的常用什么？

6.2.2 电缆敷设

1. 电缆基本结构

电缆是一种特殊的导线，它是将一根或数根绝缘导线组合成线芯，外面再加上密闭的包扎层加以保护。其基本结构一般是由导电线芯、绝缘层和保护层三个部分组成，如图6-42所示。

电缆型
号规格

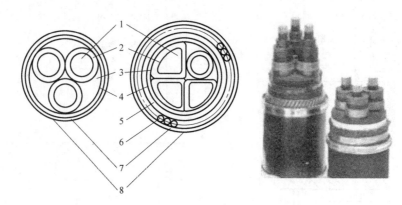

图 6-42　电缆结构

1—导电线芯　2—绝缘层（PVC）　3—填充　4—包带　5—内护层　6—钢丝铠装　7—外护层　8—标志

（1）导电线芯　导电线芯是用来输送电流的，通常由铜或铝的多股绞线做成，比较柔软易弯曲。我国制造的电缆线芯的标称截面有：$1mm^2$、$1.5mm^2$、$2.5mm^2$、$4mm^2$、$6mm^2$、$10mm^2$、$16mm^2$、$25mm^2$、$35mm^2$、$70mm^2$、$95mm^2$、$120mm^2$、$150mm^2$、$185mm^2$、$240mm^2$、$300mm^2$、$400mm^2$、$500mm^2$、$625mm^2$、$800mm^2$。按其芯数有：单芯、双芯、三芯、四芯、五芯，线芯形状有：圆形、半圆形、扇形和椭圆形。

（2）绝缘层　绝缘层的作用是将导电线芯与相邻导体以及保护层隔离，用以抵抗电力电流、电压、电场对外界的作用，保证电流沿线芯方向传输。

电缆的绝缘层材料有均匀质和纤维质两类。均匀质材料有橡胶、沥青、聚乙烯、聚氯乙烯、交联聚乙烯、聚丁烯等；纤维质材料有棉、麻、丝、绸等。低压电力电缆的绝缘层材料一般有橡胶、聚氯乙烯、纸等。

（3）保护层　保护层简称护层，分内护层和外护层两部分。内护层用来保护电缆的绝缘层不受潮湿和防止电缆浸渍剂外流及轻度机械损伤，外护层是用来保护内护层的，包括铠装层和外被层。

2. 电缆型号与名称

我国电缆产品的型号采用汉语拼音字母组成，有外护层时则在字母后加上两个阿拉伯数字，常用电缆型号中字母的含义及排列顺序见表6-1。

例如：YJV_{22}-4×95，表示一根电力电缆，交联聚乙烯绝缘，导电线芯为铜芯，内护层聚氯乙烯护套，双钢带铠装，外被层聚氯乙烯护套，四根导电线芯，每根导电线芯截面面积为$95mm^2$。

表 6-1　电缆型号组成与含义

性能	类别	绝缘种类	线芯材料	内护层	其他特征	外护层	
						第一个数字	第二个数字
ZR—阻燃 NH—耐火	电力电缆 不表示 K—控制电缆 Y—移动式 软电缆 P—信号电缆 H—市内 电话电缆	Z—纸 X—橡胶 V—聚氯乙烯 Y—聚乙烯 YJ—交联聚 乙烯	T—铜 （省略） L—铝	Q—铅护套 L—铝护套 H—橡胶护套 （H）F—非燃性 橡胶护套 V—聚氯乙 烯护套 Y—聚乙烯护套	D—不滴油 F—分相铅包 P—屏蔽 C—重型	2—双钢带 3—细圆钢丝 4—粗圆钢丝	1—纤维护套 2—聚氯乙烯护套 3—聚乙烯护套

建筑电气工程宜优先选用交联聚乙烯绝缘电缆，代替聚氯乙烯绝缘电缆。

3. 电缆种类

电缆按用途可分为：电力电缆、控制电缆、通信电缆、其他电缆。

电力电缆用来输送和分配大功率电能。无铠装的电缆适用于室内、电缆沟内、电缆桥架内和穿管敷设，但不可承受压力和拉力。钢带铠装电缆适用于直埋敷设，能承受一定的正压力，但不能承受拉力。预制分支电力电缆，是由电缆生产厂家根据设计要求在制造电缆时直接从主干电缆上加工制作出分支电缆，如图 6-43 所示。电力电缆的分支还可以采用绝缘穿

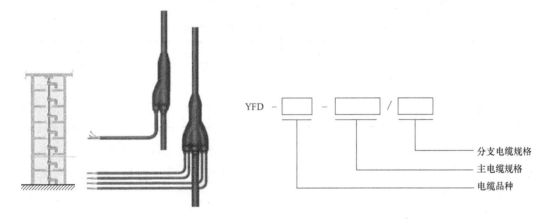

图 6-43　预制分支电缆

刺线夹形式，不需截断主电缆，不需剖开电缆内部的绝缘层，不破坏电缆的机械性能和电气性能即可在电缆的任意位置做分支，操作简易，得到广泛应用。绝缘穿刺线夹如图 6-44 所示。

控制电缆用于配电装置、继电保护和自动控制回路中传送控制电流、连接电气仪表及电气元件等，其构造与电力电缆相似，芯数为几芯到几十芯不等，单芯截面面积为 $1.5\sim10mm^2$。

通信电缆按结构类型可分为对称式通信电缆、同轴

图 6-44　绝缘穿刺线夹

通信电缆和光缆，按使用范围可分为室内通信电缆、长途通信电缆和特种通信电缆。

电缆敷设

4. 电缆敷设

电缆的敷设方式有直接埋地敷设、穿管敷设、电缆沟敷设、电缆桥架敷设，以及用支架、托架悬挂方法敷设等。不论哪种敷设方式，都应遵守以下规定：

1）在电缆敷设施工前应检验电缆电压、系列、型号、规格等是否符合设计要求，表面有无损伤等。对6kV以上的电缆，应做交流耐压和直流泄漏试验，6kV及以下的电缆应测试其绝缘电阻。

2）电缆进入电缆沟、建筑物、配电柜及穿管的出入口时均应进行封闭。敷设电缆时应留有一定余量的备用长度，用作温度变化引起变形时的补偿和安装检修。

3）电缆敷设时，不应破坏电缆沟、隧道、电缆井和人井的防水层。并联使用的电力电缆，应采用型号、规格及长度都相同的电缆。

4）电缆敷设时，应将电缆排列整齐，不宜交叉，并应按规定在一定间距上加以固定，及时装设标志牌。

5）电缆在电缆沟内敷设或采用明敷设，电缆支架间或固定点间的距离不应大于表6-2中数值。

6）电缆线路施工完毕，经试验合格后办理交接验收手续方可投入运行。

表6-2　电缆支架间或固定点间的最大间距　　　　（单位：m）

敷设方式	塑料护套、铅包、铝包、钢带铠装		钢丝铠装
	电力电缆	控制电缆	
水平敷设	1.00	0.80	3.00
垂直敷设	1.50	1.00	6.00

（1）电缆直接埋地敷设　埋地敷设的电缆宜采用有外护层的铠装电缆。在无机械损伤的场所，可采用塑料护套电缆或带外护层的（铅包、铝包）电缆。两根电缆直接埋地敷设示意图如图6-45所示。

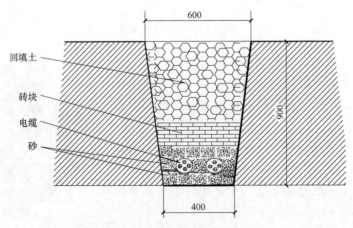

图6-45　两根电缆直接埋地敷设示意图

电缆直接埋地敷设的施工程序是：电缆检查→挖电缆沟→电缆敷设→铺砂盖砖→盖盖板→埋标志桩。

电缆通过有振动和承受压力的地段，比如道路、水沟、建筑物基础等处时应穿管保护，进入建筑物所穿的保护管应超出建筑物散水坡 100mm。电缆直埋进入建筑物的做法如图 6-46 所示。

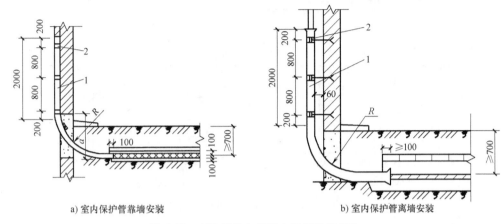

a) 室内保护管靠墙安装　　　　　　　　b) 室内保护管离墙安装

图 6-46　直接埋地电缆进入建筑物的做法
1—保护管　2—U 形管卡

电缆直接埋地的方式比其他地下电缆敷设方式施工简便、建设费用低，但故障后检修更换较困难，故对于重要负荷不宜采用。在大面积混凝土地面或道路密布场所敷设电缆，也不宜采用电缆直接埋地方式，而应采用电缆穿管敷设。虽然建设费用增加，但为日后检修更换电缆带来方便。

（2）电缆穿管埋地敷设　管的材质有钢管、PVC-C 塑料管，可采用多根管埋地敷设的排管方式（一般不超过 12 根）。其施工程序是：电缆检查→挖电缆沟→埋管→砌电缆井→覆土→管内穿电缆→清理现场→电缆头制作安装→电缆绝缘测试→埋标志桩。电缆穿镀锌钢管埋地敷设及穿排管安装做法如图 6-47、图 6-48 所示。

图 6-47　电缆穿镀锌钢管埋地敷设

图 6-48　电缆穿排管安装做法

（3）电缆沿电缆沟内敷设　电缆在专用电缆沟或隧道内敷设，是室内外常见的电缆敷设方法。电缆沟一般设在地面下，由砖砌成或由混凝土浇筑而成，沟顶部用混凝土盖板封住，室内电缆沟如图 6-49 所示。

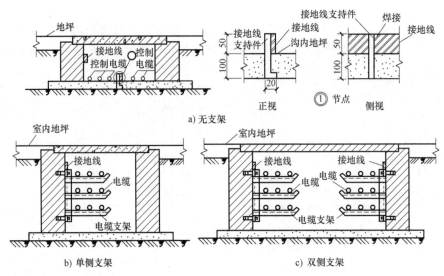

图 6-49　室内电缆沟

室内电缆沟敷设施工程序如下：

电缆检查→挖电缆沟→砌沟、抹灰→支架上搁置电缆→支架接地线→盖电缆沟盖板
↑
埋电缆支架

（4）电缆沿桥架敷设　架设电缆的构件称为电缆桥架。电缆桥架按结构形式分为托盘式、梯架式、组合式、全封闭式；按材质分为钢制桥架和铝合金桥架。托盘式桥架沿墙敷设及梯架式桥架沿板底敷设示意如图 6-50、图 6-51 所示。钢制槽式桥架沿墙、沿板底敷设示意如图 6-52、图 6-53 所示。

图 6-50　托盘式桥架沿墙敷设

图 6-51　梯架式桥架沿板底敷设

电缆沿桥架敷设施工程序如下：

弹线定位→设置预埋件或膨胀螺栓→支吊架安装→桥架安装→保护地线安装→电缆绝缘测试和耐压试验→电缆敷设→挂标识牌

电缆桥架（托盘、梯架）水平敷设时距地高度一般不宜低于 2.5m，经过伸缩沉降缝时

图 6-52　钢制槽式桥架沿墙敷设　　　　　　　图 6-53　钢制槽式桥架沿板底敷设

宜采用伸缩板连接，穿过防火墙及防火楼板时应采取防火隔离措施。

当地下情况复杂，用户密度高，用户的位置和数量变动较大，今后需要扩充和调整以及总图无隐蔽要求时，也可采用架空电缆，但在覆冰严重地面不宜采用架空电缆。

5. 电力电缆接头

电缆敷设完毕后各线段必须连接为一个整体。电缆线路的首末端称为终端（电缆头），中间的接头则称为中间接头，其主要作用是确保电缆密封、线路畅通。电缆头按制作安装材料可分为干包式、热缩式、冷缩式和环氧树脂浇注式等。

电缆头制作安装

干包式电力电缆头制作安装不采用填充剂，也不用任何壳体，因而具有体积小、重量轻、成本低和施工方便等优点，但只适用于户内低压（≤1kV）全塑或橡胶绝缘的电力电缆。热收缩电缆附件适用于 0.5~10kV 交联聚乙烯电缆及各种类型的电缆头制作安装。浇注式主要用于油浸纸绝缘电缆。

1）户内干包式电力电缆头施工程序如下：剥保护层及绝缘层→清洗→包缠绝缘→压连接管及接线端子→安装→接线→线路绝缘测试。

2）户内热缩式电力电缆头施工程序如下：锯断→剥切清洗→内屏蔽层处理→焊接地线→压扎锁管和接线端子→装热缩管→加热成形→安装→接线→线路绝缘测试。交联聚乙烯绝缘热缩式电缆头的剥切如图 6-54 所示。

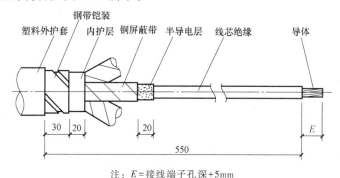

注：E＝接线端子孔深+5mm

图 6-54　交联聚乙烯绝缘热缩式电缆头剥切

3）户内浇注式电力电缆头施工程序如下：锯断→剥切清洗→内屏蔽层处理→包缠绝缘→压扎锁管和接线端子→装终端盒→配料浇注→安装→接线→线路绝缘测试。

4）交联聚乙烯绝缘热缩式中间头施工程序如下：剥切电缆→剥切屏蔽层绝缘层→套上各种热缩管→压接连接管→包缠屏蔽层绝缘层→装热缩管和铜丝网管→热缩内护层→装铠装铁盒焊接地线→装热缩外护套。

从低压开关柜送出的低压电源还可以用架空线路输送，架空线路主要由电杆、横担、导线、绝缘子（瓷瓶）、避雷线（架空地线）、拉线、金具、基础、接地装置等组成，如图 6-55 所示。

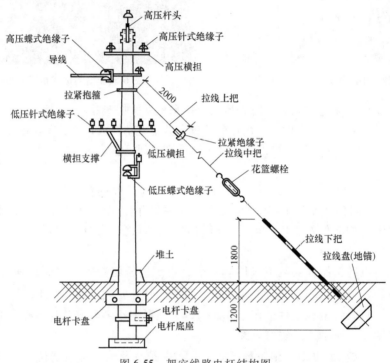

图 6-55　架空线路电杆结构图

【想一想】　高层民用建筑的进户电源及线路敷设有什么要求？

【本单元关键词】

母线　母线槽　电缆　电缆头

【单元测试】

一、单项选择题

1. 电缆大小的衡量参数是（　　　）。

A. 直径　　　　　　B. 电缆截面　　　　　　C. 铁　　　　D. 导电芯截面

2. 电力电缆 YJV$_{22}$-4×95 的下标"22"表示（　　　）。

A. 塑料绝缘　　　B. 铜芯　　　　　　C. 双钢带铠装　　D. 塑料护套

3. 按照规范要求，住宅建筑的电力电缆导电芯必须用（　　　）。

A. 铜　　　　　　　B. 铝　　　　　　　C. 铁　　　　　　　D. 银

二、多项选择题

1. 电力电缆的导电芯常用金属材料有（　　　）。

A. 铜　　　　　　　B. 铝　　　　　　　C. 铁　　　　　　　D. 银

2. 配电柜的基础型钢常用（　　　）。

A. 角钢　　　　　　B. 槽钢　　　　　　C. 圆钢　　　　　　D. 钢管

3. TMY-4（100×10）的含义是（　　　）。

A. 铜硬母线　　　　　　　　　　　　　B. 三相四线

C. 母线断面宽 100mm　　　　　　　　　D. 母线断面高 10mm

三、判断题

1. 普通电力电缆可以直接埋于地下。（　　　）

2. 电力电缆沿桥架敷设，穿过防火分区时须做防火堵洞。（　　　）

3. 裸母线可以用于住宅建筑套内照明回路的配线。（　　　）

4. 封闭式插接母线槽外壳须做接地保护。（　　　）

6.3　高层民用建筑的供配电

高层民用建筑和普通民用建筑的划分在于建筑楼层的层数和建筑物的高度。一般规定：10 层及 10 层以上的住宅建筑或高度超过 24m 的其他民用建筑属于高层民用建筑。根据防火规范的规定，19 层及以上或建筑高度在 50m 以上的高层建筑称为一类高层，10~18 层或者建筑高度在 24~50m 的高层民用建筑称为二类高层。

1. 供电电源

高层民用建筑用电负荷与一般民用建筑相比，在设备配置上，生活方面有生活电梯、无塔送水泵和空调机组等；消防方面有消防水泵、电梯、通风排烟机、火灾自动报警与联动系统等；照明方面增设事故照明和疏散指示照明，高层民用建筑对楼宇智能化要求也很高。

为了保证建筑供电的可靠性，一般采用两个 10kV 的高压电源供电。如果当地供电部门只能提供一个高压电源，必须在高层民用建筑内部设立柴油发电机组作为备用电源。要求备用电源在市政电源发生故障时，至少能使高层民用建筑的生活电梯、事故照明、消防水泵、消防电梯及其他通信系统等仍能继续供电。

由于采用高压供电，就必须在高层民用建筑中设置变电所。这种变电所可设在主体建筑内，也可设在裙房内，一般尽可能设在裙房内，以方便高压进线和变压器运输，对高层主体建筑的防火也有利。如果变电所设在主体建筑内，由于首层楼面往往用作大厅、商业用途等，变电所一般设在地下室，并必须做好地下室的防火处理。

2. 低压配电方式

高层民用建筑低压配电系统应满足计量、维护管理、供电安全及可靠性的要求。一般宜将动力和照明分成两个配电系统，事故照明和防火、报警等装置应自成系统。

对于高层民用建筑中容量较大的集中负荷，或重要负荷，或大型负荷，采用放射式供电，从变压器低压母线向用电设备直接供电。

对于高层民用建筑中各楼层的照明、风机等均匀分布的负荷，采用分区树干式向各楼层供电。树干式配电分区的层数，可根据用电负荷的性质、密度、管理等条件来确定，对普通高层住宅，可适当扩大分区层数。

对消防用电设备应采用单独的供电回路，按照水平方向防火分区和垂直方向防火分区进行放射式供电。消防用电设备的主电源和备用电源，应在最末一级配电箱处自动切换。

高层民用建筑中的事故照明电源必须与工作照明电源分开，事故照明的用途有多种，有供继续工作用的，有供疏散标志用的，也有作为工作照明一部分的，应根据不同用途选用相应配电方式。

3. 高层民用建筑室内配电线路的敷设

高层民用建筑的电源一般设在最底层，用电设备分布在各个楼层直到最高层，配电主干线垂直敷设且距离较大，再加上消防设备配线和电气主干线有防火要求，所以，除了层数不多的高层住宅可采用导线穿管在墙内暗敷设外，层数较多的高层民用建筑一般都采用电气竖井配线，电气竖井就是在建筑物中从底层到顶层留下一定截面的井道。考虑到强弱电的干扰问题，强电井与弱电井应尽量分开设置。

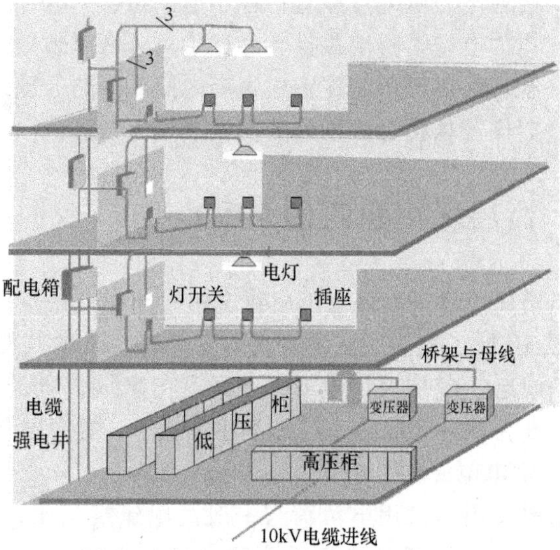

竖井在每个楼层上设有配电小间，它是竖井的一部分，为了方便电气维修，每层均设向外开的小门。

竖井内配线一般有封闭式母线槽、电缆、电线穿管等三种形式。

高层民用建筑供配电示意图如图 6-56 所示。

图 6-56　高层民用建筑供配电示意图

【本单元关键词】

高层民用建筑　供电电源

【单元测试】

一、单项选择题

1. 高层民用建筑内的变配电房一般设在（　　　）。

A. 最高层　　　　B. 中间层　　　　C. 一层　　　　D. 地下室

2. 地下室消防水泵配电的电源数至少为（　　　）。

A. 1 个　　　　B. 2 个　　　　C. 3 个　　　　D. 4 个

二、判断题

1. 电气竖井内的桥架穿过楼板时须做防火堵洞。（　　　）

2. 消防用电设备的主电源和备用电源，应在前端配电箱处自动切换。（　　）

3. 消防用电设备应采用单独的供电回路。（　　）

6.4　建筑变配电系统施工图

施工图是设计、施工的语言，需按照国家规定的图例符号和规则来描述系统构成、设备安装工艺与要求，来实现信息传送、表达及技术交流。

6.4.1　建筑电气施工图组成与内容

建筑电气施工图的组成主要包括：说明性文件、系统图、原理图、平面布置图、安装详图等。

1. 说明性文件

（1）图样目录　内容包括序号、图样名称、图样编号、图样张数等。

（2）设计说明（施工说明）　主要阐述电气工程的设计依据、工程的要求和施工原则、建筑特点、电气安装标准、安装方法、工程等级、工艺要求及有关设计的补充说明等。

（3）图例设备材料表　该项目电气工程所涉及的设备和材料的图形符号和文字代号、名称、型号、规格和数量，供设计概算、施工预算及设备订货时参考。

2. 系统图

系统图是用符号或带注释的框，概略表示系统或分系统的基本组成、相互关系及其主要特征的一种简图。系统图是表现电气工程的供电方式、电力输送、分配、控制和设备运行情况的图样。

3. 原理图

原理图是用图形符号并按工作排列顺序，详细表示电路、设备或成套装置的全部基本组成和连接关系，而不考虑其实际位置的一种简图。目的是便于详细理解作用原理，分析和计算电路特性。

4. 平面布置图

平面布置图是表示电气设备、装置与线路平面布置的图样。平面布置图在建筑平面图上绘出电气设备安装的平面位置，并标注线路敷设方法等。

5. 安装详图

安装详图在现场常被称为安装配线图，是主要用来表示电气设备、电气元件和线路的安装位置、配线方式、接线方式、配线场所等特征的图样，一般与系统图、原理图和平面布置图等配套使用，详图多采用全国通用标准图集。

【想一想】　电气系统中各电器、线路在施工图里是什么样子呢？

6.4.2　建筑电气施工图常用图例

图例就是在电气施工图中，表示一个设备或概念的图形、记号或符号。常用的电气图例及文字符号见表6-3~表6-6。

表 6-3 变配电系统电气元件图形符号和文字符号

元件名称	图形符号	文字符号	元件名称	图形符号	文字符号
变压器		T	热继电器		KB
断路器		QF	电流互感器①		TA
负荷开关		QL	电压互感器②		TV
隔离开关		QS	避雷器		F
熔断器		FU	移相电容器		C
接触器		QC			

① 三个符号分别表示单个二次绕组；一个铁芯、两个二次绕组；两个铁芯、两个二次绕组的电流互感器。
② 两个符号分别表示双绕组和三绕组电压互感器。

表 6-4 图线形式及应用

图线名称	图线形式	图线应用	图线名称	图线形式	图线应用
粗实线		电气线路，一次线路	点画线		控制线
细实线		二次线路，一般线路	双点画线		辅助周框线
虚线		屏蔽线路，机械线路			

表 6-5 线路敷设方式文字符号

敷设方式	符号	敷设方式	符号
焊接钢管	SC	桥架	CT
紧定式钢管	JDG	金属线槽	MR
扣压式钢管	KBG	塑料线槽	PR
硬塑料管	PC	直埋敷设	DB
半硬塑料管	FPC	电缆沟敷设	TC
塑料波纹管	KPC	混凝土排管	CE
金属软管	CP	钢索	M

表 6-6 线路敷设部位文字符号

敷设部位	符号	敷设部位	符号
沿或跨梁(屋架)敷设	BC	暗敷设在墙内	WC
暗敷设在梁内	BC	沿顶棚或顶板内敷设	CE
沿或跨柱敷设	CLE	暗敷设在屋面或顶板内	CC
暗敷设在柱内	CLC	吊顶内敷设	SCE
沿墙面敷设	WE	地板或地面暗敷设	F

线路的文字标注基本格式为：ab-c(d×e+f×g)i-jh

其中

a—线缆编号；   b—型号；   c—线缆根数；

d—线缆线芯数；   e—线芯截面（mm^2）； f—PE、N线芯数；

g—线芯截面（mm^2）； i—线路敷设方式；   j—线路敷设部位；

h—线路敷设安装高度（m）。

上述字母无内容时则省略该部分。

【想一想】 有了图例及文字符号，如何表示设计与施工的意图？

6.4.3 建筑变配电系统施工图识读

1. 建筑电气工程施工图的特点

建筑电气工程施工图是建筑电气工程造价和安装施工的主要依据之一，其特点可概括为以下几点：

1）建筑电气工程施工图大多采用统一的图形符号并加注文字符号绘制，属于简图。

2）任何电路都必须构成闭合回路。电路的组成部分包括：电源、用电设备、导线和开关控制设备。电气设备、元件彼此之间都是通过导线连接构成一个闭合回路，导线可长可短。

一般而言，应通过系统图、电路图找电器之间的联系；通过平面布置图、接线图找电器安装的位置；系统图与平面布置图对照阅读，才能弄清楚图样内容。

3）建筑电气工程施工过程中须与土建工程及其他安装工程（给水排水管道、供热管道、暖通管道、通信线路、消防系统及机械设备等安装工程）施工相互配合，所以建筑电气工程施工图与建筑结构工程施工图及其他安装工程施工图不能发生冲突。

例如，线路的走向与建筑结构的梁、柱、门、窗、楼板的位置及走向有关，还与管道的规格、用途及走向等有关，安装方法与墙体结构、楼板材料有关。特别是对于一些暗敷的线路、各种电气预埋件及电气设备基础更与土建工程密切相关。因此，阅读建筑电气工程施工图时，需要对应阅读有关的土建工程施工图、管道工程施工图，以了解相互之间的配合关系。

4）建筑电气工程施工图对于设备的安装方法、质量要求以及使用、维修方面的技术要求等往往不能完全反映出来，此时会在设计说明中写明"参照××规范或图集"，因此在阅读图样时，有关安装方法、技术要求等问题，要注意参照有关标准图集和有关规范执行以，满足进行工程造价和安装施工的要求。

5）建筑电气工程的平面布置图是用投影和图形符号来代表电气设备或装置绘制的，阅读图样时，比其他工程的透视图难度大。投影在平面的图无法反映空间高度，只能通过文字标注或说明来解释。因此，读图时首先要建立空间立体概念。图形符号也无法反映设备的尺寸，只能通过阅读设备手册或设备说明书获得。图形符号所绘制的位置也不一定按比例给定，它仅代表设备出线端口的位置，在安装设备时，要根据实际情况来准确定位。

2. 阅读建筑电气工程施工图的一般程序

阅读建筑电气工程施工图必须熟悉电气工程施工图基本知识（表达形式、通用画法、图形符号、文字符号）和建筑电气工程施工图的特点，同时掌握一定的阅读方法，才能比较迅速全面地读懂图样。

阅读图样的方法没有统一规定，通常可按下列方法：了解情况先浏览，重点内容反复看，安装方法找大样，技术要求查规范。具体可按以下顺序读图：

（1）看标题栏及图样目录　了解工程名称、项目内容、设计日期及图样数量和内容等。

（2）看总说明　了解工程总体概况及设计依据，了解图样中未能表达清楚的各有关事项，如供电电源的来源、电压等级、线路敷设方法、设备安装高度及安装方式、补充使用的非国标图形符号、施工时应注意的事项等。有些分项的局部问题是在分项工程图样上说明的，看分项工程图样时，也要先看设计说明。

（3）看系统图　各分项工程的图样中一般都包含有系统图，如变配电工程的供电系统图、动力工程的动力系统图、照明工程的照明系统图以及电视系统图、电话系统图等。看系统图的目的是了解系统的基本组成，主要电气设备、元件等连接关系及它们的规格、型号、参数等，掌握该系统的组成概况。阅读系统图时，一般可按电能量或信号的输送方向，从始端看到末端，对于变配电系统图就按高压进线→高压配电→变压器→低压配电→低压出线→各低压用电点的顺序看图。

（4）看平面布置图　平面布置图是建筑电气工程施工图中的重要图样之一，如变配电所的电气设备安装平面图（还应有剖面图）、动力平面图、照明平面图、防雷和接地平面图等，都是用来表示设备安装的平面位置、线路敷设部位、敷设方法及所用导线型号、规格、数量、电线管的管径大小等。在通过阅读系统图，了解系统组成概况之后，就可依据平面图编制工程预算和施工方案，具体组织施工了，所以对平面布置图必须熟读。阅读变配电系统平面图时，也是按电能量传送方向的顺序看图，即：高压进线→高压配电→变压器→低压配电→低压出线→各低压用电点。

（5）看电路图（原理图）　了解各系统中用电设备的电气自动控制原理，用来指导设备的安装和控制系统的调试工作。因电路图多是采用功能布局法绘制的，看图时应依据功能关系从上至下或从左至右逐个回路阅读。熟悉电路中各电器的性能和特点，对读懂图样将是一个极大的帮助。

（6）看安装接线图　了解设备或电器的布置与接线，与电路图对应阅读，进行控制系统的配线和调校工作。

（7）看安装大样图　安装大样图是用来详细表示设备安装方法的图样，是依据施工平面图，进行安装施工和编制工程材料计划时的重要参考图样。特别是对于初学安装的人更显重要，甚至可以说是不可缺少的。安装大样图多采用全国通用电气装置标准图集。

（8）看主要设备材料表　设备材料表给我们提供了该工程所使用的设备、材料的型号、规格和数量，是我们编制购置设备、材料计划的重要依据之一。

阅读图样的顺序没有统一的规定，可以根据需要自己灵活掌握，并应有所侧重。为更好地利用图样指导施工，使安装施工质量符合要求，还应阅读有关施工及验收规范、质量检验评定标准，以详细了解安装技术要求，保证施工质量。

3. 变配电工程施工图读图练习

这里，以 2 号办公楼变配电工程作为实例来进行读图练习。施工图如图 6-1 ~ 图 6-9 所示。

（1）施工图简介

1）工程概况。该工程属于多层办公建筑，地上 5 层，地下 1 层，建筑高 18.3m，总建筑面积 5672m²，地下建筑面积 1029m²。地下一层地坪为 -4.0m，地上 5 层的层高均为 3.6m。采用一路独立的 10kV 电源与 103kW 柴油发电机配合供电。

2）变配电所设备布置概况。从配电房接线平面图及高低压配电系统图中可以了解到，共安装有 1 台变压器，型号为 SCB10-400kVA/10.5/0.4kV；3 台高压开关柜（AH），型号为 YKN44A-12，其中 1 台进线柜、1 台专用计量柜、1 台出线柜；6 台低压开关柜（AA），型号为 GCK，其中 1 台进线柜、1 台无功补偿电容器柜、4 台出线柜（其中含 1 台联络柜）。总共编号有 33 个低压回路，留作备用的回路有 9 个，其中需要双回路配电的用电点 9 个，占用 18（2×9）个回路，单回路配电的有 15 个。

第二电源从 1 台 103kW 柴油发电机组的发电获取。

（2）施工图解读

1）负荷等级与供电电源。该工程二级负荷有：电梯、消火栓泵、喷淋泵、防排烟风机、排污泵、生活供水设备、消防值班室计算机房、安防用电、应急与疏散照明等，总容量 195.02kW；其余的均为三级负荷，总容量为 268.32kW。

由于取用两回独立 10kV 电源有困难，该工程采用一路 10kV 市电电源，采用电缆 YJV$_{22}$-8.7/15，3×70 mm² 穿 SC125 钢管埋地进入该建筑地下室变电房，另设柴油发电机提供低压电，以满足重要负荷的双电源要求。

2）高压配电系统。10kV 高压配电系统为单母线不分段。10kV 市政电源采用钢带铠装三芯 70mm² 铜芯电缆穿 SC125 钢管埋地进入，过墙时预埋刚性防水钢套管，如图 6-5 所示。进入 1AH 高压进线柜，如图 6-1 所示，电源通断采用真空断路器，型号 VEP-12T0625/630-25，电动操作。1AH 柜内还有电流互感器、电压互感器、高压熔断器、避雷器各 1 组，设带电显示装置 1 套。2AH 是计量柜，3AH 是高压出线柜，3 台高压柜之间采用硬铜母线 TMY80×10 电气连接。

3）变压器（TM）。变压器采用 10 系列的干式变压器（图 6-2），△/Y 连接，额定容量 400kVA，高压侧电压 10.5kV，低压侧电压 0.4kV。变压器低压侧绕组中性点接地，并引出 PE 线。降压后，用密集型母线槽 CCX1-800A/4-IP40 将低压电引至低压进线柜 1AA。

4）低压配电系统。低压配电系统采用三相五线制等。

1AA：低压进线柜如图 6-2 所示，接收从变压器低压侧传来的电能，内设智能型框架低压断路器（壳架等级额定电流 1250A，整定电流 630A）、电流互感器 750/5A、数显式仪表、微型断路器及浪涌保护器。电源经断路器控制后传到低压计量柜 2AA 无功补偿柜。

2AA：该工程采用低压集中自动补偿方式，使补偿后的功率因数大于 0.9（荧光灯就地补偿，补偿后的功率因数大于 0.9）。2AA 内设塑壳式断路器、电流互感器、微型断路器及浪涌保护器、熔断器、电容器组，如图 6-2 所示。补偿后的电能用硬铜母线传到 3AA。

3AA：低压出线柜，出线以放射式配电方式将电能送至用电设备，回路编号分别是 N101～N107、N110～N117、N120～124，均采用电力电缆从配电房电缆沟出线后，沿 600mm×200mm 耐火桥架走至电气竖井，如图 6-5 所示。

4AA：双电源切换柜，如图 6-3 所示。低压母线分段运行，设自投自复联络断路器，当市政电源停电时，柴油发电机组自启动发电。自投时自动断开非消防负荷，以保证任何情况下都能使重要负荷获得双电源。

5AA、6AA：低压出线柜，出线以放射式配电方式将重要负荷的备用电源送至各用电设备，回路编号分别是 NB104、NB106、NB107、NB114～NB117，均采用电力电缆从配电房电缆沟出线后，沿 600mm×200mm 耐火桥架走至电气竖井，如图 6-5 所示。

如图 6-4 所示，过道应急照明、消防水泵、电梯、排烟风机等重要负荷采用双电源放射式配电到各用电点，在最末一级配电箱处设双电源自投自复。普通照明采用单电源送达总配电箱，再以放射式配电到各楼层照明分配电箱。中央空调的主机、冷冻水泵、风机盘管、太阳能热水器等其他用电点采用单电源配电。

5）设备安装。

① 变压器，高、低压开关柜应与预留 10# 槽钢牢固焊接，下设柜下沟，柜后设带单侧支架的电缆沟，支架需全程用 40mm×6mm 扁钢焊连做接地保护之用，如图 6-6 所示。

② 柴油发电机组坐落在钢筋混凝土基础上，柴油发电机房要设隔声防震排烟措施，做好储油间的防火措施，如图 6-5 所示。

③ 电气竖井内配电箱挂墙明装，线缆沿安装在井壁上的耐火桥架内引上或引至相应用电点。注意，桥架内带防火隔板，两侧分置主电源及备用电源，桥架穿过楼板、防火墙时要做好防火堵洞措施。

④ 变配电系统主要设备及材料型号规格、用量等信息如图 6-7 所示。

【本单元关键词】

施工图　图例　文字符号　识图

【单元测试】

一、单项选择题

1. 图例 ⌒⊙⊙⌒ 表示（　　）。

A. 互感器　　　　B. 断路器　　　　C. 负荷开关　　　　D. 变压器

2. 文字"TM"表示（　　）。

A. 互感器　　　　B. 断路器　　　　C. 负荷开关　　　　D. 变压器

3. 图例 ⟶╳⟶ 表示（　　）。

A. 互感器　　　　B. 断路器　　　　C. 负荷开关　　　　D. 变压器

4. 文字"WC"表示（　　）。

A. 配管沿墙暗敷设　　　　　　　　B. 配管沿地板暗敷设

C. 配管沿顶棚暗敷设　　　　　　　D. 配管沿梁暗敷设

二、判断题

1. 电气施工图内图例的大小代表电器实物的大小。（　　）

2. 变配电房内的高低压设备坐落在基础槽钢上。（　　）

3. 电缆沟内搁置电缆的金属支架需接地保护。（　　）

4. 低压配电的双电源，主电源一般来自市政电源，备用电源一般来自柴油发电机组。（　　）

5. 安装工程的识图，仅查看系统图就可以知道电器的安装位置。（　　）

6. 主、备电源的电缆可以敷设在同一层桥架上。（　　）

7. 变配电房的门可以朝内开。（　　）

8. 任何电气设备组成的电路都必须构成闭合回路。（　　）

6.5　动力配电工程

6.5.1　概述

电动机是将电能转换成机械能的动力设备，如图 6-57 所示。按所需电源不同分为交流电动机和直流电动机，交流电动机按工作原理的不同分为同步电动机和异步电动机。异步电动机按其相数，又分为单相电动机和三相电动机。建筑电气的动力设备普遍使用三相交流异步电动机，而电冰箱、洗衣机、电风扇等家用电器则使用单相交流异步电动机。

图 6-57　电动机外形图

1. 三相异步电动机结构和工作原理

（1）三相异步电动机的基本结构　三相异步电动机主要由静止的部分——定子和旋转的部分——转子组成，定子和转子之间有气隙分开。根据异步电动机的工作原理，这两部分主要由铁芯（磁路部分）和绕组（电路部分）构成，它们是电动机的核心部件。图 6-58 为三相异步电动机结构示意图。

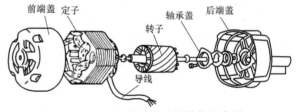

图 6-58　三相异步电动机结构示意图

1）定子。定子由定子铁芯、定子绕组、机座和端盖等组成。机座的主要作用是用来支撑电动机各部件，因此应有足够的机械强度和刚度，通常用铸铁制成，如图 6-59 所示。

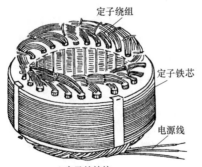
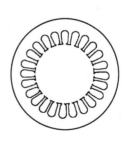

a) 定子的结构　　　　　　b) 构成定子铁芯的硅钢片形状

图 6-59　三相异步电动机定子结构示意图

2）转子。转子由转子铁芯、转子绕组和转轴构成，如图 6-60 所示。转子绕组是一根根铜条的则称为鼠笼式电动机，如果是一匝匝线圈的则称为绕线式电动机。

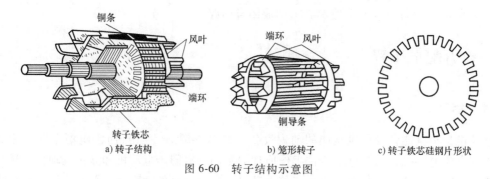

a）转子结构　　　　　　　b）笼形转子　　　　　c）转子铁芯硅钢片形状

图 6-60　转子结构示意图

3）其他部件。三相异步电动机的其他部件还有机壳、前后端盖、风叶等。

（2）三相异步电动机的工作原理　异步电动机属于感应电动机。三相异步电动机通入三相交流电流之后，在定子绕组中将产生旋转磁场，此旋转磁场将在闭合的转子绕组中感应出电流，从而使转子转动起米。图 6-61 为三相异步电动机工作原理示意图。

由于转子转速与同步转速间存在一定的差值，故将这种电动机称为异步电动机。又因为异步电动机是以电磁感应原理为工作基础的，所以异步电动机又称为感应电动机。

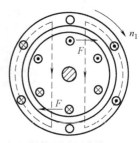

图 6-61　三相异步电动机工作原理示意图

2. 三相异步电动机的使用

（1）三相异步电动机的启动　电动机接通电源启动后，转速不断上升直至达到稳定转速这一过程称为启动。在电动机接通电源的瞬间，即转子尚未转动时，定子电流即启动电流一般是电动机额定电流的 4~7 倍。启动电流虽然很大，但启动时间很短，而且随着电动机转速的上升电流会迅速减小，故对于容量不大且不频繁启动的电动机影响不大，但是对于容量大的电动机则需要采用适当的启动方法以减小启动电流，如 30kW 的消火栓泵，通常采用 Y-△降压启动。

（2）三相异步电动机的制动　在生产中，常要求电动机能迅速而准确地停止转动，所以需要对电动机进行制动。鼠笼式电动机常用的电气制动方法有反接制动和能耗制动。

（3）三相异步电动机的反转　只要改变接入三相电动机电源的相序，即可改变旋转磁场方向，就可以改变电动机旋转方向，实现电动机反转。

（4）三相异步电动机的调速　三相异步电动机的转速与接入的电源频率 f、旋转磁场的磁极对数 p 以及转差率 s 有关，调节其中任意一个参数，均会使转速发生变化。电梯电动机的调速方法有电动机转子串电阻的调压调速、改变定子极对数的变极调速、改变定子电压及频率的变压变频调速，其中变压变频调速是电梯最常用的调速方法。

（5）电动机铭牌　在每台异步电动机的机座上都有一块铭牌，铭牌上标注有电动机的额定值，它是我们选用、安装和维修电动机时的依据，如图 6-62 所示。

三相异步电动机					
型号	YR180L-8	功率	11kW	频率	50Hz
电压	380V	电流	25.2A	接线	△
转速	746r/min	效率	86.5%	功率因数	0.77
定额	连续	绝缘等级	B	重量	kg
标准编号				出厂日期	
		×××电动机厂			

图 6-62　YR180L-8 型电动机铭牌

1）额定功率 P_N：是指电动机在额定运行时，轴上输出的机械功率（kW）。

2）额定电压 U_N：是指额定运行时，加在定子绕组上的线电压（V）。

3）额定电流 I_N：是指电动机在额定电压和额定频率下，输出额定功率时，定子绕组中的线电流（A）。

4）接线：是指电动机在额定电压下，定子三相绕组应采用的连接方法，一般有三角形（△）和星形（Y）两种连接方法。

5）额定频率 f_N：表示电动机所接的交流电源的频率，我国电力网的频率规定为50Hz。

6）额定转速 n_N：是指电动机在额定电压、额定频率和额定输出功率的情况下，电动机的转速（r/min）。

7）绝缘等级：是指电动机绕组所用的绝缘材料的绝缘等级，它决定了电动机绕组的允许温升。

8）定额（工作方式）：是指电动机的运行状态。根据发热条件可分为连续工作、短时工作、断续工作等三种方式。

9）温升：是指在规定的环境温度下，电动机各部分允许超出的最高温度。通常规定的环境温度是 40℃，如果电动机铭牌上的温升为 70℃，则允许电动机的最高温度可达到110℃。

3. 电动机安装

电动机的安装程序是：电动机设备拆箱点件→安装前的检查→基础施工→安装固定及校正→电动机的接线→控制、保护和启动设备安装→试运行前的检查→试运行及验收。

设备拆箱点件后检查电动机是否完好、附件及备件是否齐全无损伤，一切正常后即可进行电动机的基础施工了。

电动机底座的基础一般用混凝土浇筑或用砖砌筑，其基础形状如图 6-63 所示。

电动机的基础尺寸应根据电动机基座尺寸确定。基础高出地面 $H = 100 \sim 150mm$，基础长和宽应超出电动机底座边缘 $100 \sim 150mm$。预埋在电动机基础中的地脚螺栓埋入长度为螺栓长度的 10 倍左右，人字开口的长度是埋深长度的 1/2 左右，也可用圆钩与基础钢筋固定。

电动机的基础施工完毕后，便可安装电动机。电动机用吊装工具吊装就位，使电动机基础孔口对准并穿入地脚螺栓，然后用水平仪找平，用地脚螺栓固定电动机的方法如图 6-64 所示。

注意：电动机外壳保护接地（或接零）必须良好。

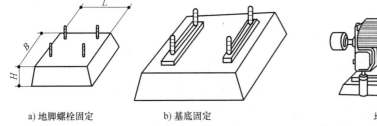

a）地脚螺栓固定　　　　　b）基底固定

图 6-63　电动机的基础

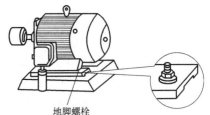

地脚螺栓

图 6-64　用地脚螺栓固定电动机的方法

固定好电动机后，即可根据铭牌及说明书要求进行电动机的接线，安装控制、保护和启动设备，开展试运行前的检查，最后试运行及验收。

【想一想】 建筑动力设备的配电，如何在施工图上表示？

6.5.2 动力配电工程施工图

1. 动力配电工程施工图的组成及识读方法

（1）动力配电工程施工图的组成 动力配电工程施工图主要包括以下内容：

1）设计说明。包括供电方式、电压等级、主要线路敷设方式、接地及图中未能表达的各种电器安装高度、工程主要技术数据、施工和验收要求以及有关事项等。

2）主要材料设备表。工程所需的主要设备、管材、导线等名称、型号、规格、数量等。

3）配电系统图。含整个配电系统的联结方式，从主干线至各分支回路的回路数；主要配电设备的名称、型号、规格及数量；主干线路及主要分支线路的敷设方式、型号、规格。

4）电气动力平面图。内容包括：动力设备的标注以及在平面图上的位置、图样比例、各种配电线路的走向、动力设备接地的安装方式以及在平面图上的位置。

5）详图。包括柜、盘的布置图和某些电气部件的安装大样图，对安装部件的各部位注有详细尺寸，一般是在没有标准图可选用并有特殊要求的情况下才绘制的图。

6）标准图。通用性详图，一般采用国家和地方编制的标准图集，有具体图形和详细尺寸，便于制作安装。

（2）动力配电工程施工图的识读 只有读懂动力配电工程施工图，才能对整个动力配电工程有一个全面的了解，以利于在预埋、施工中能有计划、按进度进行施工。

为了读懂动力配电工程施工图，读图时应抓住以下要领：

1）熟悉图例符号，搞清图例符号所代表的内容。常用电气设备工程图例及文字符号可参见国家颁布的电气图形符号标准。

2）尽可能结合该动力配电工程的所有施工图和资料一起阅读，尤其要读懂配电系统图和电气平面图。一般来说，先阅读设计说明，以了解设计意图和施工要求等；然后阅读配电系统图，以初步了解工程全貌；再阅读电气平面图，以了解电气工程的全貌和局部细节；最后阅读电气工程详图、加工图及主要材料设备表等。

读图时，一般按变配电房→开关柜→各配电线路→动力配电箱→室内干线→支线及各路用电设备这个顺序来阅读。

3）熟悉施工程序。

2. 动力配电工程施工图读图练习

以 2 号办公楼地下室风机配电工程实例来进行读图练习。图 6-8 为地下室风机配电系统图，图 6-9 为地下室风机配电平面图。

（1）风机配电系统图分析 地下室风机电源来自变配电房低压柜 3AA 的 N124 回路，采用 YJV-1kV-5×6 的电力电缆沿桥架引来，送达风机配电箱-1AP. FJ，配电箱安装在地下室，底边距地 0.8m 明装。配电箱内配置的电器名称、型号规格如图 6-65 所示。

配电箱内一共安装有 5 个通断电能的断路器 MCCB（G），即塑料外壳式断路器，4 个热继电器，4 个交流接触器。从配电箱送出 4 个回路 WP1、WP2、WP3、WP4，均为三相四线制，采用 2.5 mm^2 塑料绝缘铜芯线（BV），穿硬塑料管（PC），沿楼板、墙暗敷设（CC/WC）至风机电动机（M）的接线盒。

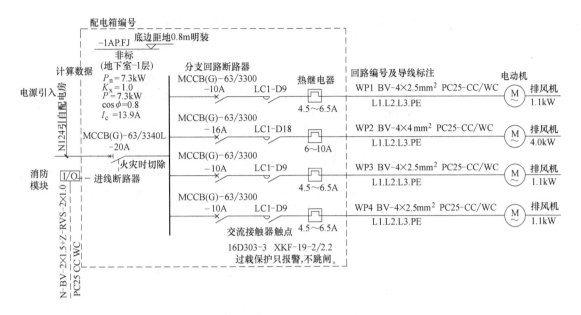

图 6-65　配电箱-1AP. FJ 配置解释图

（2）风机配电平面图分析　了解了风机的电源配置后，接下来就可以到平面图上找出配电箱、线路、风机等安装的平面位置了，如图 6-66 所示。

N124 回路电缆，沿桥架从 4 轴交 C 轴的配电房低压出线口引来，到达 D 轴时电缆从桥架中出来，改穿管引至 1、2 轴之间交 D 轴的墙上，与配电箱-1AP. FJ 相连。配电箱输出 4 个回路（WP），穿管配置电动机接线盒，完成风机的配电。

【本单元关键词】

电动机　动力配电　施工图　识图

【单元测试】

判断题

1. 电焊机是电动机。（　　　）

2. 建筑施工机械的搅拌机、卷扬机、施工电梯等设备使用三相交流异步电动机来带动。（　　　）

3. 洗衣机、电风扇等家用电器使用单相交流异步电动机来带动。（　　　）

4. 三相交流异步电动机利用电磁感应原理工作，转子线圈外接电源产生旋转磁场。（　　　）

5. 电动机的能量转换过程是：电能→磁场能→电能→机械能。（　　　）

6. 三相交流异步电动机通电后，如果电动机一直不转，应立即断电，以免过热烧掉定子线圈。（　　　）

7. 高层建筑电梯的牵引电动机一般安装在建筑物的地下室。（　　　）

8. 电动机铭牌参数中的额定功率 P_N 通常是指电动机的电源输入功率。（　　　）

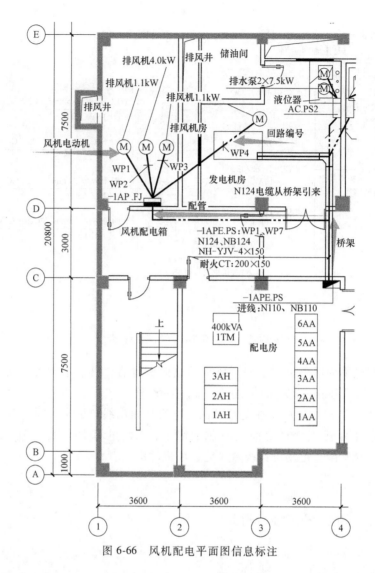

图 6-66 风机配电平面图信息标注

9. 教室的吊扇采用串电阻改变定子电压的方式来调速。（   ）

10. 电动机启动电流一般是正常工作电流的 4~7 倍，对于大功率的电动机一般采取降压启动，待启动完毕后再接入正常电压。（   ）

本项目小结

1）电力系统由发电厂、电力网以及电力用户组成。目前我国常用的交流电压等级有：0.22kV、0.38kV、6.3kV、10kV、35kV、110kV、220kV、330kV、500kV、1000kV。我国规定了民用电的线电压为 0.38kV，相电压 0.22kV，交流电的工作频率为 50Hz。

2）用电负荷按照供电可靠性及中断供电时在政治、经济上所造成的损失或影响程度，可分为一级负荷、二级负荷及三级负荷。

3）建筑供配电系统主要由变电所、动力配电系统、照明配电系统等组成。建筑供配电系统是否需设变电所，应从建筑物总用电容量、用电设备的特性、供电距离、供电线路的回路数、用电单位的远景规划、当地公共电网的现状和它的发展规划以及经济合理等因素综合考虑决定。

4）变电所通常由高压配电室、电力变压器室和低压配电室等三部分组成。低压配电系统的配电方式有放射式、树干式、混合式。

5）母线是变电所中的总干线，线路分支均从母线分支而出。母线安装时，与室内、室外配电装置的安全净距应符合规定。高低压开关柜的布置应考虑设备的操作、搬运、检修和试验的方便。

6）电缆线路敷设方式很多，一般有直埋电缆敷设，穿管敷设，电缆沟敷设，桥架、支架敷设等。电缆敷设好之后，电缆线路的两端必须和配电设备或用电设备相连接，电缆两端的接头装置称为终端头，电缆线路中间的接头装置称为中间接头。

7）电气施工图是用特定的图例、符号、线条等表示系统或设备中各部分之间相互关系及其连接关系的一种简图。电气施工图一般包含说明性文件（图样目录、设计说明、图例设备材料表）、系统图、原理图、平面图、安装详图等内容。

8）三相交流异步电动机主要由定子和转子组成，它是利用电磁原理进行工作的。异步电动机按其相数不同，可分为单相和三相电动机。建筑施工现场普遍使用三相异步电动机，而电冰箱、洗衣机、电风扇等家用电器则使用单相异步电动机。电动机的工作条件与要求均在铭牌上表述。

9）电动机的安装程序是：电动机设备拆箱点件→安装前的检查→基础施工→安装固定及校正→电动机的接线→控制、保护和启动设备安装→试运行前的检查→试运行及验收。

10）电气动力施工图包括说明、系统图、平面图、详图、主要设备材料表等。读图时，一般按变配电所→开关柜→各配电线路→动力配电箱→室内干线→支线及各路用电设备这个顺序来阅读。

项目 7

建筑电气照明工程

【项目引入】

每天回到家，打开开关，明亮的灯光随之亮起，各种家用电器也工作起来了，那建筑内的开关、灯具、电器等是怎么连接起来的？又是怎么安装的？这些问题都将在本项目中找到答案。

本项目主要以 1#办公楼照明配电系统为载体，详细介绍建筑照明配电系统及其施工图，图样内容如图 7-1~图 7-6 所示。

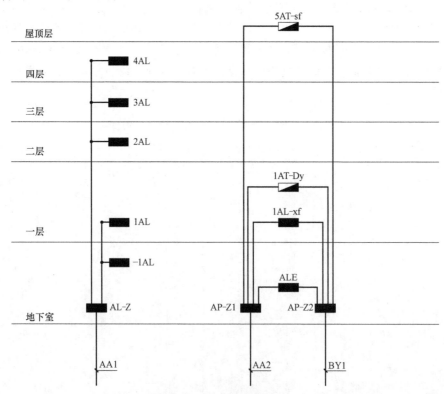

图 7-1　竖向配电系统图

注：AA1、AA2 引自临近变配电房，BY1 为备用电源，由临近单位发电机组提供。

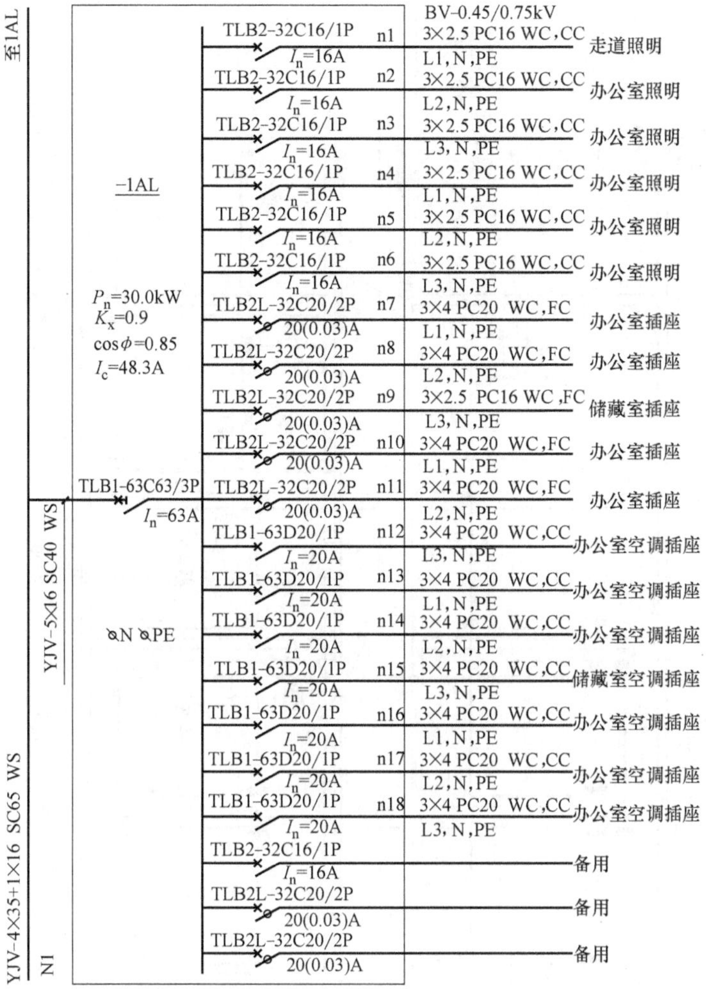

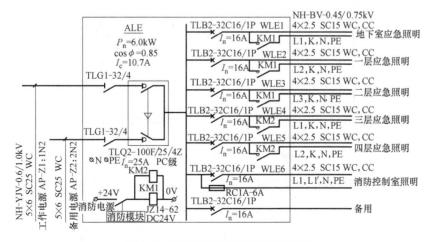

图 7-2 -1AL 地下室照明配电箱系统图

图 7-3 ALE 应急照明配电箱系统图

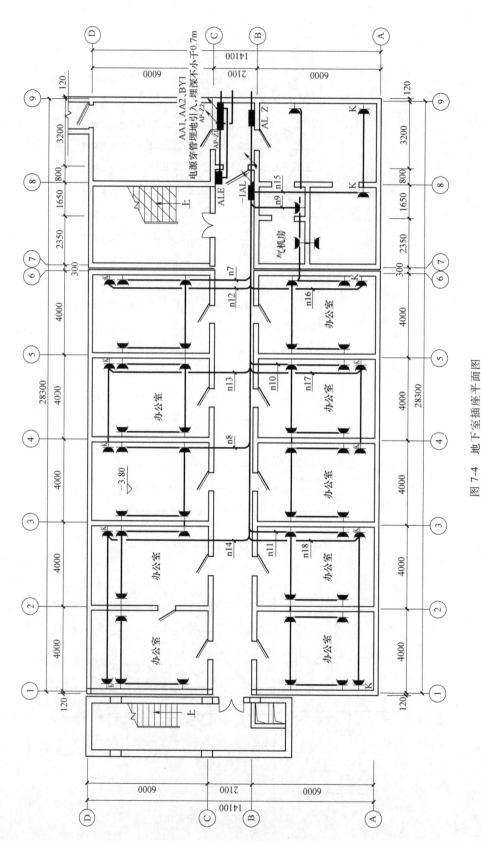

图 7-4 地下室插座平面图

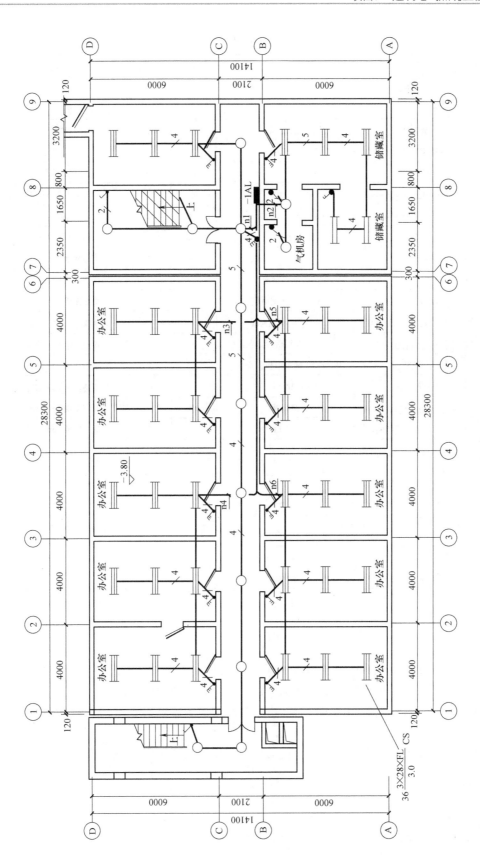

图 7-5 地下室照明平面图

主要材料表

序号	图例	名称	规格型号	单位	数量	备注
1	▬	照明配电箱	业主按系统图订购	台	5	底边距地1.5m安装
2	◎	吸顶灯	PAK-1×11W	盏	51	吸顶安装，走廊、楼梯间
3	—	单管荧光灯	PAK-1×22W	盏	9	吸顶安装，卫生间
4	=	双管荧光灯	PAK-2×28W	盏	11	链吊安装
5	≡	三管荧光灯	PAK-3×28W	盏	145	链吊安装
6	▣	自带电源事故照明灯	PAK-2×3W	盏	22	底边距地2.5m安装
7	→	单向疏散指示灯	PAK-Y-11-208	盏	24	嵌墙距地0.5m
8	E	出口指示灯	1X3XXZ	盏	13	门上方0.2m壁装
9	⌐	单联暗装开关	10A～250 86型面板	个	43	底边距地1.3m暗装
10	⌐	双联暗装开关	10A～250 86型面板	个	8	底边距地1.3m暗装
11	⌐	三联暗装开关	10A～250 86型面板	个	23	底边距地1.3m暗装
12	▽	单联暗装二三级插座	10A～250 86型面板	个	26	底边距地0.3m暗装
13	▽K	挂式空调插座	10A～250 86型面板，安全型	个	74	底边距地2.3m暗装
14	▽GK	柜式空调插座	10A～250 86型面板，安全型	个	2	底边距地0.3m暗装
15	TO	一位网络插座	86型面板	个	36	底边距地0.3m暗装
16	TV	一位有线电视插座	86型面板	个	12	底边距地0.3m暗装
17	TP	一位有线电话插座	86型面板	个	15	底边距地0.3m暗装
18		电力电缆	$YJV_{22}-1kV(3×35mm^2+1×16mm^2)$	m		按实际用量
19		BV导线	BV-0.75kV 2.5mm^2	m		按实际用量
20		BV导线	BV-0.75kV 4mm^2	m		按实际用量
21		BV导线	BV-0.75kV 6mm^2	m		按实际用量
22		BV导线	BV-0.75kV 10mm^2	m		按实际用量
23		BV导线	BV-0.75kV 16mm^2	m		按实际用量
24		避雷带	ϕ10热镀锌圆钢	m		按实际用量

图 7-6 主要材料表

【学习目标】

知识目标：了解电气照明基本概念、了解电光源发光原理；熟悉灯具分类及其安装工艺；掌握照明线路敷设方式与要求；熟练识读建筑电气照明施工图。

技能目标：能对照实物和施工图辨别出电气照明系统各组成部分，并说出其作用；能根据施工工艺要求将二维施工图转成三维空间图。

素质目标：培养科学严谨、精益求精的职业态度、团结协作的职业精神。

【学习重点】

1）照明系统组成。

2）照明设备安装内容、导线型号规格与敷设工艺。

3）建筑电气照明系统施工图读图。

【学习难点】

名词陌生，二维平面图转三维空间图。

【学习建议】

1）对本项目建筑电气照明原理、设计的内容做一般了解，着重学习电气照明器具安装、配电线路施工与电气照明施工图识图内容。

2）建筑电气照明系统与我们的生活与工作关系密切，在学习过程中应多观察、多动脑思考，并多到施工现场了解实物及安装过程，也可以通过施工录像、动画来加深对课程内容的理解。

3）要充分运用空间想象力，结合建筑整体将建筑电气照明平面图呈现成空间三维图。多做施工图识读练习，注意图中电气导线的走向与根数变化，掌握安装材料下料要求。

【项目导读】

1. 工作任务分析

图 7-1~图 7-6 是 1#办公楼建筑电气照明施工图，图中的图块、符号、数据和线条代表什么含义？如何将图面内容与电器立体布置构思在一起？照明电器如何安装？线路怎么敷设？这一系列的问题均要通过本项目内容的学习才能逐一解答。

2. 实践操作（步骤/技能/方法/态度）

为了能完成前面提出的工作任务，我们需从解读建筑电气照明基本知识开始，然后到照明系统的组成、材料认识，照明灯具安装、线路敷设等施工工艺与下料，进而学会识读电气照明施工图，为后续课程打下基础。

【本项目内容结构】

本项目内容结构如图 7-7 所示。

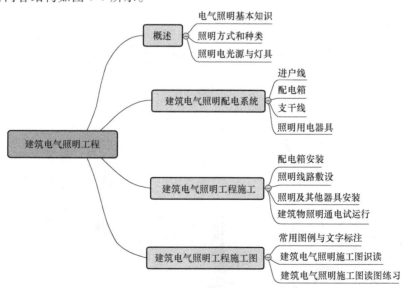

图 7-7　建筑电气照明工程内容结构图

【想一想】 灯为什么会亮？家里常用的电路图是怎么画的？

7.1 概述

7.1.1 电气照明基本知识

电气照明是通过照明电光源将电能转换成光能，在夜间或天然采光不足的情况下，创造一个明亮的环境，以满足生产、生活和学习的需要。电气照明由于具有光线稳定、易于控制调节及安全、经济等优点，被作为现代人工照明的基本方式，广泛用于生产和生活等各个方面。电气照明已成为建筑电气一个重要组成部分。

1. 可见光

所谓可见光就是能被人眼感受到光感的光波，其波长在380~780nm。

2. 光通量

光通量是指光源在单位时间内，向周围空间辐射的使人眼产生光感的辐射能，符号为ϕ，单位是流明（lm）。

3. 照度

照度是表示物体被照亮程度的物理量，是受照物体单位面积上接受的光通量，单位是勒克司（lx）。对于不同的工作场合，根据工作特点和对保护视力的要求，国家规定了必要的最低照度值。

4. 电路基本知识

（1）接线图　电路是电流流通的路径，将电源、负载用导线连接起来，用开关控制电路的接通与断开，如图7-8所示。图7-9、图7-10所示是生活中常见的接线图。

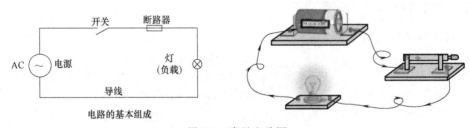

图 7-8　常见电路图

图 7-9　楼梯灯接线　　　　　　　　　　图 7-10　电吹风接线

（2）电路的状态

通路——有电流通过，$I=U/R$，热效应 $Q=I^2RT$。

断路——电路中的电阻无穷大，无电流，$I=0$。

短路——电路中的电阻很小，电流很大，$I=\infty$。

（3）电流及功率计算公式　电流强度是指单位时间里通过导体任一横截面的电量，电流符号为 I，单位是安培（A）。功率是指物体做功快慢的物理量，符号为 P，单位是瓦（W）。对于纯电阻电路，电功率 $P=I^2R$ 和 $P=U^2/R$。

【想一想】　照明的种类有哪些？

7.1.2　照明方式和种类

1. 照明方式

照明方式有一般照明、局部照明、混合照明，如图 7-11 所示。

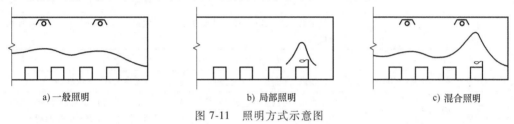

a) 一般照明　　　b) 局部照明　　　c) 混合照明

图 7-11　照明方式示意图

2. 照明的种类

照明的种类分为正常照明、应急照明、值班照明、警卫照明、障碍照明、装饰照明、艺术照明等。

3. 照明质量

衡量照明质量的好坏，主要有照度合理、照度均匀、照度稳定、避免眩光、光源的显色性、频闪效应的消除等。

【想一想】　家里的灯具有哪些？

7.1.3　照明电光源与灯具

1. 电光源的分类

常用电光源的种类可分为固体发光光源、气体放电发光光源，具体种类如图 7-12 所示，

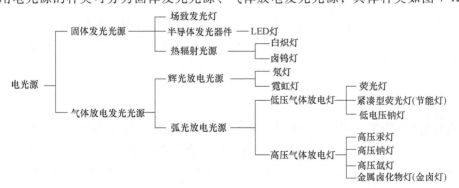

图 7-12　常用电光源种类

基本特性见表 7-1。

表 7-1　常用电光源的基本特性

类别	效率 /(lm/W)	经济寿命 /h	特征	适用范围
白炽灯				
普通灯泡	8~18	1000	安装及使用容易、立即启动成本低、反射灯泡可做聚光投射	住宅基本装饰性照明、反射灯泡可用于重点照明
反射灯泡	8~18	1000		
卤素灯	12~14	2000~3000	体积小、亮度高、光色较白、易安装、寿命较普通灯泡长	商业空间的重点照明
日光灯				
普通型日光灯	60~104	5000~12000	有各种不同光色可供选择、可达到高照度并兼顾经济性	办公室、商场、住宅及一般公共建筑
PL 灯管	46~87	8000~10000	体积小、寿命长、效率高、省电	局部照明、安全照明、方向指示照明
SL 省电灯管	39~50	6000	效率高、省电、能直接取代普通白炽灯泡	大部分适用白炽灯泡的场所均可使用
气体放电灯				
高压汞灯	40~61	1000~12000	效率高、寿命长、适当显色性	住宅区公用区、运动场、工厂
免用镇流器汞灯	10~26	6000	寿命长、显色性佳、安装容易、效率较白炽灯高	可直接取代白炽灯泡用于小型工业场所,公共区域用于植栽照射
金属卤化物灯	66~108	4000~10000	效率高、寿命长、显色性佳	适合彩色电视转播运动场投光照明、工业照明、道路照明、植栽照明
高压钠灯	68~150	8000~16000	效率极高、寿命较长、光输出稳定	道路、隧道等公共场所照明、投光照明、工业照明、植栽照射
低压钠灯	99~203	12000	效率极高、寿命特长、明视度高、显色性差为单一光色	节约能源、高效而颜色不重要的各种场所

2. 照明灯具

（1）照明灯具分类　照明灯具按安装方式来分有：悬吊式、吸顶式、壁式、移动式、嵌入式等，如图 7-13 所示。

灯具的其他分类方式：防潮型、防爆安全型、隔爆型、防腐蚀型。

（2）照明灯具的选择与布置　灯具的选择主要按光通量分配要求和环境要求这两个因素来进行，并尽可能选择高效灯具。

灯具的布置包括确定灯具的高度布置和平面布置两部分内容。布置应满足：合理的照度水平，并具有一定的均匀度；适当的亮度分布；必要的显色性和入射方向；限制眩光作用和阴影的产生；美观、协调。

常见的几种布置方案如图 7-14 所示。

3. 建筑电气照明节能

照明节能对于提高民用建筑的经济效益有着重要的意义，常用的节能措施有下述几种。

（1）采用高效电光源　严格控制使用白炽灯（除了特别需要场所），尽量减少高压汞灯的使用量；大力推广细管径荧光灯和紧凑型荧光灯、高压钠灯和金属卤化物灯、LED 节能灯。

a) 悬吊式艺术花灯

b) 出口指示灯

c) 壁灯

d) 投光灯

e) 吸顶灯

f) 格栅荧光灯

g) 台灯

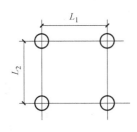
h) 埋地灯

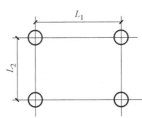
i) 高杆路灯

图 7-13　灯具图

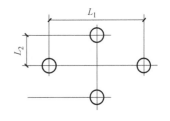

图 7-14　灯具水平布置方案

（2）采用高效灯具　在所有灯具中直接型灯具效率最高；带格栅和带保护罩的灯具效率最低，故在满足眩光限制和其他特殊要求下应选择直接型灯具。

（3）选用合理的照明方案　尽量少用一般照明，可考虑非均匀照明、混合照明以及其他灵活的照明系统。

（4）采用合理的建筑艺术照明设计　建筑艺术照明设计是必要的，但也应讲究实效，力求艺术效果和节能的统一。

（5）装设必要的节能装置　对于气体放电光源可采取装设补偿电容的措施来提高功率因数；当技术经济条件允许时，可采用调光开关、节能开关或光电自动控制装置等节能措施。

（6）充分利用天然光源与间接光源　在工程设计中，电气设计人员应与建筑专业结合，从建筑结构方面充分获取天然光，如开大面积的顶部天窗，利用天井空间与屋顶采光，有条件的，可采用光导纤维、棱镜组反射及导光管等新技术进行采光，提高对自然光的利用。

（7）加强日常照明维护　灯具与光源严重积尘后，会使照度明显降低，导致电能浪费，所以要加强灯具与光源的清洁维护工作。

【本单元关键词】

照明系统　照明种类　光源　灯具

【单元测试】

　　问答题

　　1. 在电气照明工程中，电光源有哪几种？

　　2. 照明灯具按安装方式可分为哪几种？

　　3. 灯具布置应遵循什么原则？

7.2　建筑电气照明配电系统

　　按照电能量传送方向，建筑电气照明低压配电系统由以下几部分组成：进户线→总配电箱→干线→分配电箱→支线→照明用电器具，如图 7-15 所示。

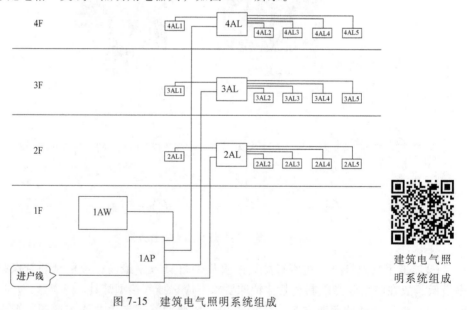

图 7-15　建筑电气照明系统组成

建筑电气照明系统组成

7.2.1　进户线

　　由建筑室外进入室内配电箱的这段电源线称为进户线，通常有架空进户、电缆埋地进户两种方式。架空进户导线必须采用绝缘电线，直埋进户电缆需采用铠装电缆，非铠装电缆必须穿管，进户线缆材料示意如图 7-16 所示，常用导线的型号及其主要用途见表 7-2。

一栋单体建筑一般是一处进户，当建筑物长度超过 60m 或用电设备特别分散时，可考虑两处或两处以上进户。一般情况下应尽量采用电缆埋地进户方式。

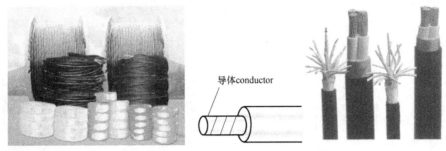

图 7-16　进户线缆材料示意

表 7-2　常用导线的型号及其主要用途

导线型号		额定电压 /V	导线名称	导线截面 /mm²	主要用途
铝芯	铜芯				
LJ	TJ	—	裸绞线	LJ 10~800 TJ 10~400	室外架空线
LGJ			钢芯铝绞线	10~800	室外大跨度架空线
BLV	BV	500	聚氯乙烯绝缘线	BLV 1.5~185 BV 0.03~185	室内架空线或穿管敷设
BLX	BX	500	橡胶绝缘线	BLX 2.5~700 BX 0.75~500	室内架空线或穿管敷设
BLXF	BXF	500	氯丁橡胶绝缘线	BLXF 2.5~95 BXF 0.75~95	室内外敷设
BLVV	BVV	500	塑料护套线	BLVV 1.5~10 BVV 0.75~10	室内固定敷设
	RV	250	聚氯乙烯绝缘软线	0.012~6	250V 以下各种移动电器接线
	RVS	250	聚氯乙烯绝缘绞型软线	0.012~2.5	
	RVB	250	平行聚氯乙烯绝缘连接软线	0.012~2.5	
	RVV	500	聚氯乙烯绝缘护套软线	0.012~2.5	500V 以下各种移动电器接线

7.2.2　配电箱

总配电箱是本栋单体建筑连接电源、接受和分配电能的电气装置。总配电箱内装有总开关、分开关、计量设备、短路保护元件和漏电保护装置等。总配电箱数量一般与进户处数相同。

分配电箱是连接总配电箱和用电设备、接受和分配分区电能的电气装置。配电箱内器件与总配电箱类似。

对于多层建筑可在某层设总配电箱，并由此引出干线向各层分配电箱配电。低压配电箱根据用途不同可分为电力配电箱和照明配电箱，它们在民用建筑中用量很大。按产品划分有定型产品（标准配电箱）、非定型成套配电箱（非标准配电箱）及现场制作组装的配电箱。

1. 电力配电箱（AP）

电力配电箱也称为动力配电箱。普遍采用的电力配电箱主要有 XL（F）-14、XL（F）-15、XL（R）-20、XL-21 等型号。电力配电箱型号含义如图 7-17 所示。XL-21 型电力配电箱外形如图 7-18 所示。

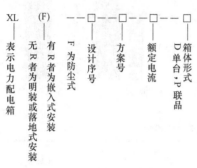

图 7-17　电力配电箱型号含义

图 7-18　XL-21 型电力配电箱

2. 照明配电箱（AL）

照明配电箱内主要装有控制各支路用的开关、熔断器，有的还装有电度表、漏电保护开关等。常见照明配电箱实物如图 7-19 所示。

a）PZ-20系列照明配电箱　　b）配施耐德电器照明配电箱　　c）防爆照明配电箱　　d）双电源手动切换箱

图 7-19　照明配电箱实物图

3. 其他系列配电箱

（1）插座箱　箱内主要装有自动开关和插座，常见插座箱如图 7-20 所示。

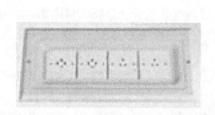

a）插座箱　　　　　　　　　　　　b）防爆防腐电源插座箱

图 7-20　电源插座箱

（2）计量箱　箱内主要装有电度表、自动开关或熔断器、电流互感器等。常见计量箱如图 7-21 所示。

a) 封闭挂式　　　　　　　　　　b) 嵌入暗装式

图 7-21　计量箱

7.2.3　支干线

1. 干线

干线是连接总配电箱与分配电箱之间的线路，任务是将电能输送到分配电箱。配线方式有放射式、树干式、混合式，如图 7-22 所示。

2. 支线

照明支线又称为照明回路，是指从分配电箱到用电设备的线路，即将电能直接传递给用电设备的配电线路。

7.2.4　照明用电器具

干线、支线将电能送到用电末端，其用电器具包括灯具以及控制灯具的开关、插座、电铃与风扇等。

图 7-22　低压配电方式分类示意图

放射式　　　树干式　　　混合式

1. 灯具

灯具有一般灯具、装饰灯具（吊式、吸顶式、荧光艺术式、几何形状组合、标志诱导灯、水下艺术灯、点光源、草坪灯、歌舞厅灯具等）、荧光灯（吊线、吊链、吊杆、吸顶）、工厂灯（工厂罩灯、投光灯、烟囱水塔灯、安全防爆灯等）、医院灯具（病房指示灯、暗脚灯、紫外线灯、无影灯）、路灯（马路弯灯、庭院路灯）、航空障碍灯等多种形式，其实物图除图 7-13 外，另如图 7-23 所示。

照明用电器具

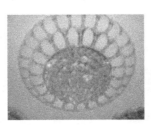

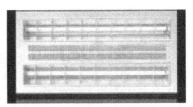

a) 吊灯　　　　　　　　　b) 吸顶灯　　　　　　　　c) 隔栅式荧光灯

图 7-23　灯具形式实物图

d) 顶棚灯　　　　　　　e) 追光灯　　　　　　　f) 医院无影灯

图 7-23　灯具形式实物图（续）

2. 灯具开关

灯具开关可用来实现对灯具进行通电断电的控制。灯具开关按产品形式分类有拉线式（图 7-24）、跷板式（图 7-25）、节能式（图 7-26）以及其他式等，按控制方式分类有单控、双控、三控等（图 7-27），按安装方式分类有明装、暗装、密闭、防爆型。

a) 普通型　　　　　b) 瓷防水式　　　　　　c) 防爆型

图 7-24　拉线式灯具开关实物图

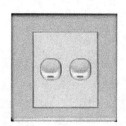

a) 单联单控　　　　　　b) 双联单控　　　　　　c) 三联单控

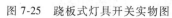

图 7-25　跷板式灯具开关实物图

a) 声光控延时开关　　　　　　b) 钥匙取电器

图 7-26　节能式灯具开关实物图

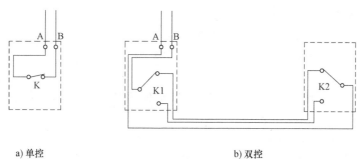

a) 单控   b) 双控

图 7-27 单控、双控开关接线图

3. 插座

插座有单相、三相之分，三相插座一般是四孔，单相插座有两孔、三孔、多孔，按安装方式分有明装、暗装、密闭、防爆型，如图 7-28 所示。

a) 单相两孔插座   b) 单相三孔插座   c) 地弹插座   d) 二、三极插座   e) 地面线槽插座   f) 86接线盒

图 7-28 插座实物图

4. 电铃与风扇

电铃的规格可按直径分为 100mm、200mm、300mm 等，也可按电铃号牌箱分为 10 号、20 号、30 号等，如图 7-29 所示。风扇可分为吊扇、壁扇、轴流排气扇等，如图 7-30 所示。

图 7-29 电铃

a) 吊扇   b) 壁扇   c) 轴流排气扇

图 7-30 风扇

【想一想】 线缆、照明器具是如何安装的？

【本单元关键词】

进户线 总配电箱 分配电箱 干线 支线 照明器具

【单元测试】

一、判断题

1. 非铠装电缆可直接用于埋地敷设。（   ）

2. 一般情况下，进户线尽量采用电缆埋地进户方式。（   ）

3. 总配电箱数量一般不与进户处数相同。（　　　）

4. AP 表示照明配电箱，AL 表示电力配电箱。（　　　）

5. 箱内断路器，往上推为断电，往下拉为合闸。（　　　）

二、多项选择题

1. 按照电能量的传递方向，电气照明配电系统通常由进户线、总配电箱及（　　　）组成。

A. 干线　　　B. 分配电箱　　　C. 支线　　　D. 照明器具

2. 进户线通常采用的进户方式有（　　　）。

A. 架空进户　　　　　　　B. 电缆埋地进户

C. 沿路面敷设　　　　　　D. 穿给水金属管敷设

3. 分配电箱内常装有（　　　）。

A. 总开关　　　　　　　　B. 分开关

C. 短路保护装置　　　　　D. 灯具

4. 干线配线方式有（　　　）。

A. 开放式　　　B. 放射式　　　C. 树干式　　　D. 混合式

5. 常见用电器具包括（　　　）。

A. 开关　　　B. 插座　　　C. 电铃　　　D. 风扇

7.3　建筑电气照明工程施工

7.3.1　配电箱安装

配电箱的安装方式有明装和暗装两种：明装配电箱有落地式和悬挂式。悬挂式配电箱安装时一般箱底距地 2m；暗装配电箱一般箱底距地 1.5m。不论是明装还是暗装配电箱，其导线进出配电箱时必须穿管保护。

成套配电箱的安装程序是：现场预埋→管与箱体连接→安装盘面→组装配电箱→装盖板（贴脸及箱门）。安装示意如图 7-31 所示。

7.3.2　照明线路敷设

照明线路敷设有明敷和暗敷两种，明敷就是沿建筑物墙板梁柱的表面敷设，暗敷就是在建筑物墙板梁柱内敷设。常见的敷设方式有线槽配线、导管配线，在大跨度的车间也会用到钢索配线。

1. 线槽配线

线槽配线分为金属线槽明配线、地面内暗装金属线槽配线、塑料线槽配线。

（1）金属线槽配线（MR）　金属线槽材料有钢板、铝合金，如图 7-32 所示，金属线槽在不同位置连接示意如图 7-33 所示。

金属线槽应可靠接地或接零，线槽的所有非导电部分的铁件均应相互连接，使线槽本身有良好的电气连续性，但不作为设备的接地导体。从室外引入室内的导线，穿过墙外的一段应采用橡胶绝缘导线。穿墙保护管的外侧应有防水措施。

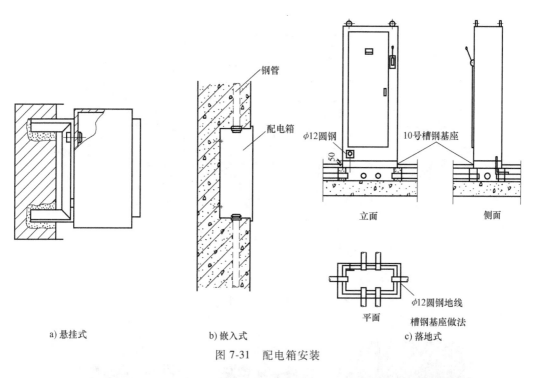

钢管

配电箱

φ12圆钢　　10号槽钢基座

立面　　　　　侧面

φ12圆钢地线

平面

槽钢基座做法

a) 悬挂式　　　　　　b) 嵌入式　　　　　　c) 落地式

图 7-31　配电箱安装

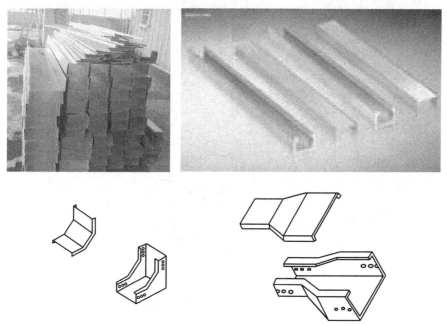

图 7-32　金属线槽材料

（2）地面内暗装金属线槽配线　地面内暗装金属线槽（图 7-34）配线是将电线或电缆穿在经过特制的壁厚为 2mm 的封闭式金属线槽内，直接敷设在混凝土地面、现浇钢筋混凝土楼板或预制混凝土楼板的垫层内，如图 7-35 所示。

无论是明装还是暗装金属线槽均应可靠接地或接零，但不应作为设备的接地导线。

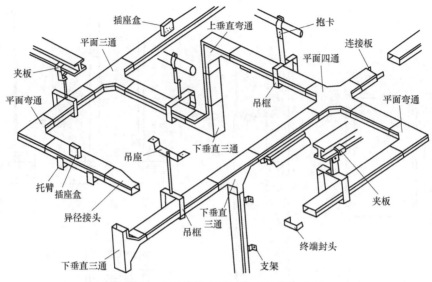

图 7-33　金属线槽在不同位置的连接示意

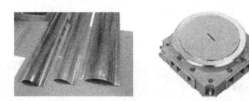

图 7-34　地面内暗装金属线槽及其分线盒

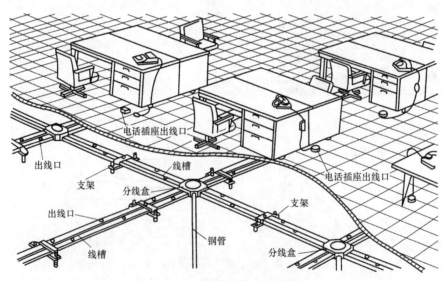

图 7-35　地面内暗装金属线槽配线

（3）塑料线槽配线（PR）　塑料线槽配线适用于正常环境的室内场所，特别是潮湿及酸碱腐蚀的场所，但在高温和易受机械损伤的场所不宜使用，其配线与配件示意如图 7-36所示。

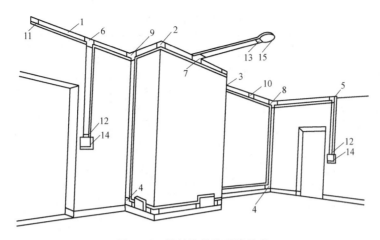

图 7-36　塑料线槽的配线示意

1—直线线槽　2—阳角　3—阴角　4—直转角　5—平转角　6—平三通　7—顶三通
8—左三通　9—右三通　10—连接头　11—终端头　12—开关盒插口
13—灯位盒插口　14—开关盒及盖板　15—灯位盒及盖板

强、弱电线路不应同敷于一根线槽内。线槽内电线或电缆总截面面积不应超过线槽内截面面积的 20%，载流导线不宜超过 30 根。当设计无此规定时，包括绝缘层在内的导线总截面面积不应大于线槽截面面积的 60%；导线或电缆在线槽内不得有接头，接头应在接线盒内连接。

2. 导管配线

将绝缘导线穿在管内进行敷设，称为导管配线。导管配线安全可靠，可避免腐蚀性气体的侵蚀和机械损伤，更换导线方便。

管材有金属管（钢管 SC、紧定式薄壁钢管 JDG、扣压式薄壁钢管 KBG、可挠金属管 LV、金属软管 CP 等，如图 7-37 所示）和塑料管（硬塑料管 PC、刚性阻燃管 PVC、半硬塑料管 FPC，如图 7-38 所示）两大类，BV、BLV 导线穿管管径选择见表 7-3。

图 7-37　金属管

图 7-38　PVC 塑料管

表 7-3　BV、BLV 导线穿管管径选择

导线截面/mm²	PVC管(外径/mm) 导线数/根							焊接钢管(内径/mm) 导线数/根							电线管(外径/mm) 导线数/根						
	2	3	4	5	6	7	8	2	3	4	5	6	7	8	2	3	4	5	6	7	8
1.5	16					20		15					20		16			19		25	
2.5	16					20		15					20		16			19		25	
4	16		20					15			20				16		19	25			
6	16		20		25			15		20			25		19		25			32	
10	20		25		32			20		25			32		25		32			38	
16	25		32		40			25				32		40	25	32	38			51	
25	32			40		50		25		32		40		50	32		38	51			
35	32		40		50			32			40		50		38		51				
50	40		50		60			32	40	50			65		51						
70	50			60		80		50			65			80	51						
95	50		60		80			50		65		80									
120	50		60	80		100		50		65		80									

注：管径为 51mm 的电线管一般不用，因为管壁太薄，弯曲后易变形。

（1）金属管暗配施工工艺　配管工艺流程：

熟悉图样→选管→切断→套螺纹→煨弯→按使用场所刷防腐漆→配合土建施工逐层逐段预埋管→管与管和管与盒（箱）连接→接地跨接线焊接。管与管连接如图 7-39 所示，管与盒（箱）连接如图 7-40 所示。

（2）金属管明配施工工艺　明配金属管施工工艺流程如图 7-41 所示，敷设工艺与暗配管相同，施工要点主要在管弯、支架、吊架预制加工等。

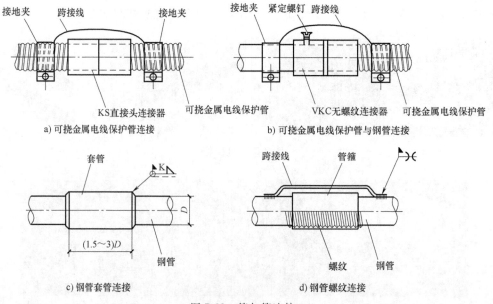

a) 可挠金属电线保护管连接　　　　　b) 可挠金属电线保护管与钢管连接

c) 钢管套管连接　　　　　　　　　　d) 钢管螺纹连接

图 7-39　管与管连接

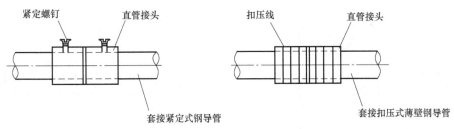

e) 套接紧定式钢导管紧定螺钉连接　　　　　f) 套接扣压式薄壁钢导管扣压连接

图 7-39　管与管连接（续）

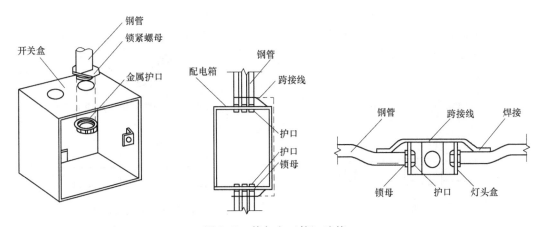

图 7-40　管与盒（箱）连接

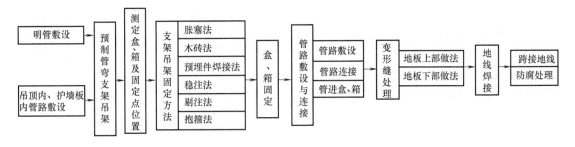

图 7-41　明配金属管施工工艺流程

　　明配管支架、吊架应按施工图设计要求进行加工。支架、吊架的规格设计无规定时，应不小于以下规定：扁钢支架 30mm×3mm，角钢支架 25mm×25mm×3mm，埋注支架应有燕尾，埋注深度应不小于 120mm。明配管固定方法如图 7-42 所示。

　　（3）阻燃硬质塑料管（PVC）明、暗敷设施工工艺

　　1）明配管工艺流程：预制支、吊架铁件及弯管→测定盒、箱及管线固定点位置→管线固定→管线敷设→管线入盒、箱→变形缝做法。

　　2）暗配管工艺流程：弹线定位→加工弯管→稳住盒、箱→暗敷管线→扫管穿引线。

　　弯管操作示意如图 7-43、图 7-44 所示，管连接示意如图 7-45、图 7-46 所示，管过伸缩

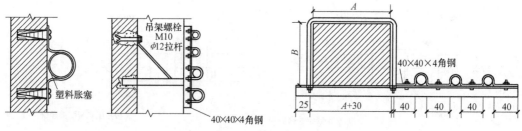

图 7-42　明配管固定方法

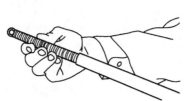

图 7-43　弯簧插入 PVC 管内

图 7-44　膝盖顶住煨弯处

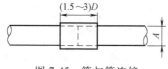

图 7-45　管与管连接

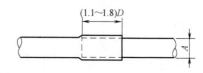

图 7-46　管与器件连接

缝补偿装置如图 7-47 所示。

（4）管内穿线施工工艺　管内穿线工艺流程：选择导线→扫管→穿带线→放线与断线→导线与带线的绑扎→管口护口安装→导线连接→线路绝缘摇测。

穿线工作一般应在管子全部敷设完毕后进行。

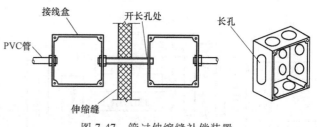

图 7-47　管过伸缩缝补偿装置

3. 钢索配线

钢索配线是指由钢索承受配电线路的全部荷载，将绝缘导线、配件和灯具吊勾在钢索上的配线方式。适用于大跨度厂房、车库和仓储等场所。

7.3.3　照明及其他器具安装

照明器具包括灯具、开关等，灯具又分为普通灯具、专用灯具等。

1. 普通灯具安装

灯具安装工艺流程：灯具固定→灯具组装→灯具接线→灯具接地。

灯具的安装应与土建施工密切配合，做好预埋件的预理工作。

（1）吊灯的安装　在砖混结构安装照明装置时，应采用预埋吊钩、螺栓、螺钉、膨胀

灯具安装

螺栓或塑料胀塞固定，如图 7-48、图 7-49 所示。

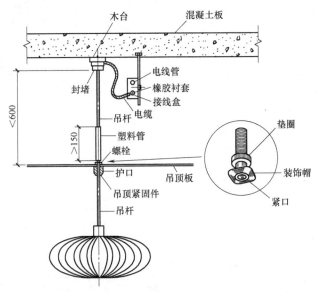

图 7-48 吊灯在吊顶上安装

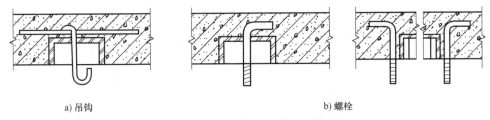

a) 吊钩   b) 螺栓

图 7-49 灯具吊钩及螺栓预埋做法

（2）吸顶灯的安装 吸顶灯在混凝土顶棚上安装时，可以在浇筑混凝土前，根据图样要求把木砖预埋在里面，也可以安装金属膨胀螺栓，如图 7-50、图 7-51 所示。较大型吸顶灯的安装，可以用吊杆将灯具底盘等附件装置悬吊固定在建筑物主体顶棚上，或者固定在吊顶的主龙骨上，也可以在轻钢龙骨上紧固灯具附件，而后将吸顶灯安装至吊顶上。

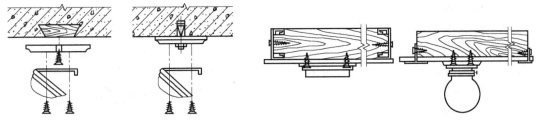

图 7-50 吸顶灯在混凝土顶棚上安装   图 7-51 吸顶灯在吊顶上安装

（3）壁灯的安装 安装壁灯时，先在墙或柱上固定底盘，再用螺钉把灯具紧固在底盘上。固定底盘时，可用螺钉旋入灯位盒的安装螺孔来固定，也可在墙面上用塑料胀塞及螺钉固定。壁灯底盘的固定螺钉一般不少于两个。

壁灯的安装高度一般为：灯具中心距地面 2.2m 左右，床头壁灯以 1.2～1.4m 为宜。壁灯安装如图 7-52 所示。

（4）荧光灯的安装　荧光灯有电感式和电子式两种。电感式荧光灯电路简单、使用寿命长、启动较慢、有频闪效应。电子式荧光灯启动快、无频闪效应、功耗小、效率高。根据国家节能要求，市场须使用电子式荧光灯。

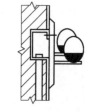

图 7-52　壁灯安装示意

1）荧光灯吸顶安装如图 7-53 所示。

2）荧光灯吊链安装如图 7-54 所示。

3）荧光灯嵌入吊顶内安装如图 7-55 所示。

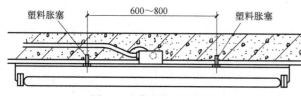

图 7-53　荧光灯吸顶安装

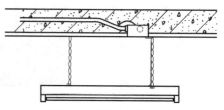

图 7-54　荧光灯吊链安装

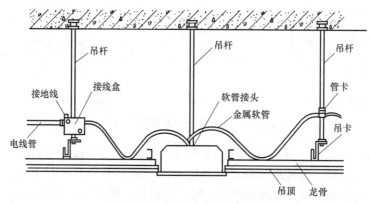

图 7-55　荧光灯嵌入吊顶内安装

2. 专用灯具安装

（1）疏散指示与应急照明灯安装　在市电停电或火灾状态下，正常照明电源被切除，为能维持行走所需光线，需要采用疏散指示与应急照明，疏散指示灯与应急照明灯安装如图 7-56~图 7-58 所示。

（2）庭院照明灯具安装　庭院照明灯具的导电部分对地绝缘电阻值应大于 $2M\Omega$。立柱式路灯、落地式路灯、特种园艺灯等灯具与基础固定可靠，地脚螺栓备帽齐全。灯具的接线盒或熔断器盒，盒盖的防水密封垫应完整。

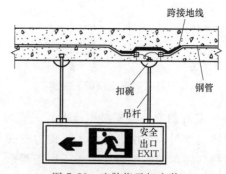

图 7-56　疏散指示灯安装

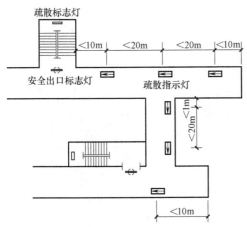

图 7-57　疏散指示灯设置原则示意

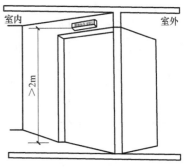

图 7-58　安全出口标志灯安装

金属立柱及灯具的裸露导体部分的接地（PE）或接零（PEN）应可靠。接地线干线沿庭院灯布置位置形成环网状，且应有不少于两处与接地装置引出线连接。由接地干线引出支线与金属灯柱及灯具的接地端子连接，且应有标识。庭院照明灯具安装如图 7-59 所示。

3. 开关、插座、电铃、风扇安装

（1）灯具开关的安装　灯具开关一般分为明装开关和暗装开关两种，如图 7-60 所示。拉线开关一般距地 2~3m 明装，距门框 0.15~0.2m，且拉线的出口应向下。

跷板开关的产品类型有明装和暗装两种，一般距地 1.3m，距门框 0.15~0.2m，并排安装的开关高度应一致，其高低差不应大于 2mm。暗装开关安装时应先将开关盒按图样要求预埋在墙内，待穿导线完毕后，将开关固定在盒内，接好导线，盖上盖板即可。在进行灯具开关安装时，必须保证相线进开关，零线进灯头，以确保在使用时的安全。

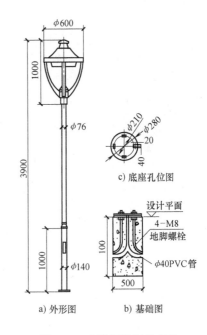

图 7-59　庭院照明灯具安装

（2）插座的安装　室内插座安装分为明装和暗装两种。不论是明装还是暗装，都可分为单相两孔插座、单相三孔插座、三相四孔插座。单相两孔插座和单相三孔插座的安装接线要求是面对插座左零、右相或左零、右相、上接地保护线，如图 7-61 所示，而三相四孔插座则为左 L1、右 L3、下 L2、上零线或接地保护线。

插座安装还应遵循：一般插座的安装高度距地 1.3m，有儿童经常出没的地方插座距地高度应不低于 1.8m，暗装插座一般不低于 0.3m，同一室内安装的插座高低差不宜大于 5mm，成排安装的插座其高低差应不大于 2mm；同一场所内交直流插座或不同电压等级的插座应有明显区别的标志。住宅插座回路应设置漏电保护装置。

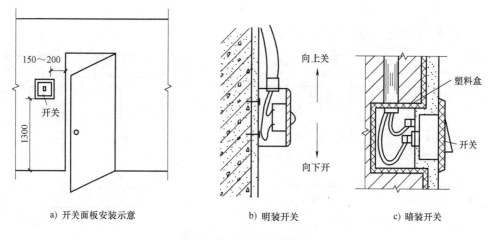

a) 开关面板安装示意　　　　b) 明装开关　　　　c) 暗装开关

图 7-60　灯具开关安装

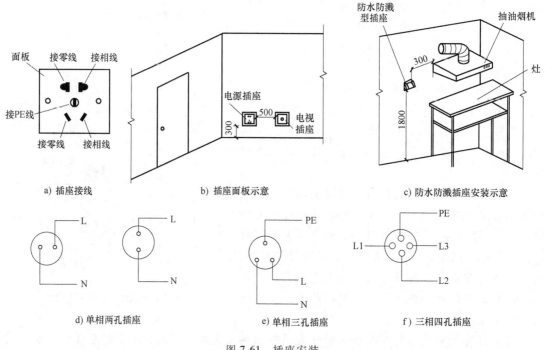

a) 插座接线　　　　b) 插座面板示意　　　　c) 防水防溅插座安装示意

d) 单相两孔插座　　　　e) 单相三孔插座　　　　f) 三相四孔插座

图 7-61　插座安装

（3）电铃的安装　电铃在室内安装有明装和暗装两种，分别如图 7-62、图 7-63 所示。

电铃按钮（开关）应暗装在相线上，安装高度不应低于 1.3m，并有明显标志。电铃安装好时，应调整到最响状态。用延时开关控制电铃，应整定延时值。

（4）吊扇的安装　吊扇的安装应在土建施工中，按电气照明施工平面图上的位置要求预埋吊钩，而吊扇吊钩的选择、安装将是吊扇能否正常、安全、可靠工作的前提，否则有可能出现吊扇坠落等恶性事故。吊扇的安装如图 7-64 所示。

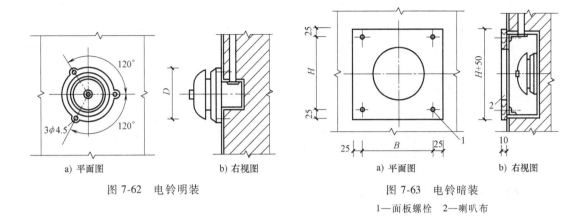

| a) 平面图 | b) 右视图 | a) 平面图 | b) 右视图 |

图 7-62　电铃明装　　　　　　　　　图 7-63　电铃暗装

1—面板螺栓　2—喇叭布

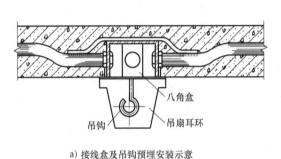
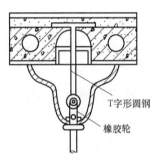

a) 接线盒及吊钩预埋安装示意　　　　　　b) 吊扇安装详图

图 7-64　吊扇安装

7.3.4　建筑物照明通电试运行

根据《建筑电气工程施工质量验收规范》的要求，建筑电气照明系统施工安装完毕需进行通电试运行，主要内容包括：灯具回路控制是否与照明配电箱及回路的标识一致，开关与灯具控制顺序是否相对应，风扇的转向及调速开关是否正常。

公用建筑照明系统通电连续试运行时间应为 24h，民用住宅照明系统通电连续试运行时间应为 8h，所有照明灯具均应开启，且每 2h 记录运行状态 1 次，连续试运行时间内无故障。

【本单元关键词】

高层民用建筑　供电电源　试运行

【单元测试】

判断题

1. 悬挂式配电箱安装时一般箱底距地 2m；暗装配电箱一般箱底距地 1.5m。（　　）

2. 金属配电箱外壳应有明显可靠的 PE 保护地线。（　　）

3. 按照施工工艺要求，所有材质的导管配线均先配管，然后管内穿线。（　　）

4. 楼板内预埋金属管时，要进行良好的接地。（　　　）

5. 管内穿线截面面积（包括绝缘层在内）应大于管内截面面积的 40%。（　　　）

6. 导线颜色要求：用黄色、绿色和红色的导线为中性线，用淡蓝颜色的导线为相线，用黄绿颜色相间的导线为保护地线。（　　　）

7. 同一交流回路的导线必须穿于同一管内。（　　　）

8. 金属线槽配线用 PR 表示，塑料线槽用 MR 表示。（　　　）

9. 单相三孔插座的安装接线要求是面对插座左零、右相、上接地保护线。（　　　）

10. 建筑电气照明系统施工安装完毕不需进行通电试运行。（　　　）

7.4 建筑电气照明工程施工图

　　建筑电气照明施工图是建筑电气照明设计的集体表现，是建筑电气照明工程施工的主要依据。图中采用了规定的图例、符号、文字标注等，用于表示实际线路和实物。因此对电气照明施工图的识读应首先熟悉有关图例符号和文字标记，其次还应了解有关设计规范、施工规范及产品样本。

7.4.1 常用图例与文字标注

1. 常用图例

　　常用图例见表 7-4，线路敷设方式文字符号见表 6-5，线路敷设部位文字符号见表 6-6，线路的文字标注含义见项目 6 相关内容，在此不详述。

表 7-4　照明系统常用图例

图例	名称	图例	名称
▭	动力或动力—照明配电箱	◓	壁灯
▬	照明配电箱(屏)	△	广照型灯(配照型灯)
⊗	灯的一般符号	⊙	防水防尘灯
●	球形灯	⚲	开关一般符号
◗	顶棚灯	⚲	单极开关
⊗	花灯	⚲	单极限时开关
⚲	弯灯	⚲	调光器
⊢—⊣	单管荧光灯	⚫	单极开关(暗装)
⊟	三管荧光灯	⚲	双极开关
⊢⁵⊣	五管荧光灯	⚫	双极开关(暗装)

（续）

图例	名称	图例	名称
 ○━┓	三极开关	⊥⌂	带保护接地密闭（防水）插座
 ●━┓	三极开关（暗装）	⊥◢	带保护接地防爆插座
⊥	单相插座	 ⊥⩚	带接地插孔的三相插座
⊥	暗装插座	 ⊥⬟	带接地插孔的三相插座（暗装）
⊥	密闭（防水）插座	 ⊤	插座箱（板）
⊥	防爆插座	 ⊠	事故照明配电箱（屏）
⊥	带保护接点插座	⯀	钥匙开关
⊥	带接地插孔的单相插座（暗装）	⊓	电铃

2. 灯具标注

灯具的标注是在灯具旁按灯具标注规定标注灯具数量、型号、灯具中的光源数量和容量、悬挂高度和安装方式。

照明灯具的标注格式为：$a\text{-}b\dfrac{c\times d\times L}{e}f$

其中：

a——同一平面内，同种型号灯具的数量；

b——灯具型号；

c——每盏照明灯具中光源的数量；

d——每个光源的额定功率（W）；

e——安装高度（m），当吸顶或嵌入安装时用"—"表示；

f——安装方式；

L——光源种类（常省略不标）。

灯具安装方式代号如下：

线吊—SW、链吊—CS、管吊—DS、吸顶—C、嵌入—R、壁式—W、嵌入壁式—WR、柱上式—CL、支架上安装—S、顶棚内—CR、座装 HM。

例如：$5\text{-}T5ESS\dfrac{2\times 28}{2.5}CS$

表示 5 盏 T5 系列直管型荧光灯，每盏灯具中装设 2 只功率为 28W 的灯管，灯具的安装高度为 2.5m，灯具采用链吊式安装方式。在同一房间内的多盏相同型号、相同安装方式和相同安装高度的灯具，可以只标注一处。

7.4.2　建筑电气照明施工图识读

1. 施工图组成

施工图的组成包括图样目录、设计说明、系统图、平面图、安装详图、大样图（多采用图集）、主要设备材料表及标注。

2. 建筑电气照明施工图识读

施工图采用的是单线画法。读图顺序及方法详见项目6的识图内容。

（1）电气照明系统图　电气照明系统图用来表明照明工程的供电系统、配电线路的规格，采用管径、敷设方式及部位，线路的分布情况，计算负荷和计算电流，配电箱的型号及其主要设备的规格等，如图 7-65 所示。

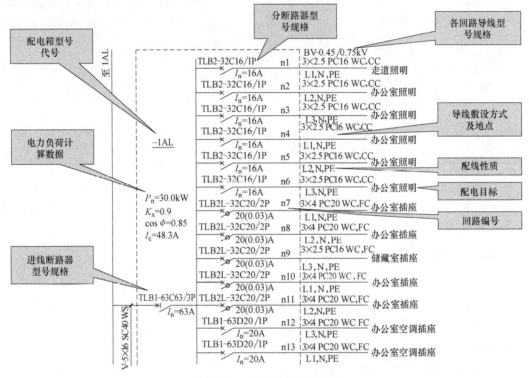

图 7-65　－1AL 配电箱系统图

（2）电气照明平面图　电气照明平面图是按国家规定的图例和符号，画出进户点、配电线路及室内的灯具、开关、插座等电气设备的平面位置及安装要求。照明线路都采用单线画法，如图 7-66 所示。

（3）电气设计说明　在系统图和平面图中未能表明而又与施工有关的问题，可在设计说明中予以补充。

（4）主要设备材料表　将电气照明工程中所使用的主要材料进行列表，便于施工单位进行材料采购，同时有利于施工监理部门的检查验收。主要设备材料表中应包含以下内容：序号、在施工图中的图形符号、对应的型号规格、数量、生产厂家和备注等。对自制的电气设备，也可在材料表中说明其规格、数量及制作要求。

7.4.3　建筑电气照明施工图读图练习

这里，我们以 1#办公楼电气照明工程作为实例来进行读图练习。施工图如图 7-1 ~图 7-6 所示。

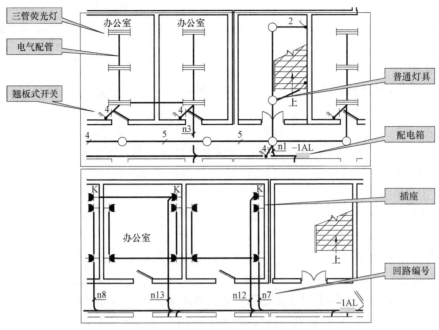

图 7-66　地下室电气照明平面图

1. 施工说明

工程总体概况：地下 1 层，地上 4 层，建筑高度 14.95m，为多层公共建筑，结构形式为框架结构。

电源：采用 220/380V 配电系统，主干线以电缆穿 SC 钢管埋地引入，埋深不小于 0.7m。

设备安装：配电箱距地 1.5m 暗装，开关距地 1.3m 暗装，普通插座距地 0.3m 暗装。

线路选择与敷设：进户线、干线采用电缆，支线采用塑料绝缘铜芯线 BV 穿钢管 SC 或塑料管 PC 暗敷。

节能设计：按照节能设计标准及规范要求，公共建筑必须采用节能型光源，功率因数在 0.9 以上。

2. 系统图

按电能量传递方向看系统图，从电源端看到设备端，对于电气照明系统图按进户线→总配电箱→干线→分配电箱→支线出线→各用电器具的顺序看图。

图 7-1 竖向配电系统图表明，该项目有普通照明和应急照明系统。

（1）普通照明系统　进户线的回路编号是 AA1，配电箱是 AL-Z，送出两回干线，将电源分别送至 5 台分配电箱-1AL、1AL、2AL、3AL、4AL。

各配电箱的代号及其安装的楼层位置：AL 表示照明配电箱。总配电箱 AL-Z，安装在地下室；各楼层分箱分别用 ＊AL 表示，"＊"即指楼层数，比如-1AL，表示安装在地下室的楼层分配电箱，以此类推。

下面以图 7-2-1AL 地下室照明配电箱系统图为例来讲解。从总配电箱 AL-Z 引出主干线 N1 电缆 YJV-4×35+1×16，穿管沿墙暗敷，经 T 形接线端子连接后，电缆转成 YJV-5×16，沿墙穿管明敷接至-1AL，经配电箱的分配，该箱共送出 18 回线，分别供给照明、普通插座、空调插座用电。

（2）应急照明系统 ALE　从图 7-3 ALE 应急照明配电箱系统图可知，ALE 应急照明配电箱双回路进线，电源经配电箱分配后，送出 6 回线，分别送至地下室~四层及消防控制室的应急照明灯具。

3. 平面图

对电气照明系统平面图，按进户线→总配电箱→干线→分配电箱→支线出线→各用电器具的顺序看图。

（1）进户线　从图 7-4 地下室插座平面图可知，普通照明进户电缆（AA1，YJV-0.6/1kV-4×120　SC100　FC）在⑧轴交 B 轴处穿管埋地进户，埋深不小于 0.7m。

（2）总配电箱　普通照明总配电箱 AL-Z 安装在地下室⑨轴交 B 轴的墙上，距地 1.5m 暗装。

应急照明配电箱 ALE 安装在地下室⑧轴交 C 轴的墙上，距地 1.5m 暗装，如图 7-4 所示。

（3）干线　从图 7-4 地下室插座平面图可知，普通照明干线 N1、N2 在地下室⑧轴交 B 轴墙上垂直引上，每到一层楼，主干电缆经 T 形接线端子分线后接各分配电箱。

（4）分配电箱　普通照明的分配电箱安装在每层平面的⑧轴交 B 轴墙上。

（5）支线　下面以-1AL 配电箱出线 n3、n7 回路，说明支线走向。

1）-1AL 配电箱出线 n3 回路走向分析。从图 7-5 地下室照明平面图可知 n3 具体走向：从-1AL 配电箱的顶部出管垂直引上，管上至顶棚后，在顶棚内水平方向由东向西走管，行至⑤~⑥轴之间，拐向北面接第一套三管荧光灯的灯头盒，管内零线地线在灯头盒内分别接完 6 个灯头，火线在顶棚配管引向门边，

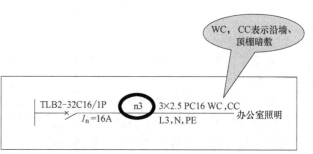

图 7-67　n3 回路系统图

再引下沿墙至墙上开关，经开关控制后，开关线沿原管返回接至各灯头。n3 回路系统图、平面图、三维图分别如图 7-67~图 7-69 所示。

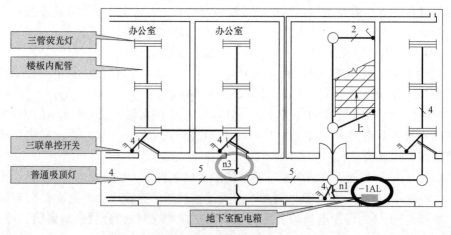

图 7-68　n3 回路平面图

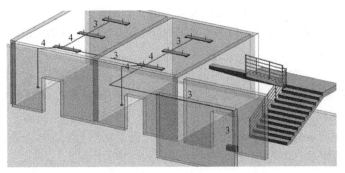

图 7-69　n3 回路三维图

2）-1AL 配电箱出线 n7 回路走向分析。从图 7-4 地下室插座平面图可知 n7 具体走向：从-1AL 配电箱的底部出管下地板，管下到地板后，在地板内由东向西走管，行至⑥轴时，拐向北面上墙接第一个插座，在第一个插座处向下沿两根导管，到地板后分别在地板内敷设，走向北面上墙接插座，走向西面上墙接插座，直至接完所有插座。n7 回路系统图、平面图、三维图分别如图 7-70~图 7-72 所示。

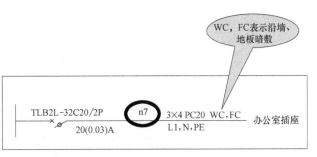

图 7-70　n7 回路系统图

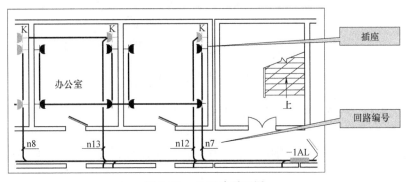

图 7-71　n7 回路平面图

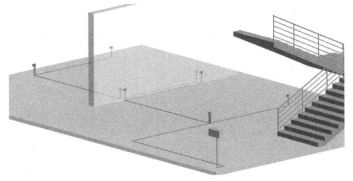

图 7-72　n7 回路三维图

对于图面上的支线，分布的量最多也是最烦琐的，一定要将系统图与平面图对照来看，并且将其平面走向转成三维空间，本书只列举了典型回路的走向，其他回路可以此类推，举一反三。

3）导线根数判别方法。

① 同一回路、同路径、带开关控制的电器回路（如灯、风扇等），一般是一灯一控。从末端往前推，最末端电器的电线根数同系统图，逐次往前，每过一套电器，导线根数加1（当多个开关的控制线出现交叉时，本方法不适用）。

② 灯具开关至第一套灯的管内穿线根数，等于开关的联数再加1，如图7-73所示。

③ 不带开关的电器，其各段管内导线根数同系统图。

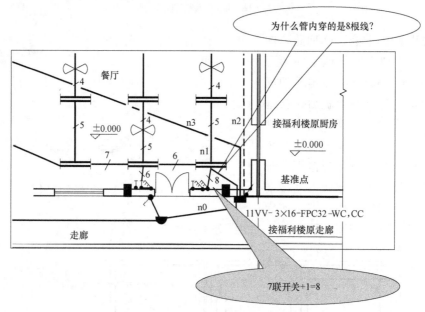

图7-73　导线根数判别方法

（6）照明器具　以图7-4地下室插座平面图为例，图上有普通插座、挂式空调插座、柜式空调插座。

以图7-5地下室照明平面图为例，图上有三管荧光灯、双管荧光灯、吸顶灯、跷板式暗装开关。

4. 看材料表

图7-6主要材料表表明了材料的规格型号、数量、安装要求等。

表中有图例、材料名称、规格型号、单位数量、备注等信息。

【本单元关键词】

施工图组成　照明配电　施工图　识图

【单元测试】

判断题

1. 施工图属于简图，图形符号所绘制的位置一定是按比例给定。（　　　　）

2. 线路中各种设备、元件都通过导线连接且不必构成闭合回路。（   ）

3. 三相电源向单相用电回路分配电能时，应在单相用电各回路导线旁标明相别 L1、L2、L3。（   ）

4. 一套建筑电气照明施工图一般不包括系统图及平面图。（   ）

5. 在施工图绘图时采用的是单线画法。（   ）

6. 1 ————— 2 ————— 3 ————— ———///— ——→ 3 表示在同一路径上的电气管线有三根导线。（   ）

7. 看平面图的目的是了解系统的基本组成，主要电气设备、元件等连接关系及它们的规格、型号、参数等，掌握该系统的组成概况。（   ）

8. 看系统图的目的是了解设备安装位置、线路敷设部位等。（   ）

9. 阅读系统图时，一般按电能量或信号的输送方向。（   ）

10. 主要材料表表明了材料的规格型号、数量、安装要求等。（   ）

本项目小结

1）电气照明是通过电光源把电能转换为光能，在夜间或自然采光不足的情况下提供明亮的视觉环境，以满足人们工作、学习和生活的需要。电气照明系统由照明配电系统、灯具、开关、插座及其他照明器具组成。

2）电气照明工程施工内容主要有配管配线、照明配电箱安装、照明灯具安装、灯具开关及插座安装、电铃与电风扇安装等分项工程。施工时应按照规定的施工程序进行。

3）室内照明线路主要有线槽（塑料线槽、金属线槽）明敷、穿钢管明（暗）敷、穿PVC管明（暗）敷、钢索配线等几种敷设方式。穿管敷设电线时，无论是穿钢管还是PVC管，穿入管内的电线截面面积（包括绝缘层）的总和不应超过管内截面面积的40%。

4）灯具安装方式主要有吊式安装、吸顶式安装、壁式安装、嵌入式安装及其他装饰性灯具安装。灯具安装应牢固可靠，安装高度符合要求。

5）安装灯具开关及插座时，应先把底盒（开关盒或插座盒）固定好，可明装也可暗埋，再把灯具开关、插座接好线后，用螺钉固定在底盒上。同一建筑物内的开关及插座安装高度应一致，且控制有序不错位。暗装的开关及插座面板应紧贴墙面，四周无缝隙，安装牢固，表面光滑整洁、无碎裂无划伤，装饰帽齐全。

6）电风扇有吊扇、壁扇、换气扇之分，安装应牢固可靠，接线正确，当运转时扇叶无明显颤动和异常声响。注意保持风扇涂层完整，表面无划痕、无污染，防护罩无变形。

7）照明配电箱的安装主要有明装、嵌入式暗装、落地式安装三种方式。

8）电气照明工程安装质量检查及验收时应遵照《建筑电气工程施工质量验收规范》进行，除了检查施工工序应符合规定之外，还应分为主控项目和一般项目两部分进行质量检查及验收。检查时可采用抽样检查和全面检查相结合的方式进行。

项目 8

建筑防雷接地工程

【项目引入】

打雷闪电人们都不陌生，雷电是怎么形成的？有哪些危害？防雷接地装置主要由哪些构成？作用是什么？怎么安装？这些问题都将在本项目中找到答案。

本项目主要以某 1#办公楼防雷接地施工图为载体，介绍建筑防雷接地系统及施工图，图样内容如图 8-1~图 8-3 所示。

七、防雷与接地保护：

（一）建筑物防雷：

1. 本工程年预计雷击次数 0.17 次/a，按三类防雷建筑物设计考虑。

2. 接闪器：在屋面采用 $\phi10$ 热镀锌圆钢作接闪带，沿女儿墙等处敷设，在整个屋面形成不大于 20m×20m 或 24m×16m 的网格。

3. 引下线：采用柱内两根 $\phi16mm$ 以上主筋通长焊接，顶端与避雷带焊接，底端与接地装置焊接。

4. 凡突出屋面的所有金属管道、金属构件及金属栏杆等均应与避雷带可靠焊接。任何进出建筑物的金属管道及电缆穿管均应在进出处与接地装置连接。

（二）接地及安全：

1. 本工程防雷接地和电气设备保护接地共用同一接地体，要求接地电阻不大于 1Ω，实测不满足要求时，利用引下线外引扁钢增设人工接地体。

2. 凡正常不带电，而当绝缘破坏有可能呈现电压的一切电气设备金属外壳均应可靠接地。

3. 过电压保护：在 AL-Z 配电箱内装设 I 级试验 SPD；弱电系统引入端设过电压保护装置，具体由相关部门负责。

4. 本工程采用等电位联结，在总配电箱附近距地 0.3m 处设置总等电位联结端子箱，端子箱应与接地极可靠联结。所有进出本建筑的金属管线及各设备接地点均应与等电位联结端子板连接。

5. 自首层起每两层设置一个均压环，且均压环应延伸至阳台、飘窗、空调搁板的最外侧。

利用结构内最外侧两根钢筋通长焊接作为均压环。并将每层的金属门、窗与均压环的预留端子做电气连接。

图 8-1 防雷接地施工说明

【学习目标】

1）了解建筑防雷与接地装置的构成及作用。

2）熟悉建筑物所采用的防雷措施与材料。

3）掌握防雷与接地装置的安装工艺。

4）熟练识读建筑防雷接地装置施工图。

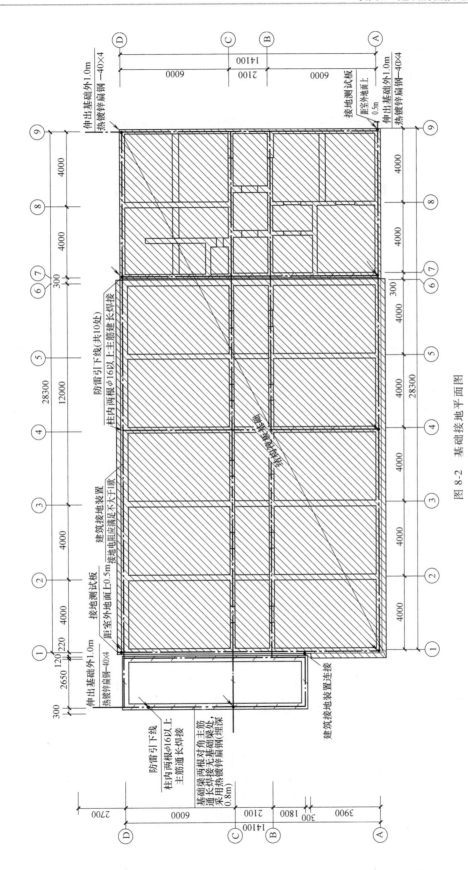

图8-2　基础接地平面图

建筑设备工程

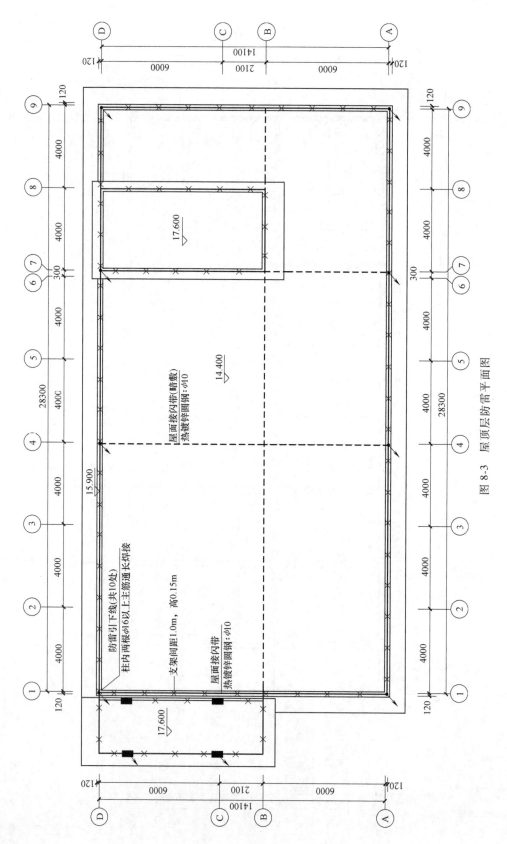

图 8-3　屋顶层防雷平面图

【学习重点】

1）防雷接地装置组成及其材料、安装工艺。

2）防雷接地装置施工图识读。

【学习建议】

1）本项目雷电形成原理内容做一般了解，着重在防雷装置施工与识图内容。

2）平时应多提问，多到施工现场了解材料与设备实物及安装过程，也可以通过施工录像、动画来加深对课程内容的理解。

3）识图时应将图与工程实际联系起来。

4）项目后的思考题与习题，应在学习中对应进度逐步练习，通过做练习加以巩固基本知识。

【项目导读】

1. 工作任务分析

图 8-1~图 8-3 是某 1#办公楼建筑防雷接地施工图，图中出现的图块和线条代表什么含义？为什么要防雷？在什么地方需要设置防雷装置？怎么防？防雷装置是如何安装的？这一系列的问题均要通过本项目内容的学习才能逐一解答。

2. 实践操作（步骤/技能/方法/态度）

为了能完成前面提出的工作任务，我们需从解读雷电的危害、如何防雷开始，然后着重学习防雷装置的构成，熟悉防雷装置施工工艺流程，及其安装施工知识，掌握建筑防雷接地工程施工图识读方法，从而具备熟读施工图的能力，为建筑防雷接地工程算量与计价打下基础，并具备一定的安全用电常识。

【本项目内容结构】

本项目内容结构如图 8-4 所示。

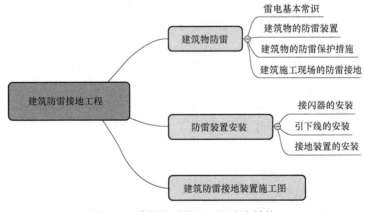

图 8-4　建筑防雷接地工程内容结构

【**想一想**】　雷电是怎么形成的？

8.1 建筑物防雷

雷电现象是自然界大气层在特定条件下形成的，是由雷云（带电的云层）对地面建筑物及大地的自然放电引起，它会对建筑物或设备造成严重破坏。因此，对雷电的形成过程及其放电条件应有所了解，从而采取适当的措施，保护建筑物不受雷击。

8.1.1 雷电基本常识

建筑物防雷

1. 雷电的形成

在天气闷热潮湿的时候，地面上的水受热变成蒸汽，并且随地面的受热空气而上升，在空中与冷空气相遇，使上升的水蒸气凝结成小水滴，形成积云。云中水滴受强烈气流吹袭，分裂为一些小水滴和大水滴，较大的水滴带正电荷，较小的水滴带负电荷。较小的水滴随风聚集形成了带负电的雷云；带正电的较大水滴常常向地面降落而形成雨，或悬浮在空中。由于静电感应，带负电的雷云，在大地表面感应有正电荷。这样雷云与大地间形成了一个大的电容器。当电场强度很大，超过大气的击穿强度时，即发生了雷云与大地间的放电，就是一般所说的雷击。

2. 雷电的危害

雷电的危害分为直击雷、雷电的感应、雷电波侵入三类：

（1）直击雷　雷云直接对建筑物或地面上的其他物体放电的现象称为直击雷。雷云放电时，引起很大的雷电流，可达几百千安，从而产生极大的破坏作用。雷电流通过被雷击的物体时，产生大量的热量，使物体燃烧。被击物体内的水分由于突然受热，急骤膨胀，还可能使被击物劈裂。所以当雷云向地面放电时，常常发生房屋倒塌、损坏或者引起火灾，发生人畜伤亡。

（2）雷电的感应　雷电感应是雷电的第二次作用，即雷电流产生的电磁效应和静电效应作用。雷云在建筑物和架空线路上空形成很强的电场，在建筑物和架空线路上便会感应出与雷云电荷极性相反的电荷（称为束缚电荷）。在雷云向其他地方放电后，云与大地之间的电场突然消失，但聚集在建筑物的顶部或架空线路上的电荷不能很快全部汇入大地，残留电荷形成的高电位，往往造成屋内电线、金属管道和大型金属设备放电，击穿电气绝缘层或引起火灾、爆炸。

（3）雷电波侵入　当架空线路或架空金属管道遭雷击，或者与遭受雷击的物体相碰，以及由于雷云在附近放电，在导线上感应出很高的电动势，沿线路或管路将高电位引进建筑物内部称为雷电波侵入，又称高电位引入。出现雷电波侵入时，可能发生火灾及触电事故。

3. 雷击的选择性

建筑物遭受雷击次数的多少，不仅与当地的雷电活动频繁程度有关，而且还与建筑物所在环境，建筑物本身的结构、特征有关。

首先是建筑物的高度和孤立程度。旷野中孤立的建筑物和建筑群高耸的建筑物，容易遭受雷击。其次是建筑物的结构及所用材料。金属屋顶、金属构架、混凝土结构的建筑物，容易遭雷击。

建筑物的地下情况，如地下有金属管道、金属矿藏，建筑物的地下水位较高，这些建筑物也易遭雷击。

建筑物易遭雷击的部位是屋面上突出的部分和边沿，如平屋面的檐角、女儿墙和四周屋檐；有坡度的屋面的屋角、屋脊和屋檐；此外高层建筑的侧面墙上也容易遭到雷电的侧击。

4. 民用建筑物的防雷等级

按《建筑物防雷设计规范》（GB 50057）的规定，建筑物应根据建筑物的重要性、使用性质、发生雷电事故的可能性和后果，按防雷要求分为三类。

【想一想】　建筑物的防雷装置由哪几部分组成？

8.1.2　建筑物的防雷装置

建筑物的防雷装置一般由接闪器、引下线和接地装置三部分组成。其原理就是引导雷云与防雷装置之间放电，使雷电流迅速流散到大地中去，从而保护建筑物免受雷击。建筑物防直击雷装置示意如图 8-5 所示。

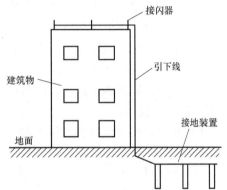

图 8-5　建筑物防直击雷装置示意

1. 接闪器

接闪器是专门用来接受雷击的金属导体。其形式可分为避雷针、避雷带（线）、避雷网以及兼作接闪的金属屋面和金属构件（如金属烟囱、风管）等。所有接闪器都必须经过接地引下线与接地装置相连接。

（1）避雷针　避雷针是安装在建筑物突出部位或独立装设的针形导体，在雷云的感应下，将雷云的放电通路吸引到避雷针本身，完成避雷针的接闪作用，由它及与它相连的引下线和接地体将雷电流安全导入地中，从而保护建筑物和设备免受雷击。避雷针形状如图 8-6 所示。

图 8-6　各种形状的避雷针

避雷针通常采用镀锌圆钢或镀锌钢管制成。避雷针应考虑防腐蚀，除应镀锌或涂漆外，在腐蚀性较强的场所，还应适当加大截面或采取其他防腐措施。它可以安装在电杆（支柱）、构架或建筑物上，下端经引下线与接地装置焊接。

（2）避雷带和避雷网　避雷带就是用小截面圆钢或扁钢装于建筑物易遭雷击的部位，如屋脊、屋檐、屋角、女儿墙和山墙等条形长带。避雷网相当于纵横交错的避雷带叠加在一起，形成多个网孔，它既是接闪器，又是防感应雷的装置。

（3）避雷线　避雷线一般采用截面面积不小于 $35mm^2$ 的镀锌钢绞线，架设在架空线路之上，以保护架空线路免受直接雷击。

（4）金属屋面　除一类防雷建筑物外，金属屋面的建筑物宜利用其屋面作为接闪器，但应符合有关规范的要求。

2. 引下线

引下线是连接接闪器和接地装置的金属导体，一般采用圆钢或扁钢，优先采用圆钢。

（1）引下线的选择　采用圆钢时，直径不应小于 8mm，采用扁钢时，其截面面积不应小于 $50mm^2$，厚度不应小于 2.5mm。烟囱上安装的引下线，圆钢直径不应小于 12mm，扁钢截面面积不应小于 $100mm^2$，厚度不应小于 4mm。

建筑物的金属构件，金属烟囱，烟囱的金属爬梯，混凝土柱内的钢筋、钢柱等都可以作为引下线，但其所有部件之间均应连成电气通路。

（2）断接卡　设置断接卡的目的是为了便于运行、维护和检测接地电阻。

当利用钢筋混凝土中的钢筋、钢柱作引下线并同时利用基础钢筋作接地网时，可不设断接卡。当利用钢筋作引下线时，应在室内外适当地点设置连接板，供测量接地、接人工接地体和等电位联结用。当仅利用钢筋混凝土中钢筋作引下线并采用埋于土壤中的人工接地体时，应在每根专用引下线的距地面不低于 0.5m 处设接地体连接板。采用埋于土壤中的人工接地体时，应设断接卡，其上端应与连接板或钢柱焊接，连接板处应有明显标志。

3. 接地装置

接地装置是接地体（又称接地极）和接地线的总和，它起到把引下线引下的雷电流迅速流散到大地土壤中的作用。

（1）接地体　埋入土壤中或混凝土基础中作散流用的金属导体称为接地体，按其敷设方式，可分为垂直接地体和水平接地体。

民用建筑宜优先利用钢筋混凝土基础中的钢筋作为防雷接地网。当需要增设人工接地体时，若敷设于土壤中的接地体连接到混凝土基础内钢筋或钢材，则土壤中的接地体宜采用铜质、镀铜或不锈钢导体。

（2）接地线　接地线是从引下线断接卡或换线处至接地体的连接导体，也是接地体与接地体之间的连接导体。接地线一般为镀锌扁钢或镀锌圆钢，其截面面积应与水平接地体相同。

（3）接地装置检验与涂色　接地装置安装完毕后，为了确定其是否符合设计和规范要求，必须按施工规范经过检验合格后方能正式运行，检验除要求整个接地网的连接完整牢固外，还应按照规定进行涂色，标志记号应鲜明齐全。

（4）接地电阻测量　接地装置应满足冲击接地电阻要求。测量接地电阻的方法较多，目前使用最多的是用接地电阻测量仪（图 8-7），接地电阻的数值应符合规范要求。

接地体的散流电阻与土壤的电阻有关，在电阻率较高的土壤，如砂质、岩石及长期冰冻的土壤中，人工接地体接地电阻较高，需采取适当降低接地电阻的措施以达到接地电阻设计值，常用的降电阻方法有：置换电阻率较低的土壤、接地体深埋、使用化学降阻剂、外引式接地。

图 8-7　接地电阻测量仪外形

在高层建筑中，推荐利用柱子、基础内的钢筋作为引下线和接地装置。其主要优点是：接地电阻低；电位分布均匀，均压效果好；施工方便，可省去大量土方挖掘工程量；节约钢材；维护工程量少，其连接示意如图8-8所示。

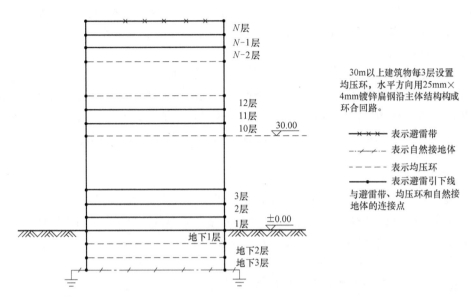

图 8-8　高层建筑物避雷带、均压环、自然接地体与避雷引下线连接示意

【想一想】　建筑物的防雷保护措施有哪些？

8.1.3　建筑物的防雷保护措施

1. 防直击雷

防直击雷采用避雷针、避雷带或避雷网，一般优先考虑采用避雷针。当建筑上不允许装设高出屋顶的避雷针，同时屋顶面积不大时，可采用避雷带。若屋顶面积较大时，采用避雷网。

1）第一类防雷建筑物防直击雷的措施主要有：装设独立避雷针或架空避雷网（线），网格尺寸不应大于5m×5m 或 6m×4m。引下线不应少于两根，并应沿建筑物四周均匀或对称布置，其间距沿周长计算不宜大于12m，每根引下线的冲击电阻不应大于10Ω。当建筑物高于 30m 时，应采取防侧击雷和等电位的保护措施。

2）第二类防雷建筑物防直击雷的措施主要有：采用装设在建筑物上的避雷网（带）或避雷针或由其混合组成的接闪器，并应在整个屋面组成不大于 10m×10m 或 12m×8m 的网格。专设引下线不应少于两根，并应沿建筑物四周和内庭院四周均匀对称布置，其间距沿周长计算不应大于18m。当建筑物的跨度较大，无法在跨距中间设引下线时，应在跨距端设引下线并减小其他引下线的间距，专设引下线的平均间距不应大于18m。当利用建筑物钢筋混凝土中的钢筋或钢结构柱作为防雷装置的引下线时，引下线根数可不限。当建筑物高于45m时，应采取防侧击雷和等电位的保护措施。

3）第三类防雷建筑物防直击雷的措施主要有：采用装在建筑物上的避雷网（带）或避雷针或由其混合组成的接闪器，并应在整个屋面组成不大于 20m×20m 或 24m×16m 的网格。

专设引下线不应少于两根，并应沿建筑物四周和内庭院四周均匀对称布置，其间距沿周长计算不应大于25m。当建筑物的跨度较大，无法在跨距中间设引下线时，应在跨距两端设引下线并减小其他引下线的间距，专设引下线的平均间距不应大于25m。当利用建筑物钢筋混凝土中的钢筋或钢结构柱作为防雷装置的引下线时，引下线根数可不限。当建筑物高于60m时，应采取防侧击雷和等电位的保护措施。

2. 防雷电感应

雷云通过静电感应效应在建筑物上产生的很高的感应电压，可通过将建筑物的金属屋顶、房屋中的大型金属物品，全部加以良好的接地处理来消除。雷电流通过电磁效应在周围空间产生的强大电磁场，使金属间隙因感应电动势而产生的火花放电，使金属回路因感应电流而产生的发热，可用将相互靠近的金属物体全部可靠地连成一体并加以接地的办法来消除。

3. 防雷电波侵入

雷电波可能沿着各种金属导体、管路，特别是沿着天线或架空线引入室内，对人身和设备造成严重危害。对这些高电位的侵入，特别是对沿架空线引入雷电波的防护问题比较复杂，通常采用以下几种方法：

1）配电线路全部采用地下电缆。

2）进户线采用50~100m长的一段电缆。

3）在架空线进户之处，加装避雷器或放电保护间隙。

后两种方法在实际中得到广泛应用。

4. 防雷电反击

所谓反击，就是当防雷装置接受雷击时，在接闪器、引下线和接地体上都产生很高的电位，如果防雷装置与建筑物内外的电气设备、电线或其他金属管线之间的绝缘距离不够，它们之间就会发生放电，这种现象称为反击。反击也会造成电气设备绝缘破坏，金属管道烧穿，甚至引起火灾和爆炸。

防止反击的措施有两种：一种是将建筑物的金属物体（含钢筋）与防雷装置的接闪器、引下线分隔开，并保持一定距离；另一种是，当防雷装置不易与建筑物内的钢筋、金属管道分隔开时，则将建筑物内的金属管道系统，在其主干管道处与靠近的防雷装置相连接，有条件时，宜将建筑物每层的钢筋与所有的防雷引下线连接。

5. 等电位联结

等电位联结是将建筑物内的金属构架、金属装置、电气设备不带电的金属外壳和电气系统的保护导体等与接地装置做可靠的电气连接。常用的有总等电位联结（MEB）、局部等电位联结（LEB）。

等电位联结能减小发生雷击时各金属物体、各电气系统保护导体之间的电位差，避免发生因雷电导致的火灾、爆炸、设备损毁及人身伤亡事故；能减小电气系统发生漏电或接地短路时电气设备金属外壳及其他金属物体与地之间的电压，减小因漏电或短路而导致的触电危险；有利于消除外界电磁场对保护范围内部电子设备的干扰，改善电子设备的电磁兼容性。

（1）总等电位联结（MEB） 总等电位联结是在建筑物进线处，将PE线或PEN线与电气装置接地干线、建筑物内的各种金属管道（如水管、煤气管、采暖空调管等）以及建筑物金属构件等都接向总等电位联结端子，使它们都具有基本相等的电位。总等电位联结示意如图 8-9 所示。

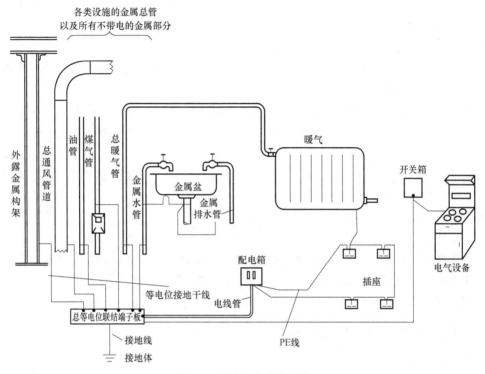

图 8-9　总等电位联结示意

（2）局部等电位联结（LEB）　局部等电位联结是在远离总等电位联结处、非常潮湿、触电危险性大的局部地域进行的等电位联结，作为总等电位联结的一种补充。通常在容易触电的浴室及安全要求极高的胸腔手术室等地，宜作局部等电位联结。有防水要求房间等电位联结示意如图 8-10 所示。

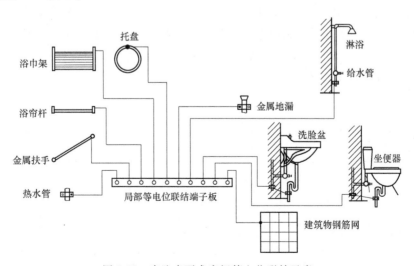

图 8-10　有防水要求房间等电位联结示意

（3）电子设备的防雷采用等电位联结具体做法

1）用连接导线或过电压保护器 将处在需要防雷的空间内的防雷装置、电气设备、金属物体、信息系统的金属部件等，以最短的路线互相焊接或连接起来，构成统一的导电系统。

2）全楼建筑物结构的梁、板、柱、基础内的钢筋是等电位联结的一部分，应焊接或绑扎成统一的导电系统，接到综合共用接地装置上。

3）在大型建筑物的各层可设置多块接地连接板，在地下室或靠近地面处的连接板或连接母带应与共用接地装置焊接。

4）在建筑物的每层或每户局部的网状或放射状的等电位联结网，应有一个接地基准点（ERP）的连接板，各等电位联结网只能通过这唯一的一点，再焊接到共用接地装置上。

6. 避雷器

避雷器是用来防护雷电产生的过电压波，沿线路侵入变电所或其他建（构）筑物内，以免危及被保护设备的绝缘。避雷器与被保护设备并联，装在被保护设备的电源侧，当线路上出现危及设备绝缘的过电压时，它就对大地放电。

避雷器的类型有阀式、管形和金属氧化物避雷器。常用的是阀式避雷器。

避雷器在安装前除应进行必要的外观检查外，还应进行绝缘电阻测定、直流泄漏电流测量、工频放电电压测量和检查放电记录器动作情况及其基座绝缘。

【想一想】 建筑施工现场的防雷接地有什么要求？

8.1.4 建筑施工现场的防雷接地

1. 建筑施工现场防雷

1）施工现场的起重机、井字架、龙门架等设备若在相邻建筑物、构筑物的防雷屏蔽范围以外，应安装避雷装置。避雷针长度为 1～2m，可用 $\Phi16$ 圆钢端部磨尖。

2）避雷针保护范围按 60°遮护角防护。

3）机械高度超过 20m 附近无防护的均应安装避雷针（接闪器）。

2. 建筑施工现场接地

采用专用变压器供电时 TN-S 接零保护系统如图 8-11 所示。PE 线（保护零线）从总配电箱电源侧零线引出。PE 线（保护零线）除在电源处做重复接地外，还必须在机械较集中处做重复接地，施工现场的塔式起重机、施工电梯和外钢管架等设备构件若在相邻建筑物、构筑物的保护范围之外，应安装避雷装置，做防雷接地。

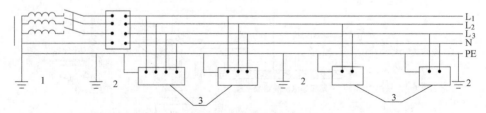

图 8-11 专用变压器供电时 TN-S 接零保护系统示意

1—工作接地 2—PE 线重复接地 3—电气设备金属外壳（正常不带电的外露可导电部分）

L_1、L_2、L_3—相线 N—工作零线 PE—保护零线

1）在施工现场专用的中性点直接接地的电力线路，必须采用 TN-S 接零保护系统。电气设备的金属外壳必须与专用保护零线连接。专用保护零线应由工作接地线、配电室的零线或第一级漏电保护器电源侧的零线引出。

2）施工现场内所有防雷装置的冲击接地电阻值不得大于 10Ω。做防雷接地机械上的电气设备，所连接的 PE 线必须同时做重复接地，同一台机械电气设备和机械的防雷接地可共用同一接地体，但接地电阻应符合重复接地电阻值的要求。施工现场的电气设备和避雷装置可利用自然接地体接地，但应保证电气连接并校验自然接地体的热稳定性。

3）施工现场的电力系统严禁利用大地作相线或零线。

4）保护零线不得装设开关或熔断器。

5）保护零线应单独敷设，不作他用。重复接地线应与保护零线相连接。

6）与电气设备相连接的保护零线应为截面面积不小于 $2.5mm^2$ 的绝缘复股铜线，保护零线的统一标志为绿/黄双色线。在任何情况下，不准使用绿/黄双色线作负荷线。

7）正常情况下，下列电气设备不带电的外露导电部分，应做保护接零。

① 电动机、变压器、电器、照明器具、手持电动工具的金属外壳。

② 电气设备传动装置的金属部件。

③ 配电屏与控制屏的金属框架。

专用变压器供电时，TN-S 接零保护系统的漏电保护器接线方法如图 8-12 所示。

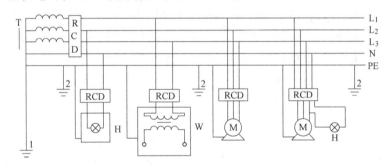

图 8-12 专用变压器供电时，TN-S 接零保护系统漏电保护器使用接线方法示意

【本单元关键词】

雷电的形成 雷电的危害 防雷保护措施 防雷接地

【单元测试】

单项选择题

1. 均压环主要用于（ ）。

A. 防雷电反击 B. 防直击雷 C. 防雷电侧面入侵 D. 防雷电感应

2. 在建筑物的外周设置一个导电的金属笼，屏蔽雷电场。这个金属笼俗称（ ）。

A. 法拉第笼 B. 老鼠笼 C. 拉格朗日笼 D. 爱迪生笼

3. 引下线是连接接闪器和（ ）的金属导体。

A. 均压环 B. 接地装置 C. 等电位联结 D. 避雷针

4. 按《建筑物防雷设计规范》的规定，建筑的防雷等级分为（ ）类。

A. 四   B. 五   C. 三   D. 二

5. 为防止人因触摸了不同的金属物而触电，将室内所有金属物（如浴缸、毛巾架等）均用导线连接在一起，以消除金属物间的不等电位，称为（　　　）。

A. 接闪器   B. 接地装置   C. 均压环   D. 等电位联结

6. 如用圆钢作引下线，其最小规格是 Φ（　　　）mm。

A. 7   B. 8   C. 9   D. 10

【想一想】 接闪器的安装主要包括哪些？

8.2 防雷装置安装

防雷装置安装

8.2.1 接闪器的安装

接闪器的安装主要包括避雷针的安装和避雷带（网）的安装。

1. 避雷针的安装

避雷针的安装可参照全国通用电气装置标准图集执行。其安装注意事项如下：

1）建筑物上的避雷针和建筑物顶部的其他金属物体应连接成一个整体。

2）为了防止雷击避雷针时，雷电波沿电线传入室内危及人身安全，不得在避雷针构架上架设低压线路或通信线路。装有避雷针的构架上的照明灯电源线，必须采用直埋于地下的带金属护层的电缆或穿入金属管的导线。电缆护层或金属管必须接地，埋地长度应在10m以上，方可与配电装置的接地网相连或与电源线、低压配电装置相连。

3）避雷针及其接地装置，应采取自下而上的施工程序，首先安装集中接地装置，然后安装引下线，最后安装接闪器。

2. 避雷带（网）安装

（1）明装避雷带（网） 明装避雷网是在屋顶上部以较疏的明装金属网格作为接闪器，沿外墙敷设引下线，接到接地装置上。避雷带布置示意如图8-13所示。屋面上外圈的避雷带及作为避雷带的金属栏杆等应设在外墙外表面或屋檐边垂直面上或垂直面外。

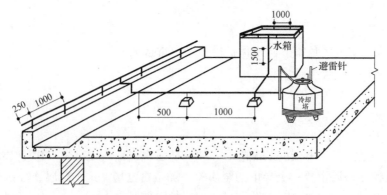

图 8-13　避雷带布置示意

1）避雷带在屋面混凝土支座上的安装。避雷带的支座可以在建筑物屋面面层施工过程中现场浇制，也可以预制再砌牢或与屋面防水层进行固定。混凝土支座设置如图8-14所示。

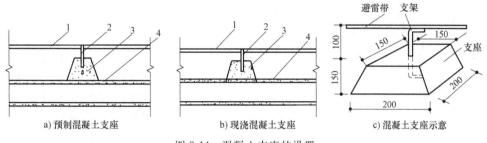

图 8-14 混凝土支座的设置
1—避雷带 2—支架 3—混凝土支座 4—屋面板

2）避雷带在女儿墙或天沟支架上的安装。避雷带沿女儿墙安装时，应使用支架固定，并应尽量随结构施工预埋支架。首先埋设直线段两端的支架，然后拉通线埋设中间支架，单根圆形导体固定支架的间距不宜大于 1m，扁形导体和绞线固定水平支架的间距不宜大于 0.5m，且支架间距应平均分布。避雷带在女儿墙上、在天沟上安装如图 8-15、图 8-16 所示。

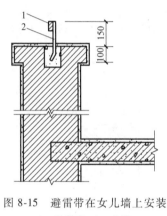

图 8-15 避雷带在女儿墙上安装
1—避雷带 2—支架

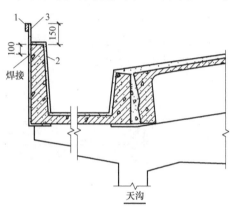

图 8-16 避雷带在天沟上安装
1—避雷带 2—预埋件 3—支架

（2）暗装避雷带（网） 暗装避雷网是利用建筑物内的钢筋做避雷网，其较明装避雷网美观。

1）用建筑物 V 形折板内钢筋作避雷网。折板插筋与吊环和网筋绑扎，通长钢筋应和插筋、吊环绑扎。折板接头部位的通长钢筋在端部预留 100mm 长钢筋头，便于与引下线连接。

2）用女儿墙压顶钢筋作暗装避雷带。女儿墙上压顶为现浇混凝土时，可利用压顶板内的通长钢筋作为建筑物的暗装避雷带；当女儿墙上压顶为预制混凝土板时，就在顶板上预埋支架设避雷带。用女儿墙现浇混凝土压顶钢筋作暗装避雷带时，防雷引下线可采用直径不小于 10mm 的圆钢。

3）高层建筑暗装避雷网的安装。高层建筑是将屋面板内钢筋及在女儿墙上部安装避雷带作为接闪装置，再与引下线和接地装置组成笼式避雷网，如图 8-17 所示。

对高层建筑物，一定要注意防备侧向雷击和采取等电位措施。应在建筑物首层起每三层设均压环一圈。当建筑物全部为钢筋混凝土结构时，即可将结构圈梁钢筋与柱内充当引下线的钢筋进行连接（绑扎或焊接）作为均压环。当建筑物为砖混结构但有钢筋混凝土组合柱和圈梁时，均压环做法同钢筋混凝土结构。没有组合柱和圈梁的建筑物，应每三层在建筑物外墙内敷设一圈直径 12mm 的镀锌圆钢作为均压环，并与防雷装置的所有引下线连接。

【想一想】 利用建筑物钢筋作防雷引下线有什么优点？

8.2.2 引下线的安装

防雷引下线是将接闪器接受的雷电流引到接地装置的中间导体，可以采用钢筋沿墙或柱子内敷设，也可以利用建筑物钢筋作引下线。

1. 引下线沿墙或混凝土构造柱暗敷设

引下线沿墙或混凝土构造柱内暗敷设，应配合土建主体外墙（或构造柱）施工。将钢筋调直后先与接地体（或断接卡子）连接好，由下至上展放（或一段段连接）钢筋，敷设路径尽量短而直，可直接通过挑檐板或女儿墙与避雷带焊接，如图 8-18 所示。

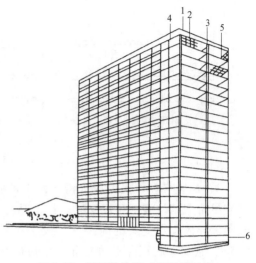

图 8-17 框架结构笼式避雷网示意

1—女儿墙避雷带 2—屋面钢筋 3—柱内钢筋
4—外墙钢筋 5—楼板钢筋 6—基础钢筋

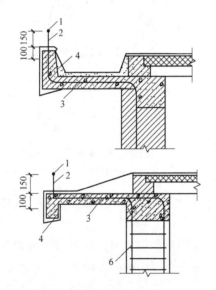
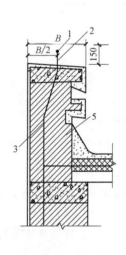

图 8-18 暗装引下线通过挑檐板、女儿墙做法

1—避雷带 2—支架 3—引下线 4—挑檐板 5—女儿墙 6—柱主筋

2. 利用建筑物钢筋作防雷引下线

防直击雷装置的引下线应优先利用建筑物钢筋混凝土中的钢筋，不仅可节约钢材，更重要的是比较安全。

由于利用建筑物钢筋作引下线，是从下而上连接一体，因此不能设置断接卡子测试接地电阻值，需在柱（或剪力墙）内作为引下线的钢筋上，另焊一根圆钢引至柱（或墙）外侧的墙体上，在距地 1.8m 处设置接地端子板供测试电阻用，柱内主筋引下线做法及接地端子板安装如图 8-19、图 8-20 所示。

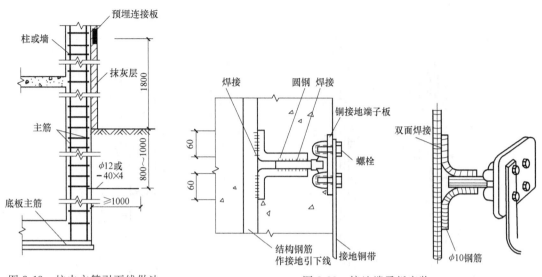

图 8-19　柱内主筋引下线做法

图 8-20　接地端子板安装

在建筑结构完成后，必须通过测试点测试接地电阻，若达不到设计要求，可加接人工接地体。

3. 断接卡

断接卡有明装和暗装两种，如图 8-21、图 8-22 所示。

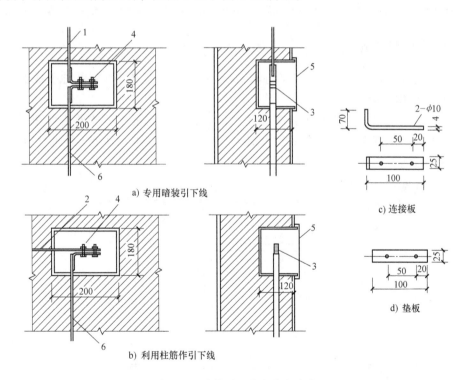

图 8-21　暗装引下线断接卡安装

1—专用引下线　2—至柱筋引下线　3—断接卡　4—M10×30 镀锌螺栓　5—断接卡箱　6—接地线

【想一想】　接地装置怎么安装？

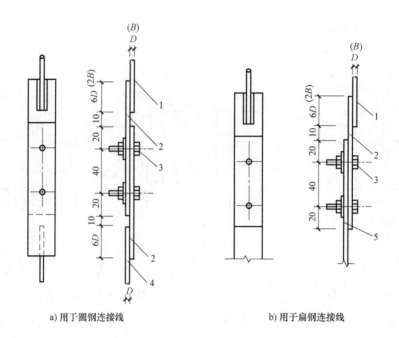

a) 用于圆钢连接线   b) 用于扁钢连接线

图 8-22　明装引下线断接卡安装

D—圆钢直径　B—扁钢宽度

1—圆钢引下线　2——25×4，L=90×6D 连接板　3—M8×30 镀锌螺栓　4—圆钢接地线　5—扁钢接地线

8.2.3　接地装置的安装

安装工艺流程：定位放线→人工接地体制作→挖沟→接地体安装→接地干线安装。

1. 垂直接地体安装

（1）接地体的加工　垂直接地体多使用角钢或钢管，角钢接地体做法如图 8-23 所示。在一般土壤中采用角钢接地体，在坚实土壤中采用钢管接地体。为便于接地体垂直打入土中，接地体打入地下的端部应锯成斜口或锻造成锥形。

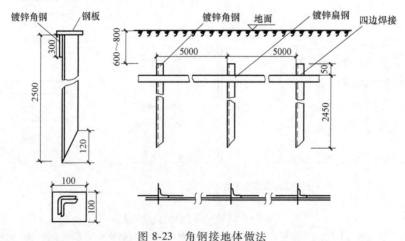

图 8-23　角钢接地体做法

（2）挖沟　装设接地体前，需按设计规定的接地网路线进行测量、画线，然后依线开

挖，挖沟时如附近有建筑物或构筑物，沟的中心线与建筑物或构筑物的距离不宜小于3m。

（3）敷设接地体　沟挖好后应尽快敷设接地体，以防止塌方。接地体一般用手锤打入地下，并与地面保持垂直。

2. 接地母线（水平接地体）敷设

接地母线分人工接地线和自然接地线。在一般情况下，人工接地线均应采用扁钢或圆钢，并应敷设在易于检查的地方，且应有防止机械损伤及化学腐蚀的保护措施。从接地干线敷设到用电设备接地支线的距离越短越好。当接地线与电缆或其他电线交叉时，其间距至少要有25mm。在接地线与管道、公路、铁路等交叉处及其他可能使接地线遭受机械损伤的地方，均应套钢管或角钢保护。当接地线跨越有振动的地方时，如铁路轨道，接地线应略加弯曲，以便振动时有伸缩的余地，避免断裂。

（1）接地体间的连接　垂直接地体之间多用扁钢连接。当接地体打入地下后，即可将扁钢放置于沟内，扁钢与接地体用焊接的方法连接。扁钢应侧放，这样既便于焊接，又可减小其散流电阻。接地体与连接扁钢焊好之后，经过检查确认接地体埋设深度、焊接质量、接地电阻等均符合要求后，即可将沟填平。

（2）接地干线与接地支线的敷设　接地干线与接地支线的敷设分为室外和室内两种。室外的接地干线和支线是供室外电气设备接地使用的，室内的则是供室内的电气设备使用的。室内接地干线安装示意如图8-24所示。

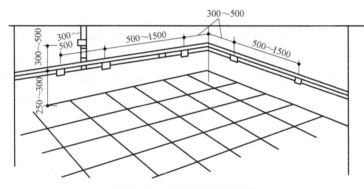

图8-24　室内接地干线安装

（3）敷设接地线　当固定钩或支持托板埋设牢固后，即可将调直的扁钢或圆钢放在固定钩或支持托板内进行固定。在直线段上不应有高低起伏及弯曲等现象。当接地线跨越建筑物伸缩缝、沉降缝时，应加设补偿器或将接地线本身弯成弧状，如图8-25所示。

3. 接地体（线）的连接

接地体（线）的连接一般采用搭接焊，焊接处必须牢固无虚焊。有色金属接地线不能采用焊接时，可采用螺栓连接。接地线与电气设备的连接也采用螺栓连接。

接地体（线）连接时的搭接长度为：扁钢与扁钢连接为其宽度的2倍，当宽度不同时，以窄的为准，且至少3个棱边焊接；圆钢与圆钢连接为其直径的6倍；圆钢与扁钢连接为圆钢直径的6倍。

4. 建筑物基础梁接地装置安装

高层建筑大多以建筑物的深基础作为接地装置。利用建筑物基础内的钢筋作为接地装置时，应在与防雷引下线相对应的室外埋深0.8~1m处，在被用作引下线的钢筋上焊出一根直

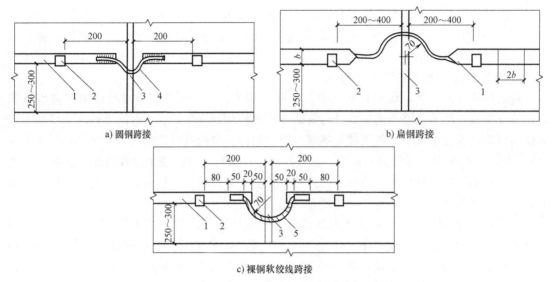

a) 圆钢跨接
b) 扁钢跨接
c) 裸铜软绞线跨接

图 8-25　接地线跨越建筑物伸缩缝做法

1—接地干线　2—支持件　3—变形缝　4—圆钢　5—裸铜软绞线

径 12mm 圆钢或 40mm×4mm 镀锌扁钢，此导体伸向室外，距外墙皮的距离不宜小于 1m。此圆钢或扁钢能起到摇测接地电阻和当整个建筑物的接地电阻值达不到规定要求时，给补打人工接地体创造条件的作用。

1）钢筋混凝土桩基础接地体的安装。高层建筑的桩基础是一座大型框架地梁，墙、柱内的钢筋均与承台梁内的钢筋互相绑扎固定，是可靠的电气通路，可以作为接地体。

桩基础接地体的构成，一般是在作为防雷引下线的柱子（或者剪力墙内钢筋作引下线）位置处，将桩基础的抛头钢筋与承台梁主钢筋焊接，并与上面作为引下线的柱（或剪力墙）中钢筋焊接。如果每一组桩基多于 4 根时，只需连接其四角桩基的钢筋作为防雷接地体。

2）独立柱基础、箱形基础接地体的安装，如图 8-26、图 8-27 所示。

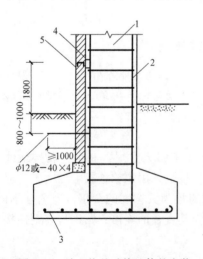

图 8-26　独立柱基础接地体的安装

1—现浇混凝土柱　2—柱主筋　3—基础底层钢筋网
4—预埋连接板　5—引出连接板

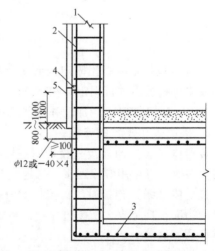

图 8-27　箱形基础接地体的安装

1—现浇混凝土柱　2—柱主筋　3—基础底层钢筋网
4—预埋连接板　5—引出连接板

钢筋混凝土独立柱基础及钢筋混凝土箱形基础作为接地体时，应将用作防雷引下线的现浇钢筋混凝土柱内的符合要求的主筋，与基础底层钢筋网进行焊接连接。钢筋混凝土独立柱基础如有防水油毡及沥青包裹时，应通过预埋件和引下线，跨越防水油毡及沥青层，将柱内的引下线钢筋、垫层内的钢筋与接地柱相焊接。利用垫层钢筋和接地桩柱作接地装置。

3）钢筋混凝土板式基础接地体的安装，如图8-28、图8-29所示。

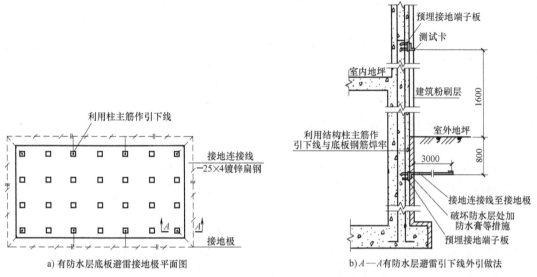

a) 有防水层底板避雷接地极平面图　　　b) A—A有防水层避雷引下线外引做法

图8-28　有防水层钢筋混凝土板式基础接地体安装

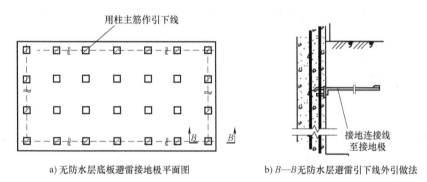

a) 无防水层底板避雷接地极平面图　　　b) B—B无防水层避雷引下线外引做法

图8-29　无防水层钢筋混凝土板式基础接地体安装

【本单元关键词】

接闪器　引下线　接地装置

【单元测试】

单项选择题

1. 第一类防雷建筑物防直击雷装设避雷网，网格尺寸不应大于（　　）。

A. 5m×5m 或 6m×4m
B. 10m×10m 或 12m×8m
C. 20m×20m 或 24m×16m
D. 5m×5m 或 10m×10m

2. 避雷带在女儿墙安装，应使用支架固定，支架的支起高度不应小于（　　　）。

A. 200mm　　　　　　B. 150mm　　　　　　C. 100mm　　　　　　D. 120mm

3. 接地体的连接一般采用搭接焊，圆钢与圆钢连接，焊缝长度应不小于其直径的（　　）倍。

A. 5　　　　　　　　B. 6　　　　　　　　C. 7　　　　　　　　D. 8

4. 接地体的连接一般采用搭接焊，扁钢与扁钢连接，搭接长度为其宽度的（　　）倍。

A. 2　　　　　　　　B. 3　　　　　　　　C. 4　　　　　　　　D. 1.5

5. 防雷接地系统避雷针与引下线之间的连接方式应采用（　　　）。

A. 焊接连接　　　　B. 咬口连接　　　　C. 螺栓连接　　　　D. 铆接连接

【想一想】 避雷带、引下线、接地装置在施工图中是什么样子？

8.3　建筑防雷接地装置施工图

建筑物防雷接地工程图一般包括防雷工程图和接地工程图两部分。图 8-1 为某 1#办公楼防雷接地施工说明，图 8-2 是基础接地平面图，图 8-3 是屋顶层防雷平面图。

1. 接闪器安装

由图 8-1、图 8-3 可知，该工程属于三类防雷建筑物，接闪器是避雷带，采用直径 12mm 的镀锌圆钢，安装方式有两种：一种是沿女儿墙敷设支高安装，另一种是在隔热板下暗敷。屋面的避雷网格不大于 20m×20m 或 24m×16m。

2. 引下线敷设

该工程利用钢筋混凝土柱内两根直径 16mm 以上的主筋通长焊接作为引下线，共 10 处引下线。靠外墙的引下线在−1m 处焊一根 40mm×4mm 扁钢，伸出室外距外墙皮 1m；在靠外墙引下线距室外地面 0.5m 处设测试卡，共两处。

3. 接地装置安装

由图 8-1、图 8-2 可知，该工程主要利用基础梁钢筋作为接地体，在总配电箱附近设置总等电位端子板。

4. 其他

由图 8-1 可知，该工程每两层设置一个均压环，均压环是利用结构内最外侧两根钢筋通长焊接；每层外墙的金属门、窗与均压环做电气连接。

【本单元关键词】

接闪器　引下线　接地装置　施工图　识图

【单元测试】

判断题

1. 案例工程中的建筑物为二类防雷建筑物。（　　　）

2. 案例工程施工图中，屋面避雷带采用的是 $\varPhi 8$ 的热镀锌圆钢。（　　　）

3. 案例工程利用柱内两根 $\varPhi 16$ 以上主筋通长焊接作为引下线。（　　　）

4. 防雷施工图中的"MEB"表示局部等电位联结。（　　　）

5. 内墙门窗应该做等电位联结。（　　）

6. 案例工程施工图中，共设有 10 处接地测试卡。（　　）

本项目小结

1）雷电是大自然中的放电现象，雷击是一种自然灾害。根据雷电对建筑物的危害方式不同，雷电的危害可分为直击雷、雷电感应和雷电波侵入三种。建筑物防雷应有防直击雷和防雷电波侵入的措施。

2）防直击雷的防雷装置由接闪器、引下线和接地装置组成。接闪器包括避雷针、避雷线、避雷带和避雷网等多种形式。引下线可用钢筋专门设置，也可利用建筑物柱内钢筋充当。接地装置可由专门埋入地下的金属物体组成，也可利用建筑物基础中的钢筋作为接地装置。

3）等电位联结是将建筑物内的金属构架、金属装置、电气设备不带电的金属外壳和电气系统的保护导体等与接地装置做可靠的电气连接。以减小发生雷击时各金属物体、各电气系统保护导体之间的电位差，避免发生因雷电导致的火灾、爆炸、设备损毁及人身伤亡事故。等电位联结分为总等电位联结（MEB）、局部等电位联结（LEB）。

4）防雷及接地工程施工结束后，应进行质量检查和验收，对防雷接地系统进行测试，测试接地电阻值和等电位联结的有效性。

5）建筑防雷接地装置施工图一般由屋面防雷平面图与接地装置平面图组成。

项目9

建筑智能化工程

【项目引入】

随着社会的发展，科技的进步，我们的工作和生活中也出现了更多的智能建筑。建筑智能化系统包含了哪些？各系统中都包含哪些设备？怎么安装的？这些问题都将在本项目中找到答案。

本项目主要以某1#办公楼电视、电话、网络施工图为载体，介绍建筑室内电视、电话、网络系统及其施工图，图样内容如图9-1~图9-5所示。

【学习目标】

知识目标：熟悉有线电视、电话及网络系统的基本组成、安装规范与要求；理解各线路型号规格所代表的含义；熟练识读建筑智能化系统施工图。

技能目标：能对照实物和施工图辨别出建筑智能化各系统的组成部分，并说出其作用；能根据施工工艺要求将二维施工图转成三维空间图。

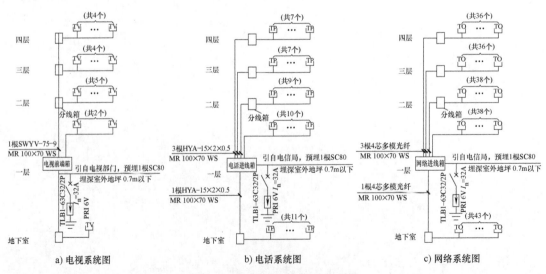

图 9-1 电视、电话、网络系统图

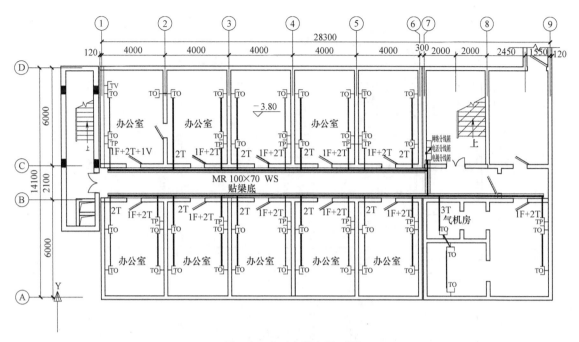

图 9-2 地下室弱电平面图

素质目标：培养科学严谨精益求精的职业态度、团结协作的职业精神。

【学习重点】

1）各系统设备、线路的型号规格及安装内容。

2）识读建筑智能化系统施工图。

【学习难点】

名词陌生，二维平面图转三维空间图。

【学习建议】

1. 对本项目的原理性内容做一般了解，着重在电器安装与识图内容。

2. 如果在学习过程中有疑难问题，可以多查资料，多到施工现场了解材料与设备实物及安装过程，也可以通过施工录像、动画来加深对课程内容的理解。

3. 多做施工图识读练习，并将施工图与工程实际联系起来。

4. 各单元后的技能训练，应在学习中对应进度逐步练习，通过做练习加以巩固基本知识。

【项目导读】

1. 工作任务分析

图 9-1～图 9-5 是某 1#办公楼电视、电话及网络施工图，图中出现大量的图块、符号、数据和线条，这些东西代表什么含义？它们之间有什么联系？图上所表示的电器是如何安装的？这一系列的问题均要通过本项目内容的学习才能逐一解答。

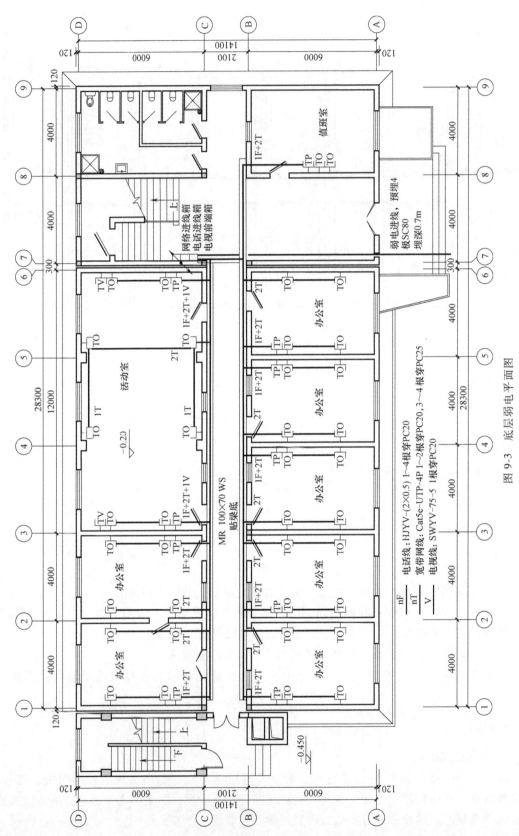

图 9-3　底层弱电平面图

弱电系统:

1.各弱电系统进线由相关部门负责;应由相关专业公司来施工,本设计只作管线的预留。

电视、电话、网络路线干线部分在竖井内及走廊内共线槽敷设,其余穿PC管沿墙或地板暗敷。

2.弱电系统接地与强电系统共用基础接地装置,在进线入户处保护套管应与接地端子板连接,接地电阻应≤1Ω;

弱电系统在进线处应设置过电压保护装置,具体由各系统的相关部门负责。

图 9-4 设计说明

序号	图例	名 称	规格型号	单位	数量	备注
1	TO	一位网络插座	86型面板	个	191	底边距地0.3m暗装
2	TV	一位有线电视插座	86型面板	个	16	底边距地0.3m暗装
3	TP	一位电话插座	86型面板	个	44	底边距地0.3m暗装
4		电视前端箱	470mm×470mm×120mm(宽×高×厚)	台	1	距地2m明装
5		电视分线箱	400mm×280mm×120mm(宽×高×厚)	台	4	距地2m明装
6		网络进线箱	570mm×590mm×450mm(宽×高×厚)	台	1	距地2m明装
7		网络分线箱	570mm×500mm×450mm(宽×高×厚)	台	4	距地2m明装
8		电话进线箱	470mm×470mm×120mm(宽×高×厚)	台	1	距地2m明装
9		电话分线箱	400mm×280mm×120mm(宽×高×厚)	台	4	距地2m明装
10		电视电缆	SWYV-75-9	m		按实际用量
11		电视电缆	SWYV-75-5	m		按实际用量
12		电话线	HJYV-(2×0.5)	m		按实际用量
13		大对数电缆	HYA-15×2×0.5	m		按实际用量
14		宽带网线	Cat5e-UTP-4P	m		按实际用量
15		光缆	4芯多模光纤	m		按实际用量

图 9-5 主要设备材料表

2. 实践操作 (步骤/技能/方法/态度)

为了能完成前面提出的工作任务,我们需从解读电视、电话及网络系统组成开始,然后到系统的构成方式、设备、材料认识,施工工艺与下料,进而学会用工程语言来表示施工做法,学会施工图读图方法,最重要的是能熟读施工图,熟悉施工过程,为后续课程学习打下基础。

【本项目内容结构】

本项目内容结构如图 9-6 所示。

【想一想】 各系统的信号是如何传输的?

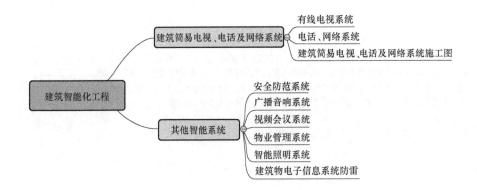

图 9-6　建筑智能化工程内容结构

9.1　建筑简易电视、电话及网络系统

9.1.1　有线电视系统

有线电视（CATV）系统是通信网络系统的一个子系统，是住宅建筑和大多数公用建筑必须设置的系统。有线电视（CATV）系统一般采用同轴电缆或光缆来传输信号。可为用户提供丰富的节目信号。

1. 有线电视系统的组成

有线电视（CATV）系统，由信号源、前端系统、用户分配系统和用户终端四部分组成，如图 9-7 所示。

有线电视系统的组成

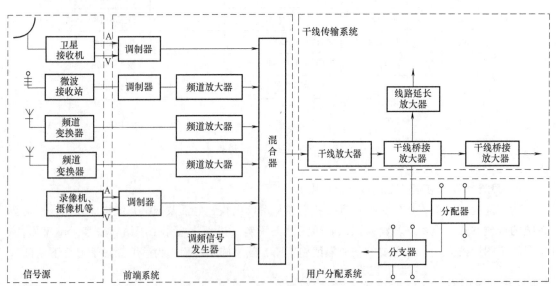

图 9-7　有线电视系统组成

建筑室内有线电视系统属于有线电视（CATV）系统的一部分，按照信号传送的方向，

主要有以下组成部分：进户线→电视前端箱→电视管线→用户终端。

2. 各组成部分材料及其安装

（1）进户线 一般采用电视同轴电缆穿管埋地进户，做法类似照明系统的进户线。电视同轴电缆结构如图9-8所示，通常用导电芯直径来区分，比如SYWVP-75-9，表示物理发泡聚乙烯绝缘聚氯乙烯护套带屏蔽的有线电视电缆，导电芯是铜芯，铜芯直径是9mm。

（2）电视前端箱 电视前端箱内可能装有线路放大器、分配器、分支器等。一般分箱式、柜式、台式三种，安装方式同照明系统的配电箱，对于箱式前端箱，可以明装或暗装在墙上，如图9-9所示。

分配器是有线电视传输系统中分配网络里最常用的器件，它的功能是将一路有线电视输入信号的能量，均等地分配给两个或多个输出的器件，一般有二分配器、三分配器、四分配器，如图9-10所示。

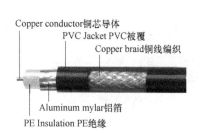
图9-8 同轴电缆结构

图9-9 电视前端箱

a）二分配器

b）三分配器

c）四分配器

图9-10 分配器

分支器通常接在分支线或干线的中途，由一个主输入端，一个主输出端以及若干个分支输出端构成，其中分支输出端只得到主路输入信号的一小部分，大部分信号仍沿主路继续向后传输，如图9-11所示。

分配器、分支器也可以单独安装在墙上，类似照明系统的插座。

（3）电视管线 传送信号至用户终端的电视同轴电缆，可以沿线槽、穿管明敷设，也可以穿管暗敷设，敷设方式同照明系统，在此不再赘述。

（4）用户终端（电视插座） 有线电视系统的用户终端是供给电视机电视信号的连接器，又称为用户接线盒，产品有单联、双联之分，安装方式类似照明系统的插座，分为明装和暗装两种，如图9-12所示。

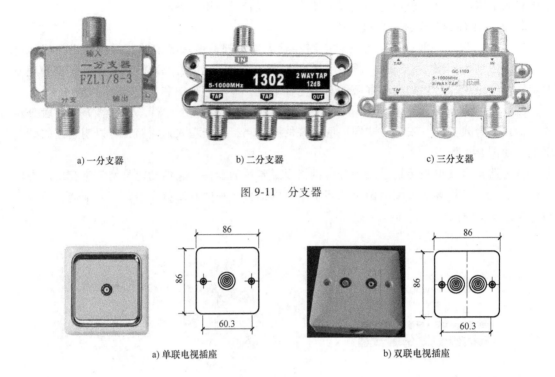

a) 一分支器　　　　　　b) 二分支器　　　　　　c) 三分支器

图 9-11　分支器

a) 单联电视插座　　　　　　　　　b) 双联电视插座

图 9-12　电视插座

9.1.2　电话、网络系统

室内网络、数据信号通常利用综合布线系统来完成通信，根据设计规范，综合布线系统由工作区、配线子系统、干线子系统、建筑群子系统等构成。

电视、电话、网络传输线缆

网络信号传送路线：电缆入户→设备间→干线→楼层设备间→水平线→工作区，如图 9-13 所示。

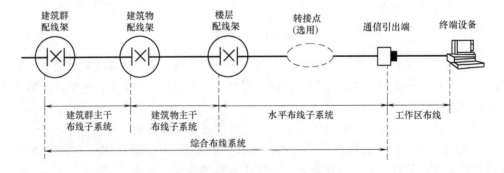

图 9-13　综合布线系统示意

1. 电话、网络系统组成

通信系统按传输媒介可分为有线通信系统和无线通信系统。

建筑室内电话、网络系统，按照信号传送的方向，主要有以下组成部分：进户线→进线箱→管线→用户终端。

2. 各组成部分材料及其安装

（1）进户线　电话系统的进户线一般采用大对数电缆，大对数电缆的构造如图 9-14 所示。比如 HYA-50×2×0.5 是常用的大对数电话电缆，两芯为一对，此电缆共 50 对，导电芯为铜芯，铜芯直径是 0.5mm。

网络系统的进户线目前多采用光缆。光缆是由一束光导纤维（简称光纤）组成，而光纤是一种能够传导光信号的极细而柔软的介质，通常是用塑料和玻璃来制造，如图 9-15 所示。

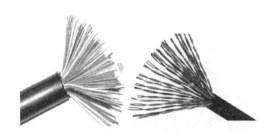
图 9-14　大对数线缆

图 9-15　光缆

电话、网络进户线的施工做法类似照明系统的进户线，一般采用电缆穿管埋地进户。

（2）进线箱　电话、网络进线箱内通常由专业公司根据功能要求、重要性、信息点的数量及分布等配置交换机、集线器、适配器、配线架等装置（图 9-16）。对于住宅这类建筑，通常每户设一个多媒体进线箱，电视、电话及网络系统共用。进线箱安装方式同照明系统的配电箱，明装或暗装在墙上。

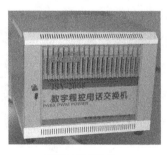
a) 程控电话交换机

b) 电话组线箱

c) 110配线架

图 9-16　交换机、组线箱、配线架

（3）管线　传送语音信号至用户终端的电话线，通常采用 1 对 2 芯或 2 对 4 芯的电话线，如图 9-17 所示。

传送数据信号至用户终端的网线，通常采用 4 对 8 芯双绞线电缆。双绞线是由具有绝缘保护层的铜导线，按一定的密度互相绞缠在一起形成的线对组成。双绞线有类别之分，如：三类、四类、五类、超五类、六类及六类以上。原则上数字越大，版本越新，技术越先进，带宽也越宽，价格也越贵。双绞线分为屏蔽双绞线和非屏蔽双绞线（图 9-18），非屏蔽双绞

a) 电话线(1对2芯)   b) HJYV-2×2×0.5(2对4芯)

图 9-17 电话线

线适用于网络流量不大的场合中。屏蔽式双绞线具有一个金属甲套，对电磁干扰具有较强的抵抗能力，适用于网络流量较大的高速网络协议应用。

a) 非屏蔽双绞线   b) 屏蔽双绞线

图 9-18 双绞线

电话线和网线可以沿线槽、穿管明敷设，也可以穿管暗敷设，敷设方式同照明系统，在此不再详述。

（4）用户终端　用户终端也就是电话插座和网络插座。网络插座又称为信息插座。电话插座和网络插座有单口、双口之分，安装方式类似照明系统的插座，分为明装和暗装两种，如图 9-19 所示。

a) 单口电话插座   b) 双口电话插座   c) 单口网络插座   d) 双口网络插座

图 9-19 电话、网络插座

9.1.3　建筑简易电视、电话及网络系统施工图

1. 智能建筑系统施工图例

智能建设系统图例见表 9-1。

2. 有线电视、电话及网络系统工程实例

某 1#办公楼，地下 1 层，地上 4 层，总建筑面积为 2008.66m^2，总高度为 14.95m，其有线电视、电话及网络系统工程实例如图 9-21～图 9-23 所示。

表 9-1　智能建筑系统图例

图例	名称	图例	名称
（前端箱符号）	前端箱	（分线箱符号）	分线箱
输入／输出／输出（二分配器符号）	二分配器	输入／输出／输出／输出（三分配器符号）	三分配器
（三分支器符号）	三分支器	TV	用户终端
（进线箱符号）	进线箱	TP	电话插座
TO	网络插座	HUB	集线器
MDF	总配线架	LIU	光纤连接盘

（1）有线电视系统分析　有线电视系统按照信号传送的方向，主要有以下组成部分：进户线→电视前端箱→电视管线→用户终端。建筑物的有线电视信号引自市 CATV 网，该工程电视入户线仅预埋 1 根 SC80 镀锌钢管，埋深室外地坪 0.7m 以下，从一层的电视前端箱通过 SWYV-75-9 型号的同轴电缆穿 100mm×70mm 的金属线槽垂直引上至二~四层的分线箱，再从各层分线箱引出，通过电视线 SWYV-75-5 先穿 100mm×70mm 金属线槽再穿 PC20 塑料线管接至各层电视插座。

（2）电话、网络系统分析　电话系统按照信号传送的方向，主要有以下组成部分：进户线→进线箱→干线→分线箱→支线→用户终端。该工程电话及网络系统入户线分别预埋 1 根 SC80 镀锌钢管，埋深室外地坪 0.7m 以下，从一层的电话进线箱通过 3 根 HYA-15-2×0.5 型号的大对数电缆穿 100mm×70mm 的金属线槽垂直引上至二~四层的分线箱，再从各层分线箱引出，通过电话线 HJYV-(2×0.5) 先穿 10mm×70mm 金属线槽再穿 PC20 塑料线管接至各层电话插座。

网络系统按照信号传送的方向，主要有以下组成部分：进户线→进线箱→干线→分线箱→支线→用户终端。该工程电话及网络系统入户线分别预埋 1 根 SC80 镀锌钢管，埋深室外地坪 0.7m 以下，从一层的网络进线箱通过 3 根 4 芯多模光纤光缆穿 100mm×70mm 的金属线槽垂直引上至二~四层的分线箱，再从各层分线箱引出，通过 Cae5e-UTP-4P 宽带网线先穿 100mm×70mm 金属线槽再穿 PC20 塑料线管接至各层网络插座。

【单元测试】

一、多项选择题

1. 网络信号传送路线：电缆入户→（　　　）→干线→楼层设备间→（　　　）→工作区。

A. 设备间　　　　B. 水平线　　　　C. 垂直线　　　　D. 用电器

2. 配线子系统通信线路一般采用（　　　）的 4 对双绞线。

A. 四类　　　　B. 五类　　　　C. 六类　　　　D. 七类

3. 有线电视系统的组成部分有（　　　）。

A. 信号源　　　　　　B. 前端　　　　　　　C. 信号分配网络　　D. 用户终端

4. 室内电话、网络系统，按照信号传送的方向，主要的组成部分有（　　　）。

A. 进户线　　　　　　B. 进线箱　　　　　　C. 管线　　　　　　D. 用户终端

二、判断题

1. HYV-50×2×0.5 表示 100 对电话电缆。（　　　）

2. 光纤的传输介质是铜。（　　　）

3. 网络插座又称为信息插座。（　　　）

4. UTP 为屏蔽双绞线。（　　　）

5. 五类双绞线比六类双绞线技术更先进，价格更贵。（　　　）

6. 分配器的功能是将一路输入信号的能量均等地分配给两个或多个输出的器件。（　　　）

9.2　其他智能系统

9.2.1　安全防范系统

安全防范系统的组成：安全防范系统是以安全为目的，综合运用实体防护、电子防护等技术构成的防范系统，包括出入口控制系统、楼宇对讲系统、视频监控系统、入侵报警系统、停车场管理系统、电子巡查系统、防爆安全检查系统。

1. 出入口控制系统

出入口控制系统又称为门禁系统，是利用自定义符识别和（或）生物特征等模式识别技术对出入口目标进行识别，并控制出入口执行机构的电子系统。该系统对指定用户或持卡者在进入重要的出入口时进行身份识别并自动记录进出信息，具有作为识别身份、门钥、重要信息系统密钥的功能。出入口控制系统由消防控制室统一授权管理，系统与消防系统联动，实现消防状态下疏散通道门锁自动开启。

出入口控制系统主要由出入口管理主机、出入口控制器及前端设备（含读卡器、门磁、电锁、出门按钮等）组成。

2. 楼宇对讲系统

楼宇对讲系统应能使被访人员通过（可视）对讲方式确认访客身份，控制开启出入口门锁，实现建筑物（群）出入口的访客控制与管理。

楼宇对讲系统也称为访客对讲系统，具有可视功能的系统称为可视对讲系统。系统通常由访客呼叫机（单元门口机）、用户接收机（室内分机）、管理机（管理主机）、电控锁、电源与辅助设备组成。

3. 视频监控系统

视频监控系统是利用视频探测技术，监视监控区域并实时显示、记录现场视频图像的电子系统。可辅助安保人员对整个大楼及周边的人员和设备的现场实况进行实时监控，主要包括建筑物出入口、各楼层出入口、走廊、门厅、设备机房、重要档案室及资料室、电梯厅及电梯轿厢等部位。当入侵报警系统发生报警时，会联动摄像机开启并将该报警点所监视区域的画面切换到主监视器或大屏幕电视墙上，也可由操作人员切换画面跟踪可疑场景，并录像以供分析案情用。

视频监控系统通常采用数字化高清网络视频监控系统，视频监控信号基于局域网传输，主要由前端采集摄像机、传输网络（局域网）、IP-SAN 磁盘阵列、管理服务器及显示电视墙、控制管理设备等组成。

4. 入侵报警系统

入侵报警系统利用物理方法和电子技术，安装探测装置对建筑内外重要地点和区域进行布防。它可以探测非法侵入，并且在探测到有非法侵入时，及时向有关人员示警。安装在某个区域内的运动探测器和红外探测器可感知人员在该区域内的活动，一旦发生报警，系统记录入侵时间、地点，同时要向闭路监视系统发出信号，监视器弹出现场情况。

每个区域的防范系统在发生报警情况时，除能自身报警外，均能够将信息及时传到消防控制室。消防控制室设专用电话线与当地警方联系，在发生紧急情况时警卫值班人员按下紧急按钮，报警信号可迅速传送到接警中心。

入侵报警系统采用总线结构，主要由探测器、紧急求助按钮、传输电缆、防区输入模块及报警通信控制主机等组成，如图 9-20 所示。

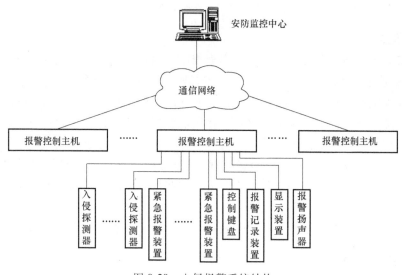

图 9-20　入侵报警系统结构

5. 停车场管理系统

停车场管理系统是以计算机软件技术为核心，将感应式 IC/ID 卡技术、单片机自动控制技术、计算机图像处理技术完美结合，使停车场进出车辆完全置于计算机的监控之下，出入、收费、管理轻松快捷。

一般在大门设置一套一进一出机动车道闸系统，道闸信号采用光缆网络传输方式，所有信号最终传输至一层电井网络接入交换机，管理计算机设于控制室，通过管理系统软件对所有出入口进行统一授权管理。道闸设备由控制室安防配电提供电源。

停车场管理系统对机动车采用车牌自动识别方式，行车道出入口设置感应线圈，进出车辆数量都能得到即时的统计，并显示于入口的显示牌，车牌及智能卡识别数据存储于管理计算机，且具备对车辆停车计费等管理功能；在控制室的管理计算机上安装车牌识别软件。

停车场管理系统的组成：自动挡车器、一体化高清车牌自动识别机、电动车刷卡控制机、感应线圈、管理计算机、网络交换机、发卡器、配电箱等，停车场管理系统可对机动车出入大门进行智能管控，如图 9-21 所示。

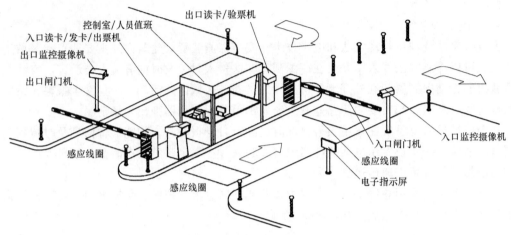

图 9-21　停车场管理系统的组成

6. 电子巡查系统

电子巡查系统是按照预先编制的人员巡查程序，通过信息识读器或其他方式对人员巡查的工作状态（是否准时、是否遵守顺序等）进行监督管理的电子系统。

将巡更点安放在巡逻路线的关键点上，保安在巡逻的过程中用随身携带的巡更棒读取自己的人员点，然后按线路顺序读取巡更点，在读取巡更点的过程中，如发现突发事件可随时读取事件点，巡更棒将巡更点编号及读取时间保存为一条巡逻记录。定期用通信座将巡更棒中的巡逻记录上传到计算机中。管理软件将事先设定的巡逻计划同实际的巡逻记录进行比较，就可得出巡逻漏检、误点等统计报表，通过这些报表可以真实地反映巡逻工作的实际完成情况。

电子巡查系统的组成：巡检器、USB 通信线、感应卡、管理软件等。

9.2.2　广播音响系统

各种大楼、宾馆及其他民用建筑物的广播音响系统，基本上可以归纳为三种类型：一是公共广播系统，这种是有线广播系统，它包括背景音乐和紧急广播功能，通常结合在一起，平时播放背景音乐或其他节目，出现火灾等紧急事故时，转换为报警广播。这种系统中的广播用的话筒与向公众广播的扬声器一般不处于同一房间内，故无声反馈的问题，并以定压式传输方式为其典型系统。二是厅堂扩声系统，这种系统使用专业音响设备，并要求有大功率的扬声器系统和功放，由于传声器与扩声用的扬声器同处于一个厅堂内，故存在声反馈乃至啸叫的问题，且因其距离较短，所以系统一般采用低阻直接传输方式。三是专用的会议系统，它虽也属扩声系统，但有其特殊要求，如同声传译系统等。

9.2.3　视频会议系统

视频会议系统，又称为会议电视系统，是基于数字化音视频技术、计算机技术和智能化集中控制技术的音视频系统，整个音视频系统集成一个管理平台，通过中控主机操作整套系统，使用移动触摸终端操作，大大提高会议室管理的便利性。视频会议系统需达到扩展性良好、声场分布均匀、响度合适、自然度好、图像还原度高、操作便捷等要求，能够提供清晰自然的语言扩声，满足日常会议扩声、报告演示、学术讨论、教学培训的功能需求，如图 9-22 所示。

图 9-22　视频会议系统

视频会议系统的组成：扩声系统、讨论及发言系统、显示系统、集中控制系统。

9.2.4　物业管理系统

物业管理系统，主要为物业管理部门管理项目运作提供高效、科学和方便的流程管理。通过物业管理系统，可以完成物业管理的日常运作，实现日常业务的计算机化操作，避免手工操作带来的失误。同时便于日常业务流程快速、高效运作，资料的查询和统计分析都能快速完成。物业的收费走表数据能通过 Excel 文件导入，实现小区抄表自动化，物业收费资料可以自动生成，物业的收费方式多样，可实现银行托收自动收费，实现财务电算化目标，帮助物业管理公司提高管理服务水平、服务效率，降低经营成本和提高管理质量。

物业管理系统的组成：小区业主信息管理、小区楼宇信息管理、业主投诉信息管理、业主保修信息管理、业主缴费信息管理和小区车位信息管理。这六个部分分别实现对应的功能，使用同一个数据库进行数据交换，共同构成了整个系统。

9.2.5　智能照明系统

智能照明系统的组成：IP 路由器模块、智能照明控制模块、光照度传感器、管理计算机等，系统采用总线传输。智能照明系统，在楼内公共照明部分设置智能照明控制系统，系统可根据定时、光照度等控制公共照明回路电源。系统在照明配电箱内设置 IP 路由器模块、智能照明控制模块对照明回路进行自动控制，可通过光照度传感器自动控制照明回路的通断，管理计算机设置于控制室，IP 路由器模块、智能照明控制模块在配电箱内预留位置安装，光照度传感器底边距地 2.8m 壁装。智能照明信号传输总线穿阻燃硬塑管在吊顶内、沿墙面敷设，在竖井内沿综合布线金属线槽敷设。智能照明控制系统结构如图 9-23 所示。

9.2.6　建筑物电子信息系统防雷

电子信息系统防雷与建筑物防雷采用同一组接地装置，接地装置做成环状，接地引下线不少于两根。在建筑物屋顶面上，不得明敷天线或电缆，且不能利用建筑物的避雷带作支架敷设。在电气设计防雷接地基础上，对系统的电源及信号防浪涌保护，以及系统保护接地与工作接地进行加强处理。

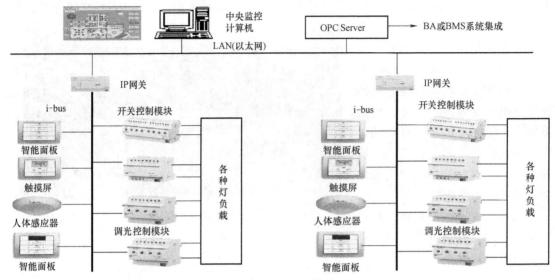

图 9-23 智能照明控制系统结构

1）在各层电井内设置楼层等电位联结端子箱（FEB）；在控制室和计算机房等处设置局部等电位联结端子箱（LEB），通过 $25mm^2$ 铜芯绝缘导线连接到总等电位联结端子箱（MEB），总等电位联结端子箱由电气专业提供，要求其与建筑物共用接地体连接。

2）在电井设置接地主干线，通常采用 $50mm^2$ 铜质导线敷设。

3）对设备间、电井内同轴电缆及大对数电缆进线串接串联式电涌保护器，防止感应过电压损坏设备器件，机箱、设备金属外壳及金属线槽等应做好接地措施，进入建筑物的电缆金属护套和光缆的金属应做接地处理。接地电阻满足相关防雷规范要求。

4）对弱电设备机房及室外防水箱内的用电电源进线串接串联式防浪涌保护器，所有机箱、设备金属外壳、线路金属保护管、光缆金属接头、光缆金属挡潮层、光缆加强芯、室外金属立杆等应做好接地，露出地面的线缆套钢管保护并良好接地，进出建筑物的铜缆信号线及屏蔽层等应做防浪涌措施，防止感应过电压损坏设备器件。

【单元测试】

一、多项选择题

1. 各种大楼、宾馆及其他民用建筑物的广播音响系统包括（　　）。

A. 室外扬声系统　　　　　　　　B. 公共广播系统

C. 厅堂扩声系统　　　　　　　　D. 专用会议系统

2. 停车场管理系统功能应包括（　　）。

A. 出入口车辆识别　　　　　　　B. 行车疏导

C. 停车场内部安全管理　　　　　D. 管理集成

3. 入侵报警系统包括（　　）。

A. 前端设备　　　　　　　　　　B. 传输设备

C. 管理设备　　　　　　　　　　D. 记录设备

4. 视频监控系统的组成部分包括（　　）。

A. 前端（摄像）部分　　　　　　　　B. 传输部分

C. 控制部分　　　　　　　　　　　　D. 记录/显示部分

二、判断题

1. 出入口控制系统又称为门禁系统。（　　　）

2. 楼宇对讲系统中具有可视功能的系统称为可视对讲系统。（　　　）

3. 视频监控系统是利用视频探测技术，监视监控区域并实时显示、记录现场视频图像的电子系统。（　　　）

4. 电子巡查系统不是通过信息识读器对人员巡查的工作状态进行监督管理的电子系统。（　　　）

5. 智能照明系统仅由智能照明控制模块、光照度传感器组成。（　　　）

6. 有线视频信号的传输主要用同轴电缆、四对双绞线、光缆。（　　　）

本项目小结

1）有线电视（CATV）系统，由信号源、前端系统、用户分配系统和用户终端三部分组成，它是通信网络系统的一个子系统，一般采用同轴电缆和光缆来传输信号。有线电视系统的安装主要包括天线安装、系统前端设备安装、线路敷设和系统防雷接地等，安装工艺流程是：天线安装→系统前端及机房设备安装→干线传输部分安装→分支传输网络安装→系统调试。

2）电话交换系统是通信系统的主要内容之一，主要由三部分组成，即电话交换设备、传输系统和用户终端设备。室外电话电缆可以架空敷设或埋地敷设，室内电话信号通常利用综合布线系统来完成通信。

3）智能系统施工图组成及识读方法同其他安装系统。

4）其他智能系统包括广播音响系统、停车场管理系统、视频会议系统、办公自动化系统、物业管理系统、综合布线系统。

项目 10

建筑施工现场临时配电与安全用电

【项目引入】

　　建筑施工现场有大量的机械需要电力带动，如何才能有效地保证这些施工机械电气设备的用电？在日常用电过程中如何做到安全用电？这些问题都将在本项目中找到答案。

　　本项目主要以某拟建建筑施工现场平面图（图 10-1）为载体，介绍建筑施工现场临时配电的特点、负荷计算、线路配置、安全用电等内容。

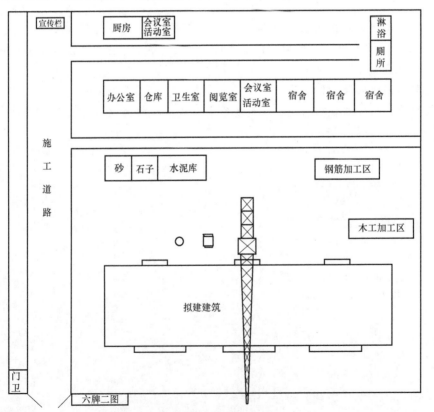

图 10-1　某拟建建筑施工现场平面图

【学习目标】

知识目标：熟悉施工现场临时用电特点、设置要求；熟悉《建设工程施工现场供用电安全规范》（GB 50194—2014）；熟悉施工现场电气设备安装及配线要求；了解安全用电基本常识。

技能目标：会进行简单的负荷计算；能做好施工现场临时用电的管理；能绘制简单的施工现场配电平面图。

素质目标：培养科学严谨的职业态度，做到安全用电。

【学习重点】

1）临时配电简单计算。
2）安全用电要求。

【学习难点】

施工现场临时配电平面布置图绘制。

【学习建议】

1）本项目的原理性内容做一般了解，着重在规范要求。
2）如果在学习过程中有疑难问题，可以多查资料，多到施工现场了解材料与设备实物及安装过程，加深对课程内容的理解。
3）对应进度进行单元后的技能训练，通过做练习加以巩固基本知识。

【项目导读】

1．工作任务分析

图 10-1 是某拟建建筑的施工现场平面布置图，要进行配电设计就需了解施工现场有哪些用电设备？功率多大？有什么要求？这一系列的问题均要通过本项目内容的学习才能逐一解答。

2．实践操作（步骤/技能/方法/态度）

为了能完成前面提出的工作任务，我们需从识别施工现场用电机械设备开始，然后到熟悉负荷计算方法，合理选择电气设备及线路，绘制配电平面图，并按照规范要求正确安装。学会安全用电基本常识，做好施工现场临时用电的管理。

【本项目内容结构】

本项目内容结构如图 10-2 所示。

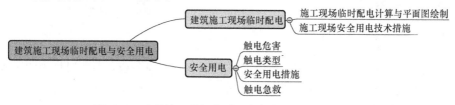

图 10-2　建筑施工现场临时配电与安全用电内容结构

【想一想】 施工现场有哪些机械需要电力带动？

10.1 建筑施工现场临时配电

10.1.1 施工现场临时配电计算与平面图绘制

建筑施工现场用电是指施工单位在工程施工过程中，需要使用电动设备和照明，并配置相应线路，但是这些设施在项目竣工后一般都会拆除，因而也称临时用电。根据《建设工程施工现场供用电安全规范》（GB 50194—2014）等相关规范要求，施工现场临时配电设计至少应包括设计说明、用电容量计算、负荷计算、配电线路选择、配电平面图绘制等，对于临时用电量达到一定数值的，还需考虑高压配电，并做临时用电施工组织设计。

1. 建筑施工现场临时用电基本要求

（1）三级配电 建筑施工现场临时用电采用三级配电系统：即总配电箱（柜）、分配电箱、开关箱。从总配电箱向二级分配电箱配电可以分路，从二级分配电箱向三级开关箱配电也可以分路，如图 10-3 所示，各级配电箱的箱内配置实物如图 10-4~图 10-6 所示。

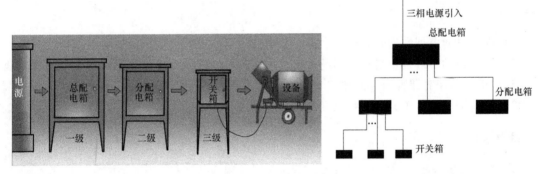

图 10-3 三级配电示意

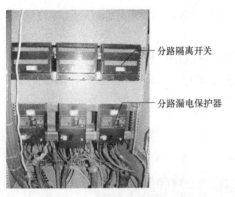

图 10-4 总配电箱配置实物

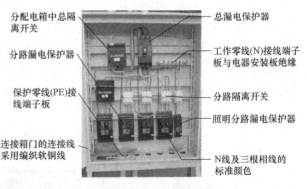

图 10-5 分配电箱配置实物

总配电箱应设在靠近电源的区域；分配电箱应设在用电设备或负荷相对集中的区域，且与开关箱距离不得超过 30m；开关箱与其控制的固定式用电设备的水平距离不宜超过 3m；严禁用同一个开关箱直接控制 2 台及 2 台以上用电设备（含插座）；动力、照明开关箱必须分设。

（2）采用二级漏电保护系统 漏电保护器应装设在总配电箱、开关箱靠近负荷一侧，额定漏电动作电流和动作时间：开关箱的为 30mA 和 0.1s；总配电箱的应大于 30mA 和大于 0.1s，且乘积不大于 30mA·s。

（3）采用 TN-S 接零保护系统 采用 TN 系统做保护接零时，工作零线（N 线）必须通过总漏电保护器，保护零线（PE 线）必须由电源进线零

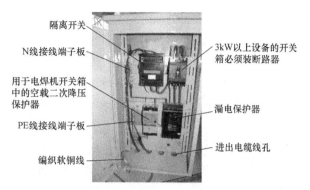

图 10-6　开关箱配置实物

线重复接地处或总漏电保护器电源侧零线处，引出形成局部 TN-S 接零保护系统，形成 0.22/0.38kV 三相五线制低压电力系统。

2. 施工现场临时用电量计算及线缆选配

（1）机械设备计划及电源配线分区 根据工程需要，图 10-1 所示的施工现场用电分成三个区域，分别是：

1 区是生活、办公区，主要用电是照明、计算机及临时板房空调等，按机械设备用电功率的 10% 计算，采用 N1 回路配电。

2 区是材料加工区，有钢筋加工区设备合计额定功率 $P_1 = 29kW$，木工加工区设备合计额定功率 $P_2 = 11kW$，采用 N2 回路配电。

3 区是生产机械区，主要有 1 台塔式起重机额定功率 $P_3 = 40kW$，砂浆搅拌机额定功率 $P_4 = 11kW$，振动器额定功率 $P_5 = 9kW$，电焊机视在功率 $S = 11.4kVA$ 等，采用 N3 回路配电。

合计总用电功率约为 $\sum P = 1.1 \times (P_1 + P_2 + P_3 + P_4 + P_5 + S \times 0.7) = 1.1 \times (29 + 11 + 40 + 11 + 9 + 11.4 \times 0.7) = 118.78(kW)$（注：11.4kVA 的电焊机功率因数 $\cos\phi$ 取 0.7）。

（2）负荷计算及线缆选配

1）进线线缆确定。查表得需要系数 $K_1 = 0.6$，同时使用系数 $K_2 = 0.7$，平均功率因数 $\cos\phi = 0.75$。

总配电箱的计算功率 $P = K_1 \times K_2 \times \sum P = 0.6 \times 0.7 \times 118.78 = 49.89$（kW）。

由于计算功率不大，该施工现场的临时配电电源，可以就近从业主提供的低压电源引来。

采用 0.38kV 的三相电源配电，总电流 $I = P/\sqrt{3} \times U \times \cos\phi = 49.89/1.732 \times 0.38 \times 0.75 = 101.07$（A）。

查手册，截面面积 35mm² 的聚氯乙烯电缆在空气中的安全载流量为 123A>101.07A。

根据《施工现场临时用电安全技术规范》《低压配电设计规范》的规定：截面面积大于 16mm² 铜芯线的三相线路，N 线和 PE 线截面面积不小于相线 L 截面面积的 50%，单相线路的零线截面面积与相线截面面积相同，因此选取 0.22/0.38kV 三相五线制，YJV-3×35mm² + 2×16mm² 的交联聚氯乙烯铜芯电缆，作为本施工现场临时配电的电源进线。

接下来按规定进行电压损失率校核，计算公式是：$U\% = PL/CS$。

其中 P 是功率，单位 kW；L 是配电线长度，单位是 m；C 是线路电压损失计算系数，

对于 0.22/0.38kV 三相电源的铜芯线取 70.1；S 是导电芯截面面积，单位是 mm^2。

已知引入的电源线长度 100m，则 $U\% = PL/CS = 49.89 \times 100/70.1 \times 35 = 2.03\% <$ 规范值 5%，符合要求。

因此，可以选定本施工现场电源进线为 $YJV-3 \times 35mm^2 + 2 \times 16mm^2$。

2）总配电箱至分配电箱线缆确定。按照同样的方法，可以依次选配总配电箱送出的三回线路。

N1 回路，10kW，$I = P/\sqrt{3} \times U \times COS\phi = 10/1.732 \times 0.38 \times 0.75 = 20.26$（A）

选取 0.22/0.38kV 三相五线制，$YJV-5 \times 4mm^2$ 的交联聚氯乙烯铜芯电缆，安全载流量为 32A。

N2 回路，40kW，考虑需要系数 $K_1 = 0.6$，同时使用系数 $K_2 = 0.7$，$I = P/\sqrt{3} \times U \times COS\phi = 16.8/1.732 \times 0.38 \times 0.75 = 34.03$（A）。

选取 0.22/0.38kV 三相五线制，$YJV-5 \times 6mm^2$ 的交联聚氯乙烯铜芯电缆，安全载流量为 40A。

N3 回路，71.4kW，考虑需要系数 $K_1 = 0.6$，同时使用系数 $K_2 = 0.7$，$I = P/\sqrt{3} \times U \times COS\phi = 29.99/1.732 \times 0.38 \times 0.75 = 60.75$（A）。

选取 0.22/0.38kV 三相五线制，$YJV-3 \times 25mm^2 + 2 \times 16mm^2$ 的交联聚氯乙烯铜芯电缆，安全载流量为 94A。

3）分配电箱至开关箱线缆确定。分配电箱最大功率机械设备是塔式起重机，功率为 40kW，故选取塔式起重机专用开关箱线路进行计算。考虑需要系数 $K_1 = 0.7$，同时使用系数 $K_2 = 1$，$I = P/\sqrt{3} \times U \times COS\phi = 28/1.732 \times 0.38 \times 0.75 = 56.72$（A）。

选取 0.22/0.38kV 三相五线制，$YJV-5 \times 16mm^2$ 的交联聚氯乙烯铜芯电缆，安全载流量为 71A。

同理，依次选配分配电箱至开关箱的其他分支回路线缆。

3. 线路布置

在施工现场，配电线路在布置上应结合施工现场规划及布局，在满足安全要求的条件下，方便线路敷设、接引及维护；可采用架空、直埋或沿支架等方式敷设，但应避开过热、腐蚀以及储存易燃、易爆物的仓库等影响线路安全运行的区域；宜避开易遭受机械性外力的交通、吊装、挖掘作业频繁场所，以及河道、低洼、易受雨水冲刷的地段；不应跨越在建工程、脚手架、临时建筑物；不应敷设在树木上或直接绑挂在金属构架和金属脚手架上；不应接触潮湿地面或接近热源。

该项目考虑到用电设备相对集中的特点，将总配电箱设在负荷中心。共设三个用电分区，每个用电分区设置一台分配电箱，每类动力设备设独立开关箱。根据供电可靠性的要求，总配电箱至分配电箱、分配电箱至开关箱的线路均采用放射式配线方式，至此，完成三级配电要求。各级配电线缆根据现场情况，采用架空或电缆线槽等方式敷设。

4. 临时配电平面布置图绘制

完成上述这些工作，就可以在施工平面图上确定配电箱位置、低压配电线路的走向，绘制配电平面布置图了，如图 10-7 所示。

【想一想】 施工现场用电需要注意哪些事项？

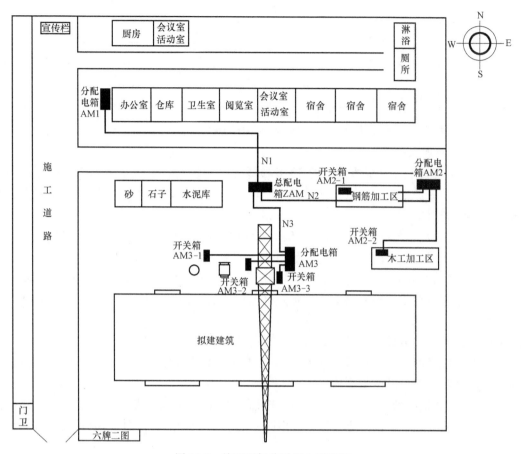

图 10-7　施工现场临时配电平面图

10.1.2　施工现场安全用电技术措施

1. 外电防护

1）在建工程不得在外电架空线路正下方施工、搭设作业棚、建造生活设施或堆放构件、架具、材料及其他杂物等。

2）在建工程（含脚手架）的周边与外电架空线路的边线之间的最小安全操作距离应符合相关规定。

3）施工现场的机动车道与外电架空线路交叉时，架空线路的最低点与路面的最小垂直距离应符合表 10-1 的规定。

表 10-1　施工现场的机动车道与架空线交叉时的最小垂直距离

外电线路电压等级/kV	<1	1~10	35
最小垂直距离/m	6.0	7.0	7.0

4）起重机严禁越过无防护设施的外电架空线路作业。在外电架空线路附近吊装时，起重机的任何部位或被吊物边缘在最大偏斜时与架空线路边线的最小安全距离应符合表 10-2 的规定。

表 10-2　起重机与架空线边线的最小安全距离

安全距离/m	电压/kV		
	<1	1~10	35
沿垂直方向/m	1.5	3.0	4.0
沿水平方向/m	1.5	2.0	3.5

5）施工现场开挖沟槽边缘与外电埋地电缆沟槽边缘之间的距离不得小于 0.5m。

2. 接地与接零保护

1）在施工现场专用变压器供电的 TN-S 接零保护系统中，电气设备的金属外壳必须与保护零线连接。保护零线应由工作接地线、配电室（总配电箱）电源侧零线或总漏电保护器电源侧零线处引出。

2）当施工现场与外电线路共用同一供电系统时，电气设备的接地、接零保护应与原系统保持一致。不得一部分设备做保护接零，另一部分设备做保护接地。

采用 TN 系统做保护接零时，工作零线（N 线）必须通过总漏电保护器，保护零线（PE 线）必须由电源进线零线重复接地处或总漏电保护器电源侧零线处引出，形成局部 TN-S 接零保护系统。

3）PE 线上严禁装设开关或熔断器，严禁通过工作电流，且严禁断线。

4）TN 系统中的保护零线除必须在配电室或总配电箱处做重复接地外，还必须在配电系统的中间处和末端处做重复接地。

5）做防雷接地机械上的电气设备，所连接的 PE 线必须同时做重复接地，同一台机械电气设备的重复接地和机械的防雷接地可用同一接地体，但接地电阻应符合重复接地电阻值的要求。

3. 配电线路

1）电缆中必须包含全部工作芯线和用作保护零线或保护线的芯线。需要三相四线制配电的电缆线路必须采用五芯电缆。五芯电缆必须包含淡蓝、绿/黄两种颜色绝缘芯线。淡蓝色芯线必须用作 N 线；绿/黄双色芯线必须用作 PE 线，严禁混用。

2）电缆线路应采用埋地或架空敷设，严禁沿地面明敷设，并应避免机械损伤和介质腐蚀。埋地电缆路径应设方位标志。

3）动力、照明线在同一横担上架设时，导线相序排位是：L1、N、L2、L3、PE。动力照明线分两层架设时，导线相序排列是：上层面向负荷从左起依次为：L1、L2、L3；下层面向负荷从左起依次为：L1（L2、L3）、N、PE。

4）架空线路的线间距不得小于 0.3m，靠近电杆的两导线的间距不得小于 0.5m。

5）架空电缆应沿电杆、支架或墙壁敷设，并采用绝缘子固定，绑扎线必须采用绝缘线，固定点间距应保证电缆能承受自重所带来的荷载。

6）在建工程内的电缆线路必须采用电缆埋地引入，严禁穿越脚手管引入。电缆水平敷设宜沿墙或门口刚性固定，最大弧垂距地不得小于 2.0m。

7）配电箱、开关箱内的连接线必须采用铜芯绝缘导线。

4. 配电箱与开关箱

1）建筑施工现场临时用电工程，专用电源中性点直接接地的 220/380V 三相四线制低压电力系统，必须采用三级配电系统、采用 TN-S 接零保护系统、采用二级漏电保护系统。分级分路示意如图 10-8 所示。

2）每台用电设备必须有各自专用的开关箱，严禁用同一个开关箱直接控制 2 台及 2 台以上用电设备（含插座）。

3）配电箱的电器安装板上必须分设 N 线端子板和 PE 线端子板。N 线端子板必须与金属电器安装板绝缘；PE 线端子板必须与金属电器安装板做电气连接。进出线中的 N 线必须通过 N 线端子板连接；PE 线必须通过 PE 线端子板连接。

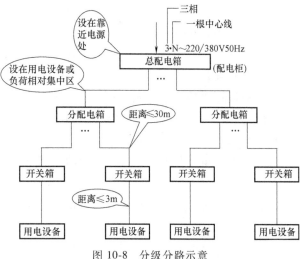

图 10-8　分级分路示意

4）开关箱中漏电保护器的额定漏电动作电流不应大于 30mA，额定漏电动作时间不应大于 0.1s。使用于潮湿或有腐蚀介质场所的漏电保护器应采用防溅型产品，其额定漏电动作电流不应大于 15mA，额定漏电动作时间不应大于 0.1s。

5）总配电箱中漏电保护器的额定漏电动作电流应大于 30mA，额定漏电动作时间应大于 0.1s，但其额定漏电动作电流与额定漏电动作时间的乘积不应大于 30mA·s。

6）配电箱、开关箱的电源进线端严禁采用插头和插座做活动连接。

7）对配电箱、开关箱进行定期维修、检查时，必须将其前一级相应的电源隔离开关分闸断电，并悬挂"禁止合闸、有人工作"停电标志牌，严禁带电作业。

5. 配电室与配电装置

1）配电柜应装设电源隔离开关及短路、过载、漏电保护电器。电源隔离开关分断时应有明显可见分断点。

2）发电机组电源必须与外电线路电源连锁，严禁并列运行。发电机组并列运行时，必须装设同期装置，并在机组同步运行后再向负载供电。

3）配电室应保持整洁，不得堆放任何妨碍操作、维修的杂物。配电室的照明分别设置正常照明和应急照明。

6. 现场照明

1）下列特殊场所应使用安全特低电压照明器：隧道、人防工程、高温、有导电灰尘、比较潮湿或灯具离地面高度低于 2.5m 等场所的照明，电源电压不应大于 36V；潮湿和易触及带电体场所的照明，电源电压不得大于 24V；特别潮湿场所、导电良好的地面、锅炉或金属容器内的照明，电源电压不得大于 12V。

2）照明变压器必须使用双绕组型安全隔离变压器，严禁使用自耦变压器。

3）对夜间影响飞机或车辆通行的在建工程及机械设备，必须设置醒目的红色信号灯，其电源应设在施工现场总电源开关的前侧，并应设置外电线路停止供电时的应急自备电源。

7. 电焊机等移动设备

1）对混凝土搅拌机、钢筋加工机械、木工机械、盾构机械等设备进行清理、检查、维修时，必须首先将其开关箱分闸断电，呈现可见电源分断点，并关门上锁。

2）电焊机械应放置在防雨、干燥和通风良好的地方。焊接现场不得有易燃、易爆物品。

3）交流弧焊机的一次侧电源线长度不应大于5m，其电源进线处必须设置防护罩。

4）手持式电动工具的负荷线应采用耐气候型的橡胶护套铜芯软电缆，并不得有接头。

8. 用电档案（管理）

1）临时用电组织设计及变更时，必须履行"编制、审核、批准"程序，由电气工程技术人员组织编制，经相关部门审核及具有法人资格企业的技术负责人批准后实施。变更用电组织设计时应补充有关图样资料。

2）临时用电工程必须经编制、审核、批准部门和使用单位共同验收，合格后方可投入使用。

3）临时用电工程定期检查应按分部、分项工程进行，对安全隐患必须及时处理，并应履行复查验收手续。

4）施工现场临时用电组织设计应包括下列内容：现场勘测；确定电源进线、变电所或配电室、配电装置、用电设备位置及线路走向；进行负荷计算；选择变压器；设计配电系统；设计防雷装置；确定防护措施；制订安全用电措施和电气防火措施。

9. 其他用电安全管理

暂时停用设备的开关箱必须分断电源隔离开关，并应关门上锁。施工现场停止作业1小时以上时，应将动力开关箱断电上锁。

施工现场临时用电常见问题典型图片展示如图10-9所示。

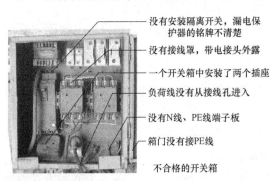
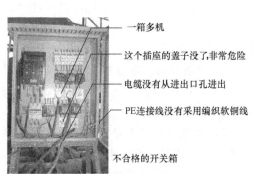

图 10-9 施工现场临时用电常见问题典型图片展示

没有支架，插头破损，用插线板外接设备，箱体严重偏小

用插线板外接设备，一箱多机，照明动力混箱，没有隔离开关，没有区分线的颜色

漏电保护器烧坏了，就将线接到刀闸上，刀闸的熔丝也烧断了1根

这样的刀闸不能使用，非常危险

将漏电保护器安装在木板上代替开关箱

移动配电箱违章设置

图 10-9 施工现场临时用电常见问题典型图片展示（续）

【本单元关键词】

施工现场　临时配电　平面图　安全用电　技术措施

【单元测试】

判断题

1. 建筑施工现场配电须采用三级配电。（　　　）

2. 塔式起重机开关箱内电源可以同时供给电焊机用电。（　　　）

3. 施工现场需要三相四线制配电的电缆线路必须采用五芯电缆。（　　　）

4. 施工现场的电缆线路可以沿地面明敷设。（　　　）

5. 机械设备与架空线之间必须保持安全距离。（　　　）

6. 开关箱中漏电保护器的额定漏电动作电流可以采用 100mA。（　　　）

7. 比较潮湿或灯具离地面高度低于 2.5m 等场所的照明，电源电压不应大于 36V。（　　　）

8. 交流电焊机的焊把线可以随意延长。（　　　）

9. 配电箱、开关箱内的连接线必须采用铜芯绝缘导线。（　　　）

10. 五芯电缆中淡蓝色芯线必须用作 N 线；绿/黄双色芯线必须用作 PE 线，严禁混用。（　　　）

10.2 安全用电

10.2.1 触电危害

当人体和电源接触，电流通过人体，就会造成各种生理机能的失常或者破坏，如烧伤、肌肉抽搐、呼吸困难、心脏停搏等以至于死亡，这个过程就称为触电。

1. 触电伤害程度的相关因素

人体电阻常态下约为 $10^4 \sim 10^5 \Omega$，但在皮肤潮湿时可降低到约 $10^3 \Omega$。触电伤害的程度与下列因素有关：

（1）电流持续时间 触电时间越长，越容易引起心室颤动，电击危险性也越大。时间长后人体电阻急剧下降，危险性也增加。

（2）电流路径 电流通过心脏，心跳停止及血液循环中断；电流通过中枢神经，引起中枢神经失调而导致死亡；电流通过头部，昏迷或对脑组织产生严重损坏而导致死亡；电流通过脊髓，人体瘫痪；通过呼吸系统，造成窒息。

（3）电流种类 交流电流，40~60Hz 最危险；特殊波形电流、电容放电电流也很危险。

（4）人体电阻 内部组织电阻和皮肤电阻越大，伤害程度越低。影响人体电阻的因素有皮肤的厚薄、潮湿程度、是否多汗、是否有损、有无导电性粉尘等。

2. 安全电压

安全电压是指人体不戴任何防护设备时，触及带电体不受电击或电伤的电压。人体触电的本质是电流通过人体产生了有害效应，然而触电的形式通常都是人体的两部分同时触及了带电体，而且这两个带电体之间存在着电位差。因此在电击防护措施中，要将流过人体的电流限制在无危险范围内，即在形式上将人体能触及的电压限制在安全范围内。国家标准规定了安全电压系列，称为安全电压等级或额定值，这些额定值指的是交流有效值，分别为：42V、36V、24V、12V、6V 等几种。

【想一想】 触电的原因是什么？

10.2.2 触电类型

1. 触电事故种类

触电事故种类及定义见表 10-3。

表 10-3 触电事故种类及定义

分类依据	种类	定义
按人体受害的程度不同	电伤	电伤是指人体的外部受伤，如电弧烧伤，与带电体接触后的皮肤红肿以及在大电流下熔化而飞溅出的金属粉末对皮肤的烧伤等
	电击	电击是指人体的内部器官受伤。电击是由电流流过人体而引起的，人体常因电击而死亡，所以它是最危险的触电事故
引起触电事故的类型	单线触电	单线触电是指人体在地面或其他接地导体上，人体某一部分触及一相带电体的触电事故，如图 10-10 所示
	两线触电	是指人体两处同时触及两相带电体的触电事故，如图 10-11 所示

（续）

分类依据	种类	定义
引起触电事故的类型	跨步电压触电	当带电体接地有电流流入地下时,电流在接地点周围土壤中产生电压降,人在接地点周围,两脚之间出现电压即跨步电压,因此引起的触电事故称为跨步电压触电,如图10-12所示

图 10-10 单线触电

图 10-11 两线触电

图 10-12 跨步电压触电

2. 常见的电气设备触电情形

电气设备的种类很多,发生触电事故的情况是各种各样的,见表10-4。

表 10-4 电气设备触电事故

序号		触电情形
1	配电事故	这类触电事故主要发生在高压设备上,由于没有办理工作票、操作票和实行监护制度,没有切除电源就清扫绝缘子、检查隔离开关、检查油开关或拆除电气设备等引起
2	架空线路	架空线路发生的事故较多,情况也各不相同。例如,导线折断碰到人体,人体意外接触到绝缘已损坏的导线,上杆工作没有用腰带和脚扣,发生高处摔下事故
3	电缆	由于电缆绝缘受损或击穿、带电拆装移动电缆、电缆头发生击穿等原因而引起触电事故
4	断路器	这类触电事故主要由于敞露的断路器外壳破损、电磁启动器没有护壳、带电修理等引起
5	配电箱(柜)	这类事故主要是电气设备制造和结构上有缺点、外壳未接零保护
6	照明设备	这类触电事故往往发生在更换灯泡、修理灯头时金属灯座、灯罩、护网意外带电、吊灯安装高度不够等
7	携带式照明灯（行灯）	我国规定采用42V、36V、24V、12V作为行灯的安全电压。如果将110V、220V使用在行灯上,尤其是在锅炉、金属筒、横烟道、房屋钢结构内等使用高于安全电压的行灯,容易发生触电事故
8	电钻	主要是电钻的外壳没有接地,插座没有接地端头;其次是接线错误,把接地或接零线误接在火线上等引起的触电事故
9	电焊设备	这类事故是电焊变压器反接产生高压或错接在高压电源上;电焊变压器外壳没有接地等原因造成
10	未接地或接零不良	电气设备的外壳(金属),由于绝缘损坏而意外呈现电压,引起触电事故

【想一想】 如何预防触电?

10.2.3 安全用电措施

1. 一般的安全用电常识

在企业生产中,每个人都应自觉遵守有关安全用电方面的规章制度,懂得一些安全用电的常识,这些内容主要有以下几个方面:

1)拆开的、断裂的或裸露的带电接头,必须及时用绝缘物包好,并放在人们不易碰到的地方。

2)在工作中要尽量避免带电操作,尤其是手在打湿的时候,如必须带电操作时,应尽量用一只手工作,另一只手可放在口袋中或背后,同时最好有人监护。

3)当有几个人同时进行电工作业时,如其中一人需接通电源,应在接通电源前通知其他人。

4)不要依赖绝缘来防范触电,因为绝缘体的性能有时也不太稳定。

5)如果发现高压线断落时,不要靠近,至少要保持 8~10m 的距离,并及时报告有关部门。

6)如发现电气故障和漏电起火时,要立即切断电源开关。在未切断电源以前,不要用水或酸、碱泡沫灭火器灭火。

7)如发现有人触电,应马上切断电源或用干木棍等绝缘物将电线从触电者身上挑开,使触电者及时离开电源。如触电者呼吸停止,应立即施行人工呼吸,并马上送医院抢救。

2. 电气作业安全管理措施

电气作业安全管理措施的内容很多,主要可以归纳为以下几个方面:

1)管理机构和人员。设置专人负责电气安全工作,动力部门或电力部门也应有专人负责用电安全工作。

2)规章制度。安全操作规程、电气安装规程、运行管理和维修制度,以及其他规章制度都与安全有直接的关系。

3)电气安全检查。电气设备长期带"病"运行、电气工作人员违章操作是发生电气事故的重要原因,必须建立一套科学的、完善的电气安全检查制度,并严格执行。

4)电气安全教育。

5)安全资料。安全资料是做好安全工作的重要依据,应注意收集和保存。

【想一想】 如果发生触电事故,现场的人员应该怎么办?

10.2.4 触电急救

当发生和发现触电事故时,必须迅速进行抢救。触电的抢救关键是个"快"字,抢救的快慢与效果有极大的关系。触电事故发生后,首先应设法切断电源。若配电箱距离较近,可以立即拉闸。若配电箱距离较远或一时找不到配电箱,则可以用绝缘工具将电源线切断。当电线跌落在触电者身上或被压在身下时,可用干燥的衣服、手套、绳索、木板等绝缘物作为工具拉开触电者或挑开电线,使触电者脱离电源。但使触电者脱离电源的过程中,必须特别注意抢救者自身的安全。

触电者脱离电源后,需积极进行抢救。时间越短抢救效果越好。若触电者失去知觉,但仍能呼吸，应立即抬到空气流通、温暖舒适的地方平卧，并解开衣服，同时速请医生诊治。若触电者已停止呼吸，心脏也停止跳动，这种情况往往是假死，此时不要随意翻动触电者，不要随意使用强心剂，最有效的方法是人工呼吸，常见的口对口呼吸法如图 10-13 所示，胸外心脏按压法如图 10-14 所示。如果呼吸和心跳均没有时，需口对口呼吸及胸外按压交替进行，如图 10-15 所示。

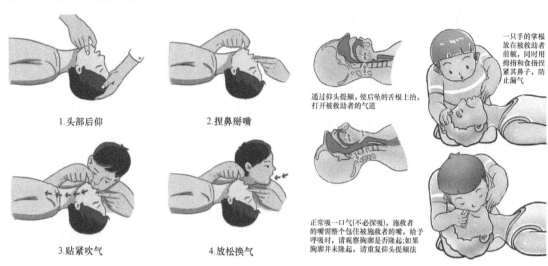

图 10-13　口对口呼吸法

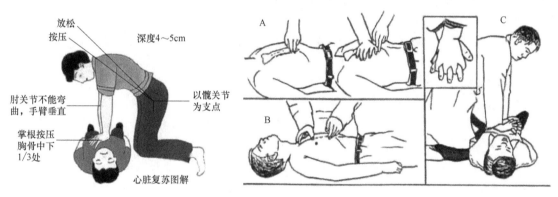

图 10-14　胸外心脏按压法

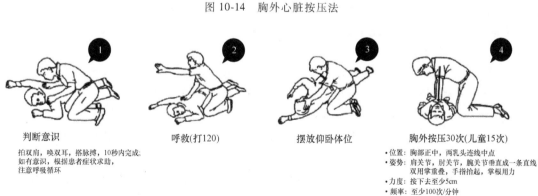

图 10-15　触电急救

开放气道
（仰头举额法）

人工吹气2次
（儿童1次）

捏鼻，口包口，吹气

456

重复"4、5、6"步

评估患者
• 有无自主呼吸
• 大动脉有无搏动
• 上肢收缩压>60mmHg
• 瞳孔对光反射存在
• 面色、口唇、皮肤色泽转为红润

图 10-15　触电急救（续）

【本单元关键词】

触电　安全电压　措施　急救

【单元测试】

判断题

1. 50Hz 的交流电触电最危险。（　　　　）

2. 在潮湿的矿井下，42V 电压是安全的。（　　　　）

3. 触电时间越长人越危险。（　　　　）

4. 每个人都应自觉遵守有关安全用电方面的规章制度，懂得一些安全用电的常识。（　　　　）

5. 发现有人触电时，首先应设法切断电源。（　　　　）

本项目小结

1）建筑施工现场临时配电应采用总配电箱（柜）、分配电箱、开关箱的三级配电系统，采用二级漏电保护系统，采用 TN-S 接零保护系统。

2）施工现场临时用电量计算一般采用需要系数法，由于不是所有的设备都同时使用，计算时还需考虑同时系数。

3）施工现场临时配电，必须采用带绝缘皮的线缆，且要符合规范要求。平面上的配电箱及线路走向一般绘制在临时配电平面布置图上。

4）施工现场安全用电技术措施包括外电防护、接地与接零保护、配电线路布置、配电箱与开关箱安装、配电室与配电装置布置、现场照明防护、电焊机等移动设备正确使用、用电档案管理、其他用电安全管理等。

5）触电伤害程度与电流持续时间、电流路径、电流种类、人体电阻等有关。

6）国家标准规定的安全电压等级有 42V、36V、24V、12V、6V 等。

7）引起触电事故的类型有单线触电、两线触电、跨步电压触电。

8）在工作和生活当中，要自觉遵守有关安全用电方面的规章制度，懂得一些安全用电的常识。

9）当发生和发现触电事故时，必须迅速断开电源并进行抢救。若触电者停止呼吸和心跳，须进行人工呼吸及胸外心脏按压，以帮助触电者恢复呼吸和心跳。

参 考 文 献

[1] 文桂萍，代端明. 建筑设备安装与识图 [M]. 2版. 北京:. 机械工业出版社，2020.

[2] 王青山，王丽. 建筑设备 [M]. 3版. 北京：机械工业出版社，2018.

[3] 张立新. 建筑电气工程施工工艺标准与检验批填写范例 [M]. 北京：中国电力出版社，2008.

[4] 文桂萍. 建筑水电工程计价数字课程（国家职业教育十三五规划教材）建筑水电工程计价 [Z/OL].
https：//www. icve. com. cn/portal new/courseinfo/courseinfo. html？coursid＝5yncafokvkpmnowtf byntg.

[5] 李向东，于晓明，牟灵泉. 分户热计量采暖系统设计与安装 [M]. 北京：中国建筑工业出版社，2004.

[6] 辽宁省住房和城乡建设厅. 建筑给水排水及采暖工程施工质量验收规范：GB 50242—2002 [S]. 北京：中国建筑工业出版社，2004.

[7] 浙江省住房和城乡建设厅. 建筑电气工程施工质量验收规范：GB 50303—2015 [S]. 北京：中国建筑工业出版社，2016.

[8] 中华人民共和国住房和城乡建设部，中华人民共和国国家质量监督检验检疫总局. 建设工程施工现场供用电安全规范：GB 50194—2014 [S]. 北京：中国计划出版社，2014.

[9] 广西建设职业技术学院. 建筑水电工程计价 [Z/OL]. https：//www. icourse163. org/course/1404
GXJSXY001-1449615164？outVendor＝zw mooc pclszyk cti.

教材使用调查问卷

尊敬的老师：

您好！欢迎您使用机械工业出版社出版的教材，为了进一步提高我社教材的出版质量，更好地为我国教育发展服务，欢迎您对我社的教材多提宝贵的意见和建议。敬请您留下您的联系方式，我们将向您提供周到的服务，向您赠阅我们最新出版的教学用书、电子教案及相关图书资料。

本调查问卷复印有效，请您通过以下方式返回：

邮寄：北京市西城区百万庄大街 22 号机械工业出版社建筑分社（100037）
　　　张荣荣（收）

传真：010-68994437（张荣荣收）　　　　　　Email：54829403@qq.com

一、基本信息

姓名：＿＿＿＿＿＿＿＿＿　职称：＿＿＿＿＿＿＿＿＿　职务：＿＿＿＿＿＿＿＿＿

所在单位：＿＿＿＿＿＿＿＿＿＿＿＿＿＿＿＿＿＿＿＿＿＿＿＿＿＿＿＿＿＿＿＿

任教课程：＿＿＿＿＿＿＿＿＿＿＿＿＿＿＿＿＿＿＿＿＿＿＿＿＿＿＿＿＿＿＿＿

邮编：＿＿＿＿＿＿＿＿＿＿＿地址：＿＿＿＿＿＿＿＿＿＿＿＿＿＿＿＿＿＿＿＿

电话：＿＿＿＿＿＿＿＿＿＿＿电子邮件：＿＿＿＿＿＿＿＿＿＿＿＿＿＿＿＿＿

二、关于教材

1. 贵校开设土建类哪些专业？

□建筑工程技术　　　□建筑装饰工程技术　　　□工程监理　　　□工程造价

□房地产经营与估价　□物业管理　　　　　　　□市政工程　　　□道路桥梁工程技术

2. 您使用的教学手段：□传统板书　　　　□多媒体教学　　　□网络教学

3. 您认为还应开发哪些教材或教辅用书？＿＿＿＿＿＿＿＿＿＿＿＿＿＿＿＿＿＿

4. 您是否愿意参与教材编写？希望参与哪些教材的编写？

课程名称：＿＿＿＿＿＿＿＿＿＿＿＿＿＿＿＿＿＿＿＿＿＿＿＿＿＿＿＿＿＿＿＿

形式：□纸质教材　　　□实训教材（习题集）　　　□多媒体课件

5. 您选用教材比较看重以下哪些内容？

□作者背景　　　　□教材内容及形式　　　□有案例教学　　　□配有多媒体课件

□其他＿＿＿＿＿＿＿＿＿＿＿＿＿＿＿＿＿＿＿＿＿＿＿＿＿＿＿＿＿＿＿＿＿＿

三、您对本书的意见和建议（欢迎您指出本书的疏误之处）＿＿＿＿＿＿＿＿＿＿＿

＿＿＿＿＿＿＿＿＿＿＿＿＿＿＿＿＿＿＿＿＿＿＿＿＿＿＿＿＿＿＿＿＿＿＿＿＿＿

＿＿＿＿＿＿＿＿＿＿＿＿＿＿＿＿＿＿＿＿＿＿＿＿＿＿＿＿＿＿＿＿＿＿＿＿＿＿

＿＿＿＿＿＿＿＿＿＿＿＿＿＿＿＿＿＿＿＿＿＿＿＿＿＿＿＿＿＿＿＿＿＿＿＿＿＿

四、您对我们的其他意见和建议＿＿＿＿＿＿＿＿＿＿＿＿＿＿＿＿＿＿＿＿＿＿＿

＿＿＿＿＿＿＿＿＿＿＿＿＿＿＿＿＿＿＿＿＿＿＿＿＿＿＿＿＿＿＿＿＿＿＿＿＿＿

＿＿＿＿＿＿＿＿＿＿＿＿＿＿＿＿＿＿＿＿＿＿＿＿＿＿＿＿＿＿＿＿＿＿＿＿＿＿

请与我们联系：

100037　　北京百万庄大街 22 号

机械工业出版社·建筑分社　张荣荣　收

Tel：010-88379777（O），68994437（Fax）

E-mail：54829403@qq.com

http://www.cmpedu.com（机械工业出版社·教材服务网）

http://www.cmpbook.com（机械工业出版社·门户网）

http://www.golden-book.com（中国科技金书网·机械工业出版社旗下网站）